LES RICHESSES MINIÈRES

DE LA

LA NOUVELLE ROUMANIE

DU MÊME AUTEUR

Statistica Mondială a Vitelor după râsboi. *Considerațiuni cu privire la România. — Bucuresti 1924.*

AUREL P. IANCOULESCO

*Docteur ès-sciences économiques et politiques
de la Faculté de Paris.*

LES

RICHESSES MINIÈRES

DE LA

NOUVELLE ROUMANIE

PARIS
LIBRAIRIE UNIVERSITAIRE J. GAMBER
7, RUE DANTON, 7
1928

A Monsieur I. D. PROTOPOPESCO

*En témoignage de profonde gratitude
et de respectueux dévouement.*

PREMIÈRE PARTIE

LA NOUVELLE ROUMANIE

CHAPITRE PREMIER

APERÇU GÉOGRAPHIQUE

La Roumanie occupe la plus grande partie du centre-est de l'Europe. Son territoire est à peu près celui de l'ancienne Dacie. Ses limites sont entre 17°50' et 28°50' de longitude orientale (Paris) et entre 43°15' et 48°45' de latitude nord.

La superficie de la Roumanie est de 294.954 kilomètres carrés ce qui la place au dixième rang des nations européennes. L'Angleterre et l'Italie ne la dépassent que de quelques milliers de kilomètres carrés.

Son territoire a la forme la plus convenable pour la défense d'un pays : celle d'une ellipse. Pour nous en rendre compte, il convient d'ajouter que la frontière idéale d'un pays aussi grand que la Roumanie devrait mesurer 1.918 kilomètres. La longueur des frontières actuelles étant de 2.869 kilomètres, elle ne dépasse la frontière idéale que de 951 kilomètres, c'est-à-dire de très peu. L'ancienne Roumanie qui n'avait que 139.000 kilomètres carrés, à peine la moitié de celle d'aujourd'hui, avait plus de 3.000 kilomètres de frontière. A ce point de vue, la Roumanie, parmi les pays d'Europe, est la plus favorisée, comme on peut le voir par le tableau suivant :

PAYS (1)	SUPERFICIE	LONG. DE FRONTIÈRES
Roumanie	294.000 km²	2.800 km.
Pologne	373.000 —	3.500 —
France.............	544.047 —	5.500 —
Yougo-Slavie	245.000 —	3.200 —
Hongrie............	91.000 —	1.500 —
Tchécoslovaquie	141.000 —	2.600 —
Bulgarie	96.000 —	1.900 —
Ancienne Roumanie ..	139.000 —	3.000 —

La longueur des frontières naturelles est de 1784.25 kilomètres, dont 606 kilomètres constitués par le Danube, 446.50 kilomètres par la Mer Noire et 731.75 kilomètres par le Nistru. Enfin, sur 1084.75 kilomètres les frontières sont conventionnelles.

Les pays limitrophes sont :

Au nord, la Tchécoslovaquie et la Pologne ; à l'est, la Russie ; au sud-est, la Mer Noire ; au sud, la Bulgarie ; au sud-ouest, la Yougo-Slavie et à l'ouest, la Hongrie.

Division Géographique du Territoire :

Sous le rapport du relief la Roumanie a été bien partagée.

----

(1) Les autres pays d'Europe ont de plus grandes frontières en rapport avec leur superficie.

Elle présente les aspects les plus divers dans les proportions les plus favorables ; des plaines qui forment la majorité du relief, puis des collines, des montagnes et un assez grand plateau de forme presque circulaire et d'une altitude moyenne de 500 mètres (la Transylvanie).

Les Carpathes, qui forment le squelette du territoire roumain, le subdivisent en trois régions : la Moldavie, la Valachie et la Transylvanie. Elles sont situées sur la rive gauche du Danube. Sur la rive droite s'étend une région tout à fait distincte des autres au point de vue géologique : la Dobroudgea.

Les Carpathes, disposées en demi-cercle, n'atteignent que des hauteurs inférieures à celles des neiges éternelles et, à plus forte raison, des glaciers ; elles remplissent, par conséquent, la condition indispensable au développement de la vie dans leurs vallons.

Des trois branches qu'elles forment, deux seulement sont sur le territoire roumain : les Carpathes Orientales qui s'étendent du passage Dukla à la courbure du Buzeu et les Carpathes Méridionales du Buzeu jusqu'au Danube.

En Transylvanie un groupe de montagnes autrefois réuni aux Carpathes en est détaché complètement aujourd'hui, formant les monts Apuseni.

Dans les Carpathes Orientales nous trouvons quelques pics importants et de profondes vallées sillonnées de rivières d'allure torrentielle. « Les monts de Bistritza, notamment, sont traversés par les plus beaux défilés des Carpathes » (1). Les plus

---

(1) A. MUZET, *La Roumanie Nouvelle*, Paris, P. Roger ; 1920, page 7.

grands pics sont : *Pietrosul*, 2.305 mètres et *Hovarla*, 2.058 mètres.

Des montagnes du flysh de Moldavie, on passe aux Carpathes Méridionales de la Valachie, par la région intermédiaire de Buzeu à la rivière Dambovitza.

De la Dambovitza au Danube la chaîne des montagnes est formée d'anciens schistes cristallins. Ici, la montagne est plus massive, plus fermée et d'accès difficile. Les pics sont plus nombreux et plus élevés. Dans les monts de *Fagaras* on trouve « Moldovanul » 2.550 mètres et « Negoiul » 2.540 mètres, puis plus au sud dans les monts *Parangul* c'est « Mândra » qui domine — 2.529 mètres.

Les monts *Apuseni*, beaucoup moins élevés, sont plus ouverts, plus riches et par conséquent plus peuplés. Le plus grand pic est « Vladioasa » — 1.845 mètres.

Les Carpathes sont couvertes, à peu près en totalité, par des forêts séculaires ou par de très bons pâturages.

Les régions :

LA MOLDAVIE, d'une superficie de 92.900 kilomètres carrés, s'étend entre les Carpathes Orientales et le Nistru. Par suite des convoitises des puissances voisines, elle a été démembrée, comme la Pologne, au XVIIIe siècle et au commencement du XIXe. En 1774, la partie nord de la Moldavie a été annexée par les Autrichiens et a pris le nom de *Bucovine* (10.441 kilomètres carrés). En 1812, les Russes ont annexé une autre partie de la Moldavie, la partie orientale, entre le Pruth et le Nistru qui porte le nom d'anciens princes roumains : la *Bessarabie* (44.401 kilomètres carrés). Donc, de l'ancienne principauté de Moldavie il ne restait indépendante, avant la guerre mondiale, qu'une étendue de 38.058 kilomètres carrés. Par bonheur toutes ces provinces sont réunies maintenant et forment un tout purement roumain.

La Moldavie s'appuie sur les Carpathes Orientales qui ont, de ce côté, de longs sommets et des versants assez doux. La région des collines, qui commence en bordure de la montagne, s'étend très loin — passant même au delà du Nistru. Elle est très riche ; les villages se succèdent presque sans interruption au milieu des vignobles et des vergers. De vastes forêts, nommées par la population « Codrii » la mettent à l'abri des rigueurs du climat. Cette région a une légère inclinaison vers le sud-est dans la direction de Focsani-Galatzi. C'est pourquoi toutes les rivières de la Moldavie se dirigent vers cette ligne comme si elles voulaient se réunir à celles de la Valachie. Tout au long de ces rivières, de larges vallées forment la plaine Moldave. Au sud-est la plaine prend l'aspect d'une steppe qui « s'étend sur les hauteurs ondulées aux vastes horizons, coupées de larges vallées au fond plat » (1).

La Valachie a une superficie de 76.583 kilomètres carrés, elle s'étend entre les Carpathes Méridio-

____

(1) Emmanuel DE MARTONNE, *La Roumanie* ; conférence faite à la Société de Géographie, Lille.

nales et le Danube et comprend les subdivisions suivantes : *Oltenia* — la partie droite de l'Olt — (24.078 kilomètres carrés) et *Muntenia* de l'autre côté de l'Olt (52.505 kilomètres carrés).

Les Carpathes Méridionales sur lesquelles s'appuie la Valachie, sont plus sauvages que leur ramification orientale. Vers la limite supérieure des forêts, d'innombrables troupeaux de moutons errent dans les pâturages. Les bergers constituent la seule population de la haute montagne. De là, pendant l'automne, ils descendent vers la plaine en traversant les collines que les habitants appellent la « Podgoria ». La région des collines est ici comme en Moldavie la plus riche et la plus peuplée. D'une hauteur qui varie de 200 mètres à 700 mètres, elles s'étendent en Olténie sur une largeur de 150 kilomètres, prenant l'aspect d'un plateau. Ces collines, riches en forêts, prairies, vignobles, vergers et surtout en terrains cultivables, constituent l'aspect le plus riant du pays. Elles ont emmagasiné, lors de leur formation, des masses considérables de sel, de pétrole, de lignite et d'autres richesses minières.

Plus bas s'étend la plaine — « le Câmp » dans la langue du pays. Avec sa terre noire d'une merveilleuse fertilité, c'est la région des grandes cultures de céréales, du blé en particulier, dont l'exploitation faisait la richesse de l'ancienne Roumanie.

De nombreuses rivières arrosent cette plaine fertile, descendant des Carpathes et coulant vers le Danube qui contourne la Valachie.

LA TRANSYLVANIE qui a toujours été roumaine, sans l'être politiquement, jusqu'à la guerre mondiale, a une superficie de 102.200 km³. Elle comprend les subdivisions historiques suivantes :

1º l'*Ardeal*, ou la Transylvanie proprement dite, s'étend sur 57.819 kilomètres carrés entre les Carpathes et les monts Apuseni ;

2º le *Maramuresh*, dont une portion seulement de 8.592 kilomètres carrés fait partie de la Roumanie, est situé plus au nord ;

3º la *Crisana* — trois départements sur quatre — d'une superficie de 17.086 kilomètres carrés ;

4º le *Banat* — deux départements sur trois — est plus à l'ouest, 17.980 kilomètres carrés.

La Transylvanie est comprise dans l'intérieur de la chaîne carpathique, formant un plateau presque circulaire d'une hauteur moyenne de 500 mètres, très accidenté, entouré de tous côtés de montagnes qui sont plus abordables à l'ouest qu'à l'est. Ce plateau est, en grande partie, recouvert de forêts. Sur cette plate-forme prennent naissance une dizaine de grandes rivières qui coulent dans toutes les directions ; quelques-unes — Jiul, Oltul — ont réussi à passer même les Carpathes pour se jeter directement dans le Danube. De belles cultures de céréales couvrent les terrasses des grandes vallées que forment ces rapides rivières.

En Transylvanie on ne trouve plus la plaine valaque ou la steppe moldo-bessarabienne. Les montagnes sont, en échange, plus riches en ressources minérales. « A Petroseny, aux sources du Jiu, on exploite un riche bassin de lignites ; à Reshitza, dans le Banat, la houille anime usines et hauts fourneaux, qui trouvent sur place le minerai de fer. Dans le Banat également on exploite des pyrites. Le Bihor est le second centre de production de l'or en Europe. Dans les collines de Transylvanie elles-mêmes, on trouve, à défaut du pétrole, des gisements de sel valant ceux de Valachie et on a découvert, depuis l'éruption de Kissarmas, de nombreuses sources de gaz naturel » (1).

« La Transylvanie est le noyau historique du territoire national roumain » (2) et de là le courant d'émigration continuel s'est porté dans toutes les directions.

La Dobroudgea, d'une superficie de 23.261 kilomètres carrés, s'étend de la rive droite du Danube jusqu'à la Mer Noire. Elle n'est que très peu accidentée. Le Budgeac bessarabien se prolonge sur tout le centre et le sud de cette région. Souvent les bras latéraux du bas Danube, les lacs et les rigoles bordées de saules géants coupent la monotonie de cette steppe dobrodgienne.

La Dobroudgea a été dans le passé la grande voie par où se sont écoulés les peuples nomades dont quelques-uns s'y sont même établis pour un temps plus ou moins long.

Depuis son retour à la Roumanie, elle est devenue une riche contrée, perdant complètement le caractère sauvage qu'elle avait jusqu'alors. « Depuis l'annexion — 1878 — la physionomie économique

---

(1) Emmanuel de Martonne, o.c., page 12.
(2) A. Muzet, *La Roumanie Nouvelle*, page 6.

et ethnique de la Dobroudgea a profondément changé. De 30 p. 100 les Roumains sont passés à 55 p. 100, tandis que les Bulgares diminuaient de 20 à 14 p. 100, les Turcs et Tatares de 40 p. 100 à 10 p. 100. L'abandon par les Turcs des pays où ils cessent d'être les maîtres est un fait commun de toute l'histoire des Balkans. Les colons roumains ont été le facteur principal de l'accroissement total de la population qui a augmenté de 140 p. 100 ; dans l'extension des surfaces cultivées, qui ont triplé ; dans l'enrichissement du cheptel qui atteint la même proportion » (1).

____

(1) Emmanuel DE MARTONNE, o.c., page 12.

CHAPITRE II

LE CLIMAT

La Roumanie, qui est située entre les parallèles géographiques de Paris au nord et de Nice au sud, n'étant pas sous l'influence directe de la mer Méditerranée et du Gulf-Stream, se trouve sous un régime climatérique excessif. Aussi, les différences de température sont-elles très grandes, ce qui s'explique aussi par la grande variété du relief. La température minima descend jusqu'à 35º et la température maxima s'élève parfois jusqu'à 40º à l'ombre, donc un écart de 75º. La température annuelle pour tout le pays est, en moyenne, de 9º. Cette moyenne annuelle diminue, en général, de 0º6 pour chaque 100 mètres d'altitude. La Mer Noire, mer fermée et sans courants, n'exerce sur le climat qu'une faible influence — et rien que dans les régions situées le long de la côte — en prolongeant les chaleurs de l'automne, ce qui est très favorable à la culture de la vigne. L'influence de la latitude se fait sentir, elle aussi ; les céréales et les fruits mûrissent dans le sud quinze jours plus tôt que dans le nord. En général la région la plus tempérée est la région des collines (1).

A cause aussi des variations du relief, l'humidité est, à son tour, variable. Dans la steppe bessarabienne et en Dobroudgea tombe la plus petite quantité d'eau par an — 400-500 millimètres. Dans les plaines de Moldavie et de Valachie un peu plus — 500 à 650 millimètres. La région des collines est davantage pluvieuse — 650 à 800 millimètres et dans les Carpathes la quantité d'eau est de 800 à 1.200 millimètres. La quantité annuelle moyenne pour tout l'ancien royaume dans la période 1896-1915 a été de 579 millimètres. La moyenne des jours avec neige dans toute la Roumanie est de 72 (2).

Les vents habituels en Roumanie sont :

Le Crivâtz assez chaud pendant l'été et glacial pendant l'hiver ; il vient des steppes russes et peut atteindre une vitesse de 25 mètres par seconde. Il prédomine en Moldavie et passe aussi en Dobroudgea (3).

L'Austrul vient de la Méditerranée et n'est que le prolongement du sirocco. C'est un vent chaud. Il souffle de l'ouest et du sud-est.

Le *Baltaretzul* souffle de l'est ou du sud-est pendant l'été. Il amène souvent la pluie. Prédomine en Valachie.

---

(1) Paul Nicoresco, *La Roumanie Nouvelle*, page 25.

(2) *Anuarul Statistic al Romániei*, Bucarest, 1924.

(3) Ovide se plaint de ce vent glacial qui n'apporte rien de bon. (Les Tristes).

Le *Vântul-Mare* souffle du nord-ouest. Il vient de l'Europe Centrale. Il rase la steppe hongroise pour arriver en Bucovine.

HYDROGRAPHIE

La Roumanie est un des pays les plus riches en cours d'eau de l'Europe. Elle fait partie du bassin inférieur du Danube. Toutes ses rivières y vont, sauf le Nistru, qui se jette directement dans la Mer Noire.

Le *Danube* (1) est le plus grand fleuve d'Europe après la Volga. Il a joué et joue un rôle prépondérant dans le mouvement civilisateur, politique et économique de l'Europe. « Son importance dépasse de beaucoup celle de tous les autres fleuves grâce à cette circonstance qu'il traverse des régions d'une richesse agricole proverbiale, d'une production industrielle intense et qui sont, pour cette raison, le berceau d'une population très nombreuse (2). Les bouches du Danube (3) « ont été de tout temps un trait d'union entre les grands intérêts économiques de deux continents : l'Europe et l'Asie, sur-

---

(1) Sur le Danube voir : C.-I. BAICOIANU, *Le Danube, Aperçu historique, économique et politique*, Paris, Recueil Sirey, 1917 ; Jean BART, *La Question du Danube et sa solution*, Galatzi 1920 ; Dr. I. ANTIPA, *Dunarea si problemcle ei stiintifice, economice, si politice*, Bucuresti, 1921 ; Ion G. VIDRASCO, *Valorificarea regiunei inundabile a Dunarei*, Buc. 1921 ; I.G. VIDRASCO, *La voie navigable maritime du Danube*, Bucarest, 1924.

(2) C.-I. BAICOIANU, *Le Danube*, page 14.

(3) Talleyrand disait que « le centre de gravité de l'Europe n'est pas à Berlin ni à Paris, mais aux bouches du Danube ».

tout quand la route la plus directe des Indes passait par la Mer Noire » (1).

Long de 2.855 kilomètres le Danube coule sur 606 kilomètres le long de la frontière sud de la Roumanie et sur 400 kilomètres en plein territoire roumain. Donc ses eaux arrosent la Roumanie sur plus de 1.000 kilomètres. Il est navigable, durant tout ce parcours. Seulement à Cazane son lit se rétrécit à 113 mètres et au temps des eaux basses il s'y forme de dangereux écueils. Le débit moyen du fleuve est de 9.000 mètres cubes par seconde. Il ne gèle que quarante jours par an, en moyenne. Une année sur cinq il ne gèle pas.

Près de Tulcea, le Danube se divise en deux bras : celui de *Chilia* qui se dirige vers le nord-est et celui de *Sfântul Gheorghe*, qui coule vers le sud-est. Le bras de Sfântul Gheorghe à son tour, se divise un peu plus loin, formant sur sa gauche un troisième bras — celui de *Sulina* : le Delta du Danube est formé.

Quoique très irrégulier, *Chilia* est le bras le plus important, recevant 68 p. 100 des eaux du Danube, Le bras de *Sfântul Gheorghe* en contient 24 p. 100. Les deux sont innavigables. Seul le bras de *Sulina* est navigable grâce à un canal de 7 mètres creusé par les soins de la Commission Européenne du Danube. Il ne contient pourtant que 8 p. 100 des eaux du Danube.

Le Delta du Danube a une surface de plus de

---

(1) Voir : Elié DE LA PRIMAUDIIE. *Histoire du Commerce de la Mer Noire* et Nicolas IORGA, *Points de vue sur l'histoire du Commerce de l'Orient à l'époque moderne*, Gambor, Paris, 1925.

430.000 hectares, le fond est à 2 mètres — 2 mètres 50 au-dessous du niveau de la mer, ce qui fait que seuls 14.000 hectares de cette étendue sont à l'abri de l'inondation.

La région inondable du Danube sur le territoire roumain est approximativement de 942.000 hectares et des étangs permanents occupent environ 460.000 hectares. Les études faites par plusieurs ingénieurs, notamment par l'ingénieur Vidrasco (1), ont montré qu'on pourrait gagner, sur cette surface inondable, plus de 200.000 hectares pour l'agriculture, et plus de 180.000 hectares pour les pâturages. Les saulaies — 40.000 hectares — qui sont de bonne qualité, devront être conservées, le reste — 510.000 hectares devra être aménagé en bassins pour la pisciculture.

Le *Nistru* est après le Danube le plus grand cours d'eau de Roumanie. Il a plus de 1.000 kilomètres, mais il n'est navigable que sur 500 kilomètres, approximativement, soit de Soroca à Balta Limanului (2).

Les rivières les plus importantes sont :

Le *Pruth* qui a plus de 700 kilomètres, mais n'est navigable que jusqu'en amont de Leova. C'est la voie la plus avantageuse pour le transport des grains de Moldavie et surtout de Bessarabie jusqu'à Galatz.

Le *Sireth* serait rendu facilement navigable sur une grande partie de son cours, grâce au formidable

---

(1) I.-G. VIDRASCO, *Valorificarea regiunei inundabile a Dunarei.* Buc. 1921.

(2) A cause du manque de relations entre la Roumanie et la Russie, le transport sur le Nistru est en stagnation.

débit d'eau qu'il reçoit de ses nombreux affluents. Malheureusement jusqu'à ce jour cette importante rivière ne sert qu'aux populaires « plutaches » pour transporter sur leurs radeaux des céréales de Moldavie et surtout le bois coupé dans les opulentes forêts de Bucovine et de Moldavie.

L'*Olt* (600 kilomètres) traverse les Carpathes par le défilé de Tournu-Rosu pour se jeter dans le Danube près de Tournu Magurele. Il n'est pas encore navigable mais il pourrait l'être, au moins sur son parcours en Valachie.

Le *Mures* (877 kilomètres) traverse toute la Transylvanie, puis, vers son cours inférieur, il entre en Hongrie où il se jette dans la Theiss.

Les autres rivières sont moins importantes.

La Roumanie est très riche aussi en lacs et lagunes. Les plus importants sont aux bouches du Danube. *Razim*, *Babadag*, *Galevitza*, *Smeica* et *Sinoe* ont à eux seuls une surface de plus de 75.000 hectares.

Tous ces lacs et lagunes abondent en poissons d'eau douce qui constituent une véritable richesse nationale.

La vie végétale et la vie animale.

La Roumanie par sa situation géographique, et grâce à son climat, est un des plus fertiles pays du monde. La plus grande partie de son sol est productive. Il n'y a que les sommets élevés ou les terrains tourbeux qui ne produisent rien.

La plaine vient en tête en ce qui concerne la quantité d'humus (10 p. 100), puis les collines. Par suite de cette fertilité du sol, la vie végétale est très intense. Dans les montagnes, les forêts se succèdent sans interruption. Au-dessous de 1.700 mètres jusqu'à 700 mètres, c'est la zone des conifères, plus bas le hêtre domine et ensuite jusqu'à la plaine et sur le seuil même des plaines, on trouve des forêts de charmes, d'ormes, de frênes, de cornouillers, de bouleaux et surtout de chênes.

Dans la région des collines et dans la plaine on rencontre trois sortes de végétation : dans la partie nord-ouest prédominent les végétaux caractéristiques de l'Europe Centrale ; dans les parties ouest et sud se fait sentir l'influence de la végétation méditerranéenne ; et dans les parties sud-est et est prévaut une végétation présentant le caractère prononcé de la steppe (1).

La faune de la Roumanie est la même que celle de toute l'Europe Centrale. Dans les grandes forêts se rencontrent assez nombreux les animaux sauvages : ours, sangliers, loups, cerfs. D'énormes bandes d'oiseaux migrateurs s'arrêtent sur le sol de la Roumanie, en route vers le nord, au printemps, et à l'automne, quand ils émigrent vers le sud (2).

Étant donné que les collines couvrent environ 30 p. 100 et les plaines 50 p. 100 de la surface entière de la Roumanie, que le climat est très favorable et que la terre est d'une fertilité merveilleuse (3),

---

(1) Paul NICORESCO, œuv. cité, page 34.
(2) *Ibid.*
(3) Emmanuel DE MARTONNE, *La Roumanie*, page 15.

l'agriculture s'impose logiquement à ce pays, comme base économique (1).

Toute mauvaise production agricole aura une répercussion immédiate sur l'ensemble économique du pays. Et c'est là la cause de toutes les crises économiques roumaines. C'est la culture des céréales qui crée en même temps le bien-être et la prospérité de la Roumanie, c'est toujours elle qui aidera à ses progrès.

---

(1) Carra, *Histoire de la Moldavie et de la Valachie*, Neufchâtel, 1781. « J'ai vu presque toutes les contrées de l'Europe, en vérité je n'en connais aucune où la distribution des plaines, des collines et des montagnes soit aussi admirable de perspective et favorable à l'agriculture qu'en Moldavie et Valachie ».

CHAPITRE II

APERÇU HISTORIQUE

> « Personne ne prétend aujourd'hui que le peuple roumain, tel qu'il se présente actuellement, soit le continuateur sans aucun mélange des Romains, dans le sens purement latin de ce terme. »
>
> N. Iorga. — Histoire des Roumains.

Les Roumains d'aujourd'hui ne sont que les descendants d'une fusion des races Thrace et Romaine, fusion qui était en voie de préparation même avant la conquête de la Dacie par Trajan. D'après la nouvelle théorie du grand historien N. Iorga, l'Empire Romain n'a fait que suivre la pénétration lente des paysans immigrés de l'Italie, expansion faite sans aucun concours et sans aucune incitation de la part de l'officialité. « Or les Roumains sont incontestablement les descendants de ces Daces et de leurs congénères Gètes, établis tour à tour sur la rive droite et la rive gauche du Danube, ainsi que les autres éléments thraces et illyriens dénationalisés par une colonisation romaine lente, accomplie d'abord par des immigrations de paysans venus d'Italie, bien avant la conquête de Trajan » (1). Ces paysans

____

(1) N. Iorga, *Histoire des Roumains de Transylvanie et de Hongrie*, page 9.

italiques commencèrent à émigrer vers la fin de la République, après que de nombreuses conquêtes eurent amené à Rome une multitude d'esclaves. N'ayant plus de travail, et, lorsqu'ils en avaient, leur travail ne donnant plus les mêmes ressources, le blé affluant d'Afrique en quantités énormes, ils furent obligés de s'établir ailleurs afin de gagner leur pain avec plus de facilité. Et ils émigrèrent partout où la terre était assez bonne pour les nourrir, dans l'ancienne Dacie aussi bien qu'ailleurs. Car, dès cette époque lointaine, la fertilité de cette province avait acquis une juste renommée.

C'est la seule explication logique de la dénationalisation des Daces. « A toute époque, pour qu'on puisse dénationaliser un peuple, il faut que le peuple qui vient appartienne à la même classe, c'est-à-dire qu'il pratique les mêmes occupations. Une population urbaine ne peut guère dénationaliser des paysans. Si Trajan avait fait venir des citadins pour en coloniser la Dacie, ces citadins n'auraient pas été en état de remplacer la forme paysanne thrace par la forme latine qu'on rencontre ensuite » (1).

Il est certain aujourd'hui que cette rapide dénationalisation a été aidée par l'influence romaine qui s'infiltrait partout. Bien avant Trajan toute la Pannonie et la Mœesie — provinces voisines de la Dacie — étaient romanisées (2).

La dénationalisation ne signifie pas que les déna-

____

(1) N. Iorga, *Influences Etrangères sur la Nation Roumaine*, page 16.

(2) V. Parvan, *Inceputurile Vietei Române la Gurile Dunarei*, Bucuresti, 1923.

tionalisés aient perdu à jamais les caractères spécifiques de leur race. Les Roumains en sont la preuve. Ils ont conservé les grandes qualités de leurs ancêtres, et, aussi, leurs défauts.

Mais la « Dacia Felix », le berceau de la Roumanie d'aujourd'hui, par sa richesse et surtout par sa situation géographique, n'a pas réussi à nous transmettre, pur de tout alliage, son patrimoine d'humanité. C'est qu'il faut compter avec les invasions des barbares.

Les premiers — les Goths — après des luttes acharnées contre l'Empire réussissent à forcer Aurelien d'abandonner en 271 toute la Dacie. Les légions romaines passent le Danube emmenant avec elles tous les fonctionnaires impériaux ; cependant la grande masse des habitants ne se retira pas (1).

Les Goths et les Vandales trouvèrent en Dacie une population réduite en nombre — la plupart des habitants s'étant réfugiés dans les Carpathes — mais supérieure comme civilisation, et ayant déjà embrassé le Christianisme. Le Christianisme avait en effet pénétré en Dacie avant la retraite d'Au-

---

(1) A.-D. XENOPOL, *Une Enigme Historique, Les Roumains au moyen âge,* Paris, E. Leroux, 1885, page 36 : « Les Daces n'ont pas quitté leur pays ; bien au contraire, ils y sont restés en grand nombre et ont tous été romanisés. La population se divisait naturellement en deux classes : d'un côté les riches qui comprenaient surtout les Romains nouvellement établis dans la Dacie et les restes de la classe aristocratique du peuple soumis ; de l'autre, les pauvres : c'est-à-dire la masse de la population dace romanisée, les descendants des légionnaires romains issus en Dacie des femmes du pays et un certian nombre de vétérans romains. Il est hors de doute que les riches s'enfuirent, mais les pauvres durent rester.

relien (1). Voilà pourquoi ces nomades — pour qui la Dacie n'était que le meilleur chemin pour arriver dans l'Empire — « n'ont exercé aucune influence sur la vie de l'Etat, sur les mœurs et sur la langue roumaine » (2).

Après les Goths et les Vandales vinrent à passer les Huns et les Avares. De leur passage non plus, aucune trace n'est restée dans les mœurs ou la langue roumaine.

Mais le flux des barbares n'est pas encore arrêté.

Voilà les Slaves qui, pour descendre vers la Méditerranée, doivent traverser la région du Danube. Les autres n'ont fait que passer. Les plus belliqueux parmi les Slaves en font autant et, sans trop tarder, se dirigent vers le sud. Mais les plus pacifiques y restent et s'établissent dans ce qu'il y a encore de plaines inoccupées. Roumains et Slaves cohabitèrent longuement, travaillèrent ensemble une terre assez fertile pour nourrir les uns et les autres, et la défendirent de concert contre les nouveaux envahisseurs. De cette vie en commun, la langue roumaine a subi une influence assez sensible.

Les Magyars arrivent à leur tour et s'établissent définitivement en Pannonie et dans la Transylvanie roumaine. Ils ont dominé sur les Roumains de Transylvanie pendant mille ans, sans réussir à les dénationaliser, et sans arriver à faire subir à la langue roumaine une influence quelconque.

---

(1) V. PARVAN, *Contribuții Epigrafice la Istoria Creștinismului Daco-Roman*, Buc. Socec. 1911, page 75.

(2) N. IORGA, *Histoire des Roumains et de leur Civilisation*, Paris, H. Paulin, 1920, page 36.

Les vagues destructrices des barbares continuent à déferler, mais ils s'en vont, comme ils étaient venus, sans laisser de traces.

Les Pétchénèques — peuple turc — s'installent pour peu de temps à l'est de Carpathes. Ils s'enfuirent au sud du Danube à l'arrivée des Coumans, lesquels battus à leur tour deux siècles après et obligés de céder la place aux vainqueurs, finirent par se sauver vers la Hongrie. Ces vainqueurs, ce furent les Tatars de Gingis-Khan.

Les Tatars écrasent les Hongrois aussi, mais ne veulent pas de la Hongrie et se retirent finalement aux contrées d'où ils sont venus, avec un butin considérable. Ils semèrent en route — comme souvenir de leurs victoires — les Tziganes — leurs esclaves — les ancêtres de tous les bohémiens d'aujourd'hui.

Ces invasions obligèrent la population roumaine qui insuffisamment nombreuse ne pouvait se défendre, à se réfugier dans les Carpathes. Ils attendaient là que les envahisseurs se fussent dispersés pour reprendre possession de leurs plaines, de leurs collines et pour s'y remettre à travailler la terre. A l'approche de nouveaux barbares, ils quittaient tout, cherchaient de nouveau un abri dans les montagnes, parvenant de la sorte à conserver leur langue, leurs lois et leurs coutumes.

Cette perpétuelle instabilité a été la cause primordiale du retard dans le développement politique d'abord, économique ensuite, du pays.

En effet, les principautés roumaines ne se sont constituées que dans la première moitié du xive siècle, d'abord la Valachie, ensuite la Moldavie.

Mais, dès le début de leur existence, ces deux principautés roumaines durent lutter pour se maintenir, et ces luttes furent beaucoup plus acharnées après l'arrivée des Turcs en Europe.

Les princes roumains se succèdent à de brefs intervalles ; les guerres aussi. Il y eut des princes forts, braves, intrépides ; pendant leur règne on compte des victoires. Le règne des autres fut marqué par des défaites. Au temps des princes vaillants, les Roumains vécurent dans l'indépendance, respectés et redoutés des peuples voisins. Pendant le règne des autres, les Roumains durent payer des tributs aux Sultans. Mais vainqueurs ou vaincus, les Roumains ont rendu un service incomparable à toute l'Europe Occidentale, en barrant glorieusement la route, pendant des siècles, à l'invasion des Turcs. Des centaines et des centaines de mille Roumains se sont sacrifiés volontairement, sans aucun appui étranger, pour arrêter les infidèles dans leur marche triomphale.

Les princes roumains ont usé à la longue la puissance formidable des Turcs, sauvant, grâce à leur vaillance, la civilisation. « Si la civilisation occidentale échappa à la mort ou au moins à l'éclipse dont la menaçait le Croissant, elle en fut redevable notamment aux Roumains » (1).

Et ils ne luttaient pas seulement contre les Infidèles, mais aussi contre les Hongrois, les Polonais, et les Tatars qui étaient parfois les alliés inconscients des Ottomans.

---

(1) E. LAVISSE et A. RAMBAUD, *Histoire Générale*, vol. 3, page 892.

Parmi les princes roumains, quelques figures se détachent avec force.

D'abord c'est *Mircea*, en Valachie, qui s'intitulait : « Prince de tout le pays d'Ungrovalaquie, duc de Fagarache et d'Almache, krai de Bosnie, maître du Banat de Severin, despote de Dobroudgea, seigneur de Silistrie et de toutes les villes et contrées jusqu'aux montagnes d'Andrianopole ». Il a pris part à plusieurs batailles livrées par la chrétienté contre les Turcs, toujours vainqueurs. Il eut plus de chance à Rovine où il battit et mit en déroute les Ottomans par ses seuls moyens.

En Moldavie régnait, vers la même époque, *Alexandre-le-Bon*, organisateur de premier ordre. Sous les longs règnes de ces deux princes : Mircea et Alexandre, les principautés roumaines parvinrent à une consolidation définitive de leur organisation intérieure.

Quelque temps après régna en Moldavie le plus grand prince qu'eurent les Roumains : *Etienne-le-Grand* (1457-1504). Très vaillant, très brave, infatigable, connaissant à merveille toutes les qualités et les défauts de ses amis comme de ses adversaires; bon organisateur, sévère mais juste, prenant toujours l'initiative voulue et n'étant jamais pris au dépourvu, il réunissait toutes les qualités d'un grand Roi. Les Polonais, les Hongrois, les Tatars, les Valaques mêmes, et surtout les Turcs furent battus, tour à tour, ou en même temps, par le Grand-Etienne. Des trente-six batailles qu'il a livrées, il n'en a perdu que deux. Toutes ces victoires éclatantes lui donnèrent un prestige incomparable.

« L'Athlète du Christ » comme le nommait le Pape Sixte IV élevait, en bon chrétien, un monastère ou une église après chaque bataille.

En Valachie, un autre grand prince, *Michel-le-Brave*, réalisa temporairement, pour la première fois, le rêve millénaire des Roumains, en réunissant sous son sceptre les trois pays roumains : La Moldavie, la Valachie et la Transylvanie. Malheureusement, un traître, à la solde de l'empereur d'Autriche, le tua dans une embuscade. Michel eut la gloire d'écraser les Turcs dans une grande bataille, à Calugareni.

A ces princes illustres succédèrent une foule de princes médiocres. De temps à autre, tel ou tel de ces princes tenta vainement de reconquérir la gloire de jadis.

Les principautés tombèrent, de plus en plus, sous la suzeraineté des Turcs — qui allèrent jusqu'à désigner celui qui devait régner sur les pays roumains et dont la principale attribution était de pourvoir au versement régulier du tribut. C'est la triste époque phanariotte qui se prolonge pendant près d'un siècle et demi (1) ; période de honte et de misère pour un peuple qui méritait un sort meilleur.

C'est pendant l'époque Phanariotte que la Turquie, arracha à la Moldavie la province de la Bucovine en 1775 pour la céder à l'Autriche et un

---

(1) De 1711 à 1821, on appelle l'Epoque Phanariotte, la période pendant laquelle le Sultan s'arrogea le droit de nommer dans les principautés roumaines des princes régnants, qui étaient choisis parmi les familles grecques habitant le quartier du Phanar de Constantinople.

peu plus tard, en 1812, la province de la Bessarabie pour la donner à la Russie.

La révolution de *Tudor Vladimiresco* de 1821, et celle de 1848, annoncent une résurrection.

Elle commence en 1859 par l'union de la Moldavie et de la Valachie faite sous le prince *Alexandre Couza*. Elle fût complétée à la suite de la guerre mondiale, par la réunion des autres provinces roumaines à la mère-patrie. Les Roumains de Transylvanie, du Banat, de Crisana, de Maramouresh, de Bucovine et de Bessarabie sont de nouveau indépendants et unis, au sein de la Grande Roumanie.

Le calvaire du peuple roumain a pris fin.

CHAPITRE IV

SITUATION ETNOGRAPHIQUE

La Population.

La population de la Roumanie est de 18.000.000 d'habitants, ce qui équivaut à 61 habitants par kilomètre carré, mais elle est très inégalement répartie ; les districts de « Ciuc » en Transylvanie et de « Câmpulung » en Bucovine, n'ont que 27 habitants par kilomètre carré ; dans d'autres le nombre d'habitants par kilomètre carré dépasse 135, comme à « Siret » en Bucovine et « Ilfov », dans l'ancien royaume.

Par divisions historiques, c'est en Bucovine que la densité de la population est la plus forte et c'est en Transylvanie qu'elle est la plus faible.

Comme la terre roumaine est des plus fertiles, ce nombre de 61 habitants par kilomètre carré est relativement faible et l'accroissement de la population ne peut être inquiétant, au moins pendant une centaine d'années. Au contraire, il facilitera le progrès économique et permettra de mettre davantage en valeur les richesses naturelles.

En ce qui concerne le chiffre de la population, la

Roumanie, comme on peut le voir par le tableau suivant, vient au huitième rang des autres pays européens :

Russie d'Europe	95.942.000	(Est. 1924)
Allemagne	62.642.000	(Est. 1924)
Grande-Bretagne, Irlande.	47.390.000	(R. 1926)
Italie	41.300.000	(Est. 1925)
France	40.743.000	(R. 1926)
Pologne	28.882.000	(Est. 1925)
Espagne	21.763.000	(Est. 1923)
Roumanie	18.000.000	(Est. 1927)

Par région, la population de la Roumanie se divise ainsi :

Moldaves	7.300.000
Transylvaniens	5.200.000
Valaques	4.800.000
Dobroudjiens	700.000
Total	18.000.000

En Roumanie, il y a 9.212 communes, dont 9.060 sont rurales et 152 urbaines. La population citadine ne dépasse pas 20 p. 100 de la population totale. La force du pays réside donc dans la population rurale — 80 p. 100 de la population totale — qui est la gardienne la plus fidèle de la langue et des coutumes roumaines. Dans l'avenir, on puisera toujours dans cette grande réserve de pure race, pour renouveler les forces vitales et les énergies nécessaires au progrès général du pays.

Les villes ayant plus de 100.000 habitants sont au nombre de quatre, dans l'ordre suivant : Bucarest, Chisinau, Iassy et Cernautzi. On ne connaît pas le chiffre exact de leur population, mais Bucarest doit avoir, approximativement, plus de 800.000 habitants.

D'autres villes ont pris une grande importance à cause de la proximité des centres productifs, comme : « Ploesti », « Timisoara » ; ou de l'extension du commerce extérieur, comme les ports de « Galatz », « Braïla » et « Constantza » ; ou de leur passé historique, comme « Cluj », « Craiova », « Arad », etc.

L'accroissement de la population

La Roumanie est un des pays les plus prolifiques. Chaque année la population s'accroît d'une manière certaine et dans une proportion extrêmement intéressante. Dans les statistiques publiées dans l'*Annuaire Statistique de la Roumanie*, concernant le mouvement de la population, on voit que pendant une période de vingt ans, depuis 1895 jusqu'à 1915 la population s'est accrue, du fait de l'excédent des naissances sur les décès, de 1.956.000 âmes, c'est-à-dire dans une proportion de 34,7 p. 100, étant donné qu'en 1895 la population de l'ancienne Roumanie était de 5.635.000 habitants.

Cette proportion d'accroissement est une des plus grandes du monde entier, la population pouvant être doublée en cinquante-huit années par le jeu normal des naissances et des décès.

Pour se rendre compte de l'accroissement continuel de la population en Roumanie nous faisons dans le tableau suivant une comparaison entre

Tableau comparatif démographique
par moyennes quinquennales.

Depuis 1880 *jusqu'en* 1914 ([1])

Les périodes quinquennales	Moyenne des naissances par 1.000 habitants	Moyenne des décès par 1.000 habitants	Excédent pour 1.000 habitants
ROUMANIE			
1880–1884	40.8	28.5	12.3
1885–1889	41.9	28.0	13.9
1890–1894	40.2	31.1	9.1
1895–1899	41.0	28.1	12.9
1900–1904	39.5	25.5	14.0
1905–1909	40.3	26.0	14.3
1910–1914	41.8	24.7	17.1
ALLEMAGNE			
1880–1884	38.6	27.3	11.3
1885–1889	38.2	26.1	12.1
1890–1894	37.4	25.0	12.4
1895–1899	37.3	22.5	14.8
1900–1904	36.0	21.5	14.5
1905–1909	33.2	19.2	14.0
1910–1914	28.5	16.4	12.1
ANGLETERRE			
1880–1884	31.2	19.4	11.8
1885–1889	30.1	18.8	11.4
1890–1894	29.5	18.8	10.7
1895–1899	28.9	17.8	11.1
1900–1904	28.0	16.9	11.1
1905–1909	26.5	15.4	11.1
1910–1914	24.2	14.2	10.0
FRANCE			
1880–1884	24.8	22.4	2.4
1885–1889	23.6	21.8	1.8
1890–1894	22.4	22.4	
1895–1899	22.0	20.7	1.3
1900–1904	21.4	20.0	1.4
1905–1909	21.1	19.6	1.4
1910–1914	18.8	18.2	0.6

(1) Nous annexons à la fin de ce chapitre un grand tableau comparatif démographique, par moyennes annuelles, depuis 1880 jusqu'en 1914.

les trois principales puissances européennes et la
Roumanie, en ce qui concerne le mouvement de la
population pendant trente-cinq ans. C'est seulement de cette manière qu'on peut avoir une idée
exacte de l'importance capitale que présente l'accroissement de la population roumaine.

On ne possède aucune donnée, même approxi-
mative, sur le mouvement de la population pendant
la guerre. A partir de 1920 — c'est-à-dire depuis
l'unification du pays—elle a augmenté chaque année,
comme on le voit dans le tableau ci-dessous :

Années	NOMBRES ABSOLUS			PROPORTION POUR MILLE HABITANTS		
	Naissances	Décès	Excédents	Naissances	Décès	Excédent
1920	539.359	414.629	124.730	33.5	25.8	7.7
1921	620.460	372.157	248.303	38.2	22.9	15.3
1922	613.726	376.236	237.490	37.2	22.8	14.4
1923	608.763	372.480	236.283	36.4	22.3	14.1
1924	622.580	382.915	239.665	36.7	22.6	14.1
Moy. quinq.	600.978	383.683	217.294	36.4	23.3	13.1
1925	605.655	361.995	243.660	35.2	21.0	14.2

Ceci prouve que l'accroissement de la population
roumaine tend à reprendre l'essor d'avant-guerre.
En effet, la moyenne quinquennale de l'excédent
des naissances sur les décès de 1920 à 1924, qui est
de 13,1 p.1000, est largement dépassée par la moyenne
de 1925, qui est de 14,2 p. 1000, elle est, du reste,
également supérieure à celle de l'année précédente.

Bien que les excédents extraordinaires d'avant-
guerre n'aient pas encore été atteints, la proportion d'accroissement de la population roumaine est,

après celle des Pays-Bas, la plus grande d'Europe.

En effet, le *Journal Officiel* d'avril 1926, publiant le rapport de la statistique générale sur le mouvement de la population française, donne en même temps quelques chiffres comparatifs, concernant l'excédent des naissances sur les décès de divers pays d'Europe. Nous classons ces pays dans l'ordre de décroissance des excédents proportionnels constatés en 1924 (1).

PAYS	EXCÉDENTS POUR 1.000 HAB.	PAYS	EXCÉDENTS POUR 1.000 HAB.
1. Pays-Bas......	15.3	6. Allemagne	8.2
2. Roumanie	14.1	7. Belgique	6.9
3. Italie	12.7	8. Hongrie	6.6
4. Norvège.......	10.6	9. Angleterre....	6.6
5. Espagne.......	10.2	10. France	1.9

Comme il est établi que l'accroissement de la population augmente la production des richesses du pays (2), en rendant possible une meilleure sélection du travail, on se rend compte facilement que, grâce à cette extraordinaire fécondité, la Roumanie est un des pays les plus favorisés.

Mais si, pour le moment, cet accroissement de la population n'est pas encore arrivé à la moyenne d'avant-guerre, il n'y a aucune raison pour que dans deux ou trois ans la même progression ne soit constatée. Pour nous rendre compte alors de ce que pourra être la population dans cinquante ans, nous con-

---

(1) La Roumanie ne figurait pas parmi les pays cités dans le *Journal Officiel*.

(2) René MASSE, *La production des richesses*, page 138 et les suivantes.

sulterons à nouveau les statistiques de l'ancien royaume.

D'après le tableau placé à la fin de ce chapitre, nous voyons qu'en 1880 la population de la Roumanie était de 4.545.821 habitants et qu'en 1914 elle était de 7.771.341, qu'elle s'est donc accrue en trente-cinq ans de 3.225.520 habitants, soit une proportion de 71 p. 100, ce qui représente une moyenne de 2 p. 100 par an, mais comme en 1924 nous sommes assez loin de cette moyenne, nous ne nous baserons que sur un pourcentage de 1,6 pour 100. Comme dans ces calculs il faut tenir compte de l'imprévu, nous avons établi un tableau approximatif, avec augmentation proportionnelle décennale, qui nous indique qu'en cinquante ans, la Roumanie pourra posséder une population de 37.000.000 d'habitants, c'est-à-dire doublée :

1927 = 18.000.000 — à 1.6 p. 100 par an, on aura en :
1937 = 20.716.000 —   »   »
1947 = 23.800.000 —   »   »
1957 = 27.500.000 —   »   »
1967 = 31.900.000 —   »   »
1977 = 37.000.000 —

Population nationale et minoritaire.

La population de la Roumanie est en grande partie composée de Roumains, entre lesquels ne se constate pas de grandes différences de langue et de caractère. A côté d'eux, il y a environ 2.500.000

minoritaires de diverses origines répandus dans tout le royaume.

Les Hongrois. — Les plus nombreux sont les Hongrois, ils dépassent un million et sont répandus dans toute la Transylvanie ; ils forment même des groupes compactes comme celui de la limite orientale de la plateforme de la Transylvanie connu sous le nom de « Seklers ». En Moldavie aussi on rencontre un groupe, beaucoup moins important, de Hongrois qui ont été colonisés dans les districts de Roman et Bacau, pendant le xve siècle, et dont le nom populaire est « Ciangaï ».

Les Hongrois habitent plutôt les villes, surtout à cause de l'administration dominante qui leur donnait des avantages ; ainsi plusieurs villes importantes gardent encore le caractère hongrois d'avant la guerre, mais ces villes subissent de plus en plus une transformation logique et elles perdront complètement d'ici très peu de temps ce caractère.

Comme le disait si bien le grand savant Em. de Martonne (1) l'aspect hongrois des villes sera dans peu de temps complètement changé en faveur des roumains, pour une double considération : que toutes ces villes sont entourées de communes rurales roumaines qui enverront toujours leurs éléments

---

(1) Em. de Martonne. *Bulletin de la Société Royale Roumaine de Géographie*, tome XV 1921, page 172. «Dans un pays où les campagnes sont en grande majorité roumaines et où le gouvernement est roumain, il n'est pas possible que les villes ne deviennent pas naturellement roumaines. »

actifs et vigoureux et que le gouvernement roumain fournira le cadre des fonctionnaires roumains.

Les Allemands. — Environ 650.000 Allemands sont établis depuis longtemps en Transylvanie, Bucovine et Bessarabie où ils forment des groupes compacts ; les plus importants sont les « Souabes » du Banat et les « Saxons » de Transylvanie, qui ensemble sont plus de 500.000.

La plupart de ces Allemands s'occupent d'agriculture, très tranquilles et très travailleurs, ils sont aussi de très loyaux citoyens.

Les Ukrainiens. — Les Ukrainiens dépassent 350.000 âmes et sont répandus dans le Maramuresh, en Bucovine et dans le nord de la Bessarabie. Presque tous sont agriculteurs.

Les Bulgares. — Environ 100.000 Bulgares habitent surtout la « Dobroudgea ».

Les Russes. — 80.000 Russes sont répandus dans toute la Bessarabie et dans l'ancien royaume. Une secte religieuse qui s'est réfugiée depuis longtemps en Roumanie, venant de Russie, appelée les « lipovans » s'est établie surtout à Iassy, à Bucarest et dans le delta du Danube où ses membres s'occupent de pêche.

Les Tatares. — 60.000 Tatares, environ, sont éparpillés dans toute la « Dobroudgea ».

Les Tziganes. — La plupart des tziganes nomades, au nombre de 60 à 80.000 approximativement, se rencontrent dans tous les pays.

Les Gagauzes. — Ils sont au nombre de 40.000

Tableau comparatif démographique

Années	ROUMANIE (1)				ALLEMAGNE				ANGLETERRE				FRANCE			
	Population absolue	Naissance par 1.000 h.	Décès par 1.000 habit.	Excédent par 1.000 h.	Population absolue	Naissance par 1.000 h.	Décès par 1.000 habit.	Excédent par 1.000 h.	Population absolue	Naissance par 1.000 h.	Décès par 1.000 habit.	Excédent par 1.000 h.	Population absolue	Naissance par 1.000 h.	Décès par 1.000 habit.	Excédent par 1.000 h.
1880	4.545.821	37.6	35.9	1.7	45.000.000	39.1	27.5	11.6	34.600.000	31.7	20.4	11.3	37.400.000	24.6	22.9	1.7
1881	4.822.674	41.6	26.7	14.9	45.400.000	38.5	26.9	11.6	34.900.000	31.5	18.7	12.8	37.500.000	24.9	22.0	2.9
1882	4.687.722	40.4	28.2	12.2	45.700.000	38.7	27.2	11.5	35.200.000	31.2	19.2	12.0	37.700.000	24.8	22.2	2.6
1883	4.776.193	42.9	26.1	16.8	46.000.000	38.0	27.3	10.7	35.400.000	31.1	19.6	11.5	37.800.000	24.8	22.2	2.6
1884	4.862.037	41.4	25.5	15.9	46.300.000	38.7	27.4	11.3	35.700.000	30.7	19.4	11.3	38.000.000	24.7	22.6	2.1
Moy. qu. 1880-1884		40.8	28.5	12.3		38.6	27.3	11.3		31.2	19.4	11.8		24.8	22.4	2.4
1885	4.960.043	43.1	25.0	18.1	46.700.000	38.5	27.2	11.3	36.000.000	30.5	19.1	11.4	38.100.000	24.3	22.0	2.3
1886	5.046.363	42.2	25.7	15.5	47.100.000	38.5	27.6	10.9	36.300.000	30.3	19.2	11.1	38.200.000	23.9	22.5	1.4
1887	5.108.406	41.0	30.5	10.5	47.600.000	38.3	25.6	12.7	36.500.000	30.1	18.9	11.2	38.200.000	23.5	22.0	1.5
1888	5.177.629	42.4	30.6	11.8	48.100.000	38.0	25.1	12.9	36.800.000	29.8	18.1	11.7	38.200.000	23.1	21.9	1.2
1889	5.256.221	40.6	27.2	13.4	48.700.000	37.7	25.0	12.7	37.100.000	29.6	18.4	11.2	38.300.000	23.0	20.7	2.3
Moy. qu. 1885-1889		41.9	28.0	13.6		38.2	26.1	12.1		30.1	18.8	11.4		23.6	21.8	1.8
1890	5.318.341	38.5	28.4	10.1	49.200.000	37.0	25.6	11.4	37.400.000	29.2	19.4	9.8	38.300.000	21.8	22.8	—1.0
1891	5.392.576	42.3	30.1	12.2	49.700.000	38.2	24.7	13.5	37.800.000	30.4	20.0	10.4	38.300.000	22.6	22.9	—0.3
1892	5.424.517	39.0	34.7	4.3	50.100.000	36.9	25.3	11.6	38.100.000	28.5	19.0	10.5	38.300.000	22.3	22.8	—0.5
1893	5.485.739	40.5	30.8	9.7	50.700.000	38.0	25.8	12.2	38.400.000	29.8	19.0	10.8	38.300.000	22.8	22.5	+0.3
1894	5.544.706	40.9	31.7	9.2	51.300.000	37.1	23.5	13.6	38.800.000	28.8	16.8	12.0	38.400.000	22.3	21.2	+1.1
Moy. qu. 1889-1894		40.2	31.1	9.1		37.4	25.0	12.4		29.5	18.8	10.7		22.4	22.4	
1895	5.635.434	42.3	27.6	14.7	52.000.000	37.3	23.4	13.9	39.200.000	29.4	18.7	10.7	38.400.000	21.7	22.2	—0.5
1896	5.709.859	40.7	29.1	11.6	52.700.000	37.5	22.1	15.4	39.500.000	29.0	16.9	12.1	38.500.000	22.5	20.0	+2.5
1897	5.795.235	43.0	29.6	13.4	53.500.000	37.2	22.5	14.7	39.900.000	28.9	17.6	11.3	38.600.000	22.3	19.5	+2.8
1898	5.863.037	36.7	26.5	10.2	54.400.000	37.3	21.7	15.6	40.300.000	28.7	17.7	11.0	38.800.000	21.8	20.9	+0.9
1899	5.956.690	42.1	27.5	14.6	55.200.000	37.0	22.6	14.4	40.700.000	28.5	18.2	10.3	38.900.000	21.9	21.1	+0.8
Moy. qu. 1895-1899		41.0	28.1	12.5		37.3	22.5	14.8		28.9	17.8	11.1		22.0	20.7	+1.3
1900	6.045.252	38.8	24.2	14.6	56.000.000	36.8	23.2	13.6	41.100.000	28.2	18.4	9.8	38.900.000	21.4	21.9	—0.5
1901	6.124.694	39.3	26.2	13.1	56.800.000	36.9	21.8	15.1	41.500.000	28.0	17.1	10.9	38.900.000	22.0	20.1	+1.9
1902	6.195.752	39.0	27.7	11.3	57.700.000	36.2	20.6	15.6	41.800.000	28.0	16.5	11.5	39.000.000	21.6	19.5	+2.1
1903	6.291.992	40.1	24.8	15.3	58.600.000	34.9	21.1	13.8	42.200.000	28.0	15.8	12.2	39.100.000	21.1	19.3	+1.8
1904	6.392.273	40.1	24.4	15.7	59.400.000	35.2	20.7	14.5	42.600.000	27.7	16.6	11.1	39.100.000	20.9	19.4	+1.5
Moy. qu. 1900-1904		39.5	25.5	14.0		36.0	21.5	14.5		28.0	16.9	11.1		21.4	2.00	+1.4
1905	6.480.000	38.3	24.7	13.6	60.300.000	34.0	20.8	13.2	42.900.000	27.1	15.6	11.5	39.200.000	20.6	19.6	+1.0
1906	6.585.000	39.9	23.9	16.0	61.100.000	34.1	19.2	14.9	43.300.000	27.0	16.7	11.3	39.200.000	20.5	19.9	+0.6
1907	6.684.000	41.7	26.7	15.0	62.000.000	33.2	19.0	14.2	43.700.000	26.3	15.5	10.8	39.200.000	19.7	20.2	—0.5
1908	6.771.722	40.3	27.4	12.9	62.800.000	33.0	19.0	14.0	44.100.000	26.6	15.3	11.3	39.300.000	25.2	18.9	+6.3
1909	6.865.739	41.1	27.4	13.7	63.700.000	32.0	18.1	13.9	44.500.000	25.7	15.0	10.7	39.400.000	19.5	19.2	+0.3
Moy. qu. 1905-1909		40.3	26.0	14.3		33.2	19.2	14.0		26.5	15.4	11.1		21.1	19.6	+1.4
1910	6.966.002	39.8	25.2	14.6	64.900.000	30.7	17.1	13.6	44.900.000	25.0	14.0	11.0	39.500.000	19.6	17.8	+1.8
1911	7.086.796	43.0	25.7	17.3	65.400.000	29.5	18.2	11.3	45.200.000	24.4	14.8	9.6	39.500.000	18.7	19.4	—0.7
1912	7.230.418	43.4	22.9	20.5	66.000.000	28.2	16.5	11.7	45.600.000	24.0	13.8	10.2	39.500.000	19.0	17.5	+1.5
1913	7.351.665	42.1	26.1	16.0	66.800.000	27.5	15.0	12.5	45.900.000	24.0	14.2	9.8	39.600.000	18.8	17.7	+1.1
1914	7.771.341	40.5	23.5	17.0	67.500.000	26.8	15.5	11.3	46.300.000	23.8	14.3	9.5	39.500.000	17.9	18.8	—0.9
Moy. qu. 1910-1914		41.8	24.7	17.1		28.5	16.4	12.1		24.2	14.2	10.0		18.8	18.2	+0.6

environ, ils parlent turc, mais ils sont chrétiens. Ils sont établis surtout dans la « Dobroudgea » et dans le sud de la « Bessarabie ».

Les Turcs. — 50.000 Turcs environ sont établis surtout dans le sud de la « Dobroudgea ».

Les Serbes. — Plus d'une trentaine de mille vivent dans le Banat.

Les Grecs. — Au nombre de 25.000 dans la Valachie et sur les ports du Danube et de la Mer Noire.

Les Polonais. — Une vingtaine de mille sont répandus dans la grande Moldavie.

Les Arméniens. — Une dizaine de mille dans les grandes villes, ils ont perdu complètement leur caractère national.

Il y a aussi une toute petite colonie de *Français* dans le sud de la Bessarabie, à « Shabo », qui s'occupent surtout de viticulture.

En dehors de tous ces individus de toutes nationalités, il y a un très grand nombre d'*Israélites* évalués à 1.500.000 qui jouissent des mêmes droits civils et politiques que les autres Roumains. Ils sont répandus dans les villes, surtout celles de la Moldavie, de la Bucovine, de la Bessarabie et de Maramuresh, où ils tiennent dans leurs mains le commerce et la finance.

CHAPITRE V

La Grande Roumanie constituée au lendemain de la guerre mondiale par le retour à la mère patrie de toutes les provinces roumaines qui, à travers les siècles avaient été conquises et soumises par des peuples envahisseurs — comme les Hongrois — ou par des voisins avides de conquêtes — comme les Russes et les Autrichiens — s'étend à peu près sur les mêmes territoires que l'ancienne Dacie, berceau du peuple roumain.

Toutes ces provinces, la Bessarabie, la Bucovine et la Transylvanie (1) par leurs Conseils nationaux réunis en séances solennelles, après l'effondrement des armées russe et autrichienne, ont demandé leur réunion à la Roumanie.

Les Traités de Versailles et de Trianon ont ratifié cette réunion réclamée spontanément par tous les Roumains et, en 1923, à « Alba Julia », la capitale symbolique du rêve millénaire, Ferdinand Ier était couronné solennellement roi de la grande Roumanie.

La nouvelle Roumanie ne peut plus, logiquement, présenter les mêmes aspects que ceux de l'ancien

---

(1) En ordre chronologique de leur union à la Roumanie : 9 avril 1918, 28 novembre 1918 et 1er décembre 1918.

royaume. A tous les points de vue : ethnographique, économique, financier, elle est complètement autre. Seul, son caractère politique national reste toujours le même.

En effet, son territoire a plus que doublé et sa populat'on s'est augmentée de plus de 10.000.000 d'âmes.

Economiquement, la situation est encore plus sensible. La Transylvanie et surtout le Banat possèdent les conditions indispensables au développement d'une industrie nationale importante : les matières premières les plus variées et les sources d'énergie les plus riches, qui complètent celles de l'ancien royaume. D'essentiellement agricole qu'elle était, la Roumanie va devenir un pays agricole et industriel.

En même temps, la Bessarabie, province extrêmement riche en produits agricoles, complète l'équilibre économique du pays.

Dans les pages qui vont suivre, nous étudierons sous leurs aspects économiques toutes les richesses du sous-sol et comme le pétrole en est la plus importante, c'est par lui que nous commencerons cette étude, en lui consacrant toute une partie de notre ouvrage.

DEUXIÈME PARTIE

LE PÉTROLE

CHAPITRE PREMIER

« Les Alliés voguaient vers la victoire sur des flots de pétrole. »
Lord Curzon

« Dans l'état actuel de l'économie mondiale, le pétrole constitue le plus important générateur d'énergie physique. »
Prof. Dr Mrazeo (1)

Le pétrole, principal générateur d'énergie, est, de toutes les richesses roumaines, la plus enviée.

Il est connu en Roumanie depuis plusieurs siècles.

Jusqu'à la fin du xixe siècle, il n'était utilisé que pour des usages médicaux et pour le graissage des chariots.

En effet, le moine Baudinus (2), vers 1646, à l'oc-

____

(1) *Annales de géographie*, vol. XXXIII, 1924, no 186.
(2) V. Urechia, *Codex Baudinus*, Académia Roumana, page 89.

casion d'un voyage à travers les Carpathes de Moldavie, attire l'attention sur des exploitations primitives de pétrole, faites par des paysans, qu'il a remarquées à « Mosoarele », à « Doftana », à « Poeni » et à « Pacura » (1). Il dit ensuite que les paysans employaient le pétrole comme remède.

Trente ans plus tard un Zapis (2), du 15 août 1676, certifie, par le témoignage de six voisins, que les « Moshneni » (3) de Hizesti-Pakuresti (4), ainsi que leurs ancêtres, ont eu en leur possession le domaine de Hizesti avec tous ses puits de pétrole (5).

En 1847 on extrait 22.500 kilogrammes de pétrole brut. Les puits les plus riches fournissent jusqu'à 80 kilogrammes d'huile par jour, les puits pauvres de 5 à 15 kilogrammes (6).

Nous trouvons des indications précieuses, concernant l'exploitation du pétrole en Roumanie, dans les relations écrites des voyageurs étrangers suivants (7) :

1778. Le général allemand Von Bauer ;

1780. Le percepteur Dalmate Ignace St-Revcevitch ;

---

(1) District de Bacau, Moldavie.

(2) Ancien document roumain.

(3) Les Moshneni sont les descendants d'un « mosul » commun ou premier fondateur. La terre qui appartenait à cet ancêtre a toujours été divisée en parts égales, d'après le nombre de fils, jusqu'à la génération actuelle.

(4) District de Prahova, Muntenie.

(5) Armand RABISCHON. *Histoire de la conquête du pétrole depuis 1550 jusqu'à nos jours*. Argus du 12 février 1925.

(6) C.R. ROMMENHOELLER, *La grande Roumanie*. La Haye, Martinus Nighoff 1926, page 366.

(7) Cités par le Bureau d'Études de la Banque « Marmorosch Blank » p. 46.

1784. Le voyageur Boscovitch ;
1785. Le comte de Hauterive.

Vers 1848 on trouve déjà des puits de 200 mètres de profondeur creusés par des paysans qui, le plus souvent, se réunissaient à quatre pour faire ce travail, les puits étant carrés, chacun d'eux se chargeait d'une des quatre parois (1).

En 1851 la valeur de l'exportation du pétrole roumain est de 41.000 francs.

Mais ce n'est qu'à partir de 1857 que l'exploitation du pétrole prend de l'extension. A cette date on parvient à distiller le pétrole en le débarrassant des substances qui diminuent sa puissance d'éclairage. La même année, c'est-à-dire en 1857, on construit à Ploesti (2) la première raffinerie. Cette année-là a marqué une étape importante dans l'histoire de l'industrie pétrolière roumaine ; Bucarest installe l'éclairage des rues au pétrole, grâce au contrat passé entre un propriétaire de distillerie « Mehedintzeano » et la mairie (3). Bucarest a été ainsi la première ville du monde qui a utilisé cet éclairage.

Pendant tout le temps que l'exploitation du pétrole est, partout ailleurs, à son début, la Roumanie est le principal fournisseur de l'Europe. Mais cela ne dure pas longtemps ; les Américains, les premiers, perfectionnent l'extraction, l'emmagasinage, le raffinage et le transport du pétrole. Grâce à leurs capi-

---

(1) A. MUZET. *La Roumanie nouvelle.* Paris, P. Roger, p. 185.

(2) Le centre de la région pétrolifère roumaine. Ville principale de Muntenie.

(3) Dr. Inginer I. DINU. *La richesse minière de la Roumanie,* dans le *Bulletin de Correspondance Economique Roumaine,* sept. oct. 1924, p. 3.

taux, tous ces perfectionnements font baisser tellement le prix du pétrole américain que la Roumanie, qui n'a pu les suivre sur ce terrain, ne peut plus lutter contre leur concurrence.

Déjà en 1866, l'exportation à Marseille est de 2.700 tonnes contre 8.200 tonnes d'Amérique et 300 tonnes de Russie (1).

Jusqu'en 1885 l'extraction du pétrole en Roumanie était tout à fait primitive. Elle se faisait à l'aide de puits creusés à la main, par des paysans, surtout pendant l'automne, l'hiver et le commencement du printemps, car en été le travail était impossible à cause de la chaleur et des émanations de gaz. Les parois du puits étaient garnies de bois.

On creusait jusqu'à l'apparition du pétrole, puis dès que le fonds du puits se remplissait de pétrole provenant des couches voisines, on le retirait à l'aide de seaux descendus et remontés au moyen d'une corde s'enroulant sur un treuil actionné par un cheval.

Mais ce moyen ne permettait pas d'extraire de grandes quantités de pétrole et l'extraction se faisait seulement à la surface du puits.

Le maximum de profondeur pouvant être atteint était de 250 mètres et, pour creuser un puits semblable, on devait travailler pendant plus de quatre années. On est arrivé à creuser un puits d'une profondeur de 268 mètres à Matitza.

De plus, pendant la saison des pluies, les routes

______

(1) C.R. ROMMENHOELLER, p. 367.

étaient impraticables et le transport du pétrole sur les chariots rendu impossible.

Du fait que les réservoirs n'existaient pas, la Roumanie se trouvait ainsi dans un état d'infériorité évidente vis-à-vis des autres pays producteurs, qui avaient depuis des années perfectionné leur industrie pétrolière.

Ce n'est que vers 1885 qu'en Roumanie le forage mécanique donne des résultats appréciables. L'ingénieur Sospiro réussit par ses forages à Draganeasa (1) à extraire près de 20.000 tonnes de pétrole par an.

Les autres sondages, comme celui fait par une société française, qui est arrivé à une profondeur de 100 mètres, en 1863, à Mosoarele (district de Bacau), n'ont pas eu de succès.

Puis, en 1879, Gr. Monteoru, propriétaire du Sarata (district de Buzau), où des indices prouvaient l'existence du pétrole, installa trois sondes du système transylvain, qui pousseront jusqu'à une profondeur de 400 mètres, sans aucun résultat pratique (2).

En 1896, la « Steaua Romana » prend naissance. Cette nouvelle société donne une grande extension à ses exploitations de Câmpina, qui devient, pour un certain temps, la région la plus recherchée.

Les puits primitifs des paysans sont remplacés par les forages considérables des sociétés nouvellement constituées.

---

(1) Le domaine de la famille Cantacuzino.
(2) *Les Forces Economiques de la Roumanie*, p. 50.

Les paysans roumains sont dans l'impossibilité matérielle de faire de nouvelles installations. L'Etat ne peut pas les aider et forcément les capitalistes étrangers, accourus en grand nombre, s'emparent de tous les terrains pétrolifères, moyennant de modiques redevances aux propriétaires du sol.

Bientôt les sondes se multiplient autour de Câmpina, puis de Bustenari et d'autres régions. Les raffineries se multiplient également en se groupant dans les centres d'exploitation ; des réservoirs immenses surgissent partout et des conduites de pétrole sont nécessaires.

L'industrie du pétrole prend alors un essor formidable et chaque année on découvre d'autres gisements.

L'extraction devient, de jour en jour, plus importante et en 1912 la Roumanie occupe le quatrième rang dans la classification de la production mondiale du pétrole, venant immédiatement après les Etats-Unis, la Russie et le Mexique.

L'augmentation de la production a eu comme conséquence logique, un accroissement de l'exportation.

Pendant une période de sept ans — de 1906 à 1913 — l'exportation des produits pétrolifères présente un progrès considérable, dont on peut se rendre compte dans le tableau suivant :

Produits	Année 1906	Année 1913	DIFFÉRENCE	
	TONNES		Totale	Pourcentage
Pétrole raffiné	190.914	428.098	237.184	224 %
Benzine	79.493	241.726	162.233	304 %
Huiles minérales	951	7.732	6.781	813 %
Paraffine	115	664	549	577 %
Résidus	67.214	377.688	310.474	562 %

Voici, aussi, d'après la statistique minière de la Roumanie, de l'année 1914, un tableau des principaux pays producteurs du pétrole, pour les années 1911-1912 et 1913 :

PAYS PRODUCTEURS	En 1911	En 1912	En 1913
	TONNES		
1. Etats-Unis	29.001.000	29.096.000	32.314.440
2. Russie	9.169.000	9.249.000	9.246.942
3. Mexique	768.000	2.646.000	3.000.000
4. Roumanie	1.545.299	1.806.000	1.885.225
5. Indes Orientales	1.670.000	1.520.000	1.534.000
6. Galicie	1.454.600	1.187.500	1.087.286
7. Indes	907.700	1.001.300	1.000.000
8. Divers	705.000	800.000	750.000

Mais la guerre survient et avec elle l'occupation.

L'armée roumaine, dans sa retraite, d'accord avec ses Alliées, la France et l'Angleterre, détruit complètement toutes les installations pétrolifères pour que les Allemands n'en profitent pas.

Pour se faire une idée du désastre, il suffit de savoir qu'on a incendié environ 1.000 sondes et diverses installations de chantiers, que plus de 1.500 sondes ont été obstruées et que des réservoirs, d'une

Tableau de la production sur 70 ans (1)

Année	Production	Valeur de la production	Année	Production	Valeur de la production
	Tonnes	Lei		Tonnes	Lei
1858	495	19.800	1893	74.500	2.980.000
1859	605	24.200	1894	68.550	2.822.000
1860	1.188	47.520	1895	79.960	3.200.000
1861	2.403	96.120	1896	81.570	3.262.000
1862	3.226	129.040	1897	105.050	4.400.000
1863	3.886	155.440	1898	180.000	7.200.000
1864	4.591	183.640	1899	225.657	9.026.280
1865	5.426	217.040	1900	247.487	9.899.480
1866	5.915	236.600	1901	297.565	11.902.600
1867	7.070	282.800	1902	324.735	12.989.400
1868	7.700	308.000	1903	412.388	18.557.460
1869	8.130	325.600	1904	530.525	23.874.075
1870	11.649	465.660	1905	681.497	30.867.365
1871	12.517	500.800	1906	971.019	33.147.622
1872	12.690	507.600	1907	1.147.483	42.007.917
1873	14.468	578.720	1908	1.139.268	43.899.758
1874	14.350	574.000	1909	1.355.867	45.625.544
1875	15.100	604.000	1910	1.326.495	39.651.119
1876	15.480	619.200	1911	1.625.119	49.296.356
1877	16.100	604.000	1912	1.898.545	81.371.236
1878	15.200	608.000	1913	1.847.875	127.308.910
1879	15.300	612.000	1914	1.810.170	83.424.214
1880	15.900	636.000	1915	1.588.330	58.858.895
1881	16.900	676.000	1916	898.994	47.464.786
1882	19.000	760.000	1917	724.230	104.453.892
1883	19.400	776.000	1918	968.611	151.137.154
1884	29.300	1.172.000	1919	855.542	143.589.961
1885	26.900	1.076.000	1920	1.108.924	739.645.795
1886	23.450	938.000	1921	1.168.414	1.021.296.259
1887	25.300	1.012.000	1922	1.372.905	1.875.861.426
1888	30.400	1.216.000	1923	1.512.302	3.756.254.774
1889	41.400	1.656.000	1924	1.860.471	4.584.263.454
1890	53.500	2.132.000	1925	2.316.979	5.750.678.220
1891	74.900	2.716.000	1926	3.244.415	7.392.769.540
1892	82.500	3.300.000	1927	3.661.000	6.590.448.000(2)

(1) D'après l'*Annuaire de Statistique* de l'année 1926.

(2) Le prix du pétrole brut a été calculé pour 1927 à 1.800 lei la tonne. L'importante diminution des prix est due à la surproduction américaine.

Diagramme de la production du pétrole en Roumanie
pendant les trente années de 1898 à 1927 inclus.

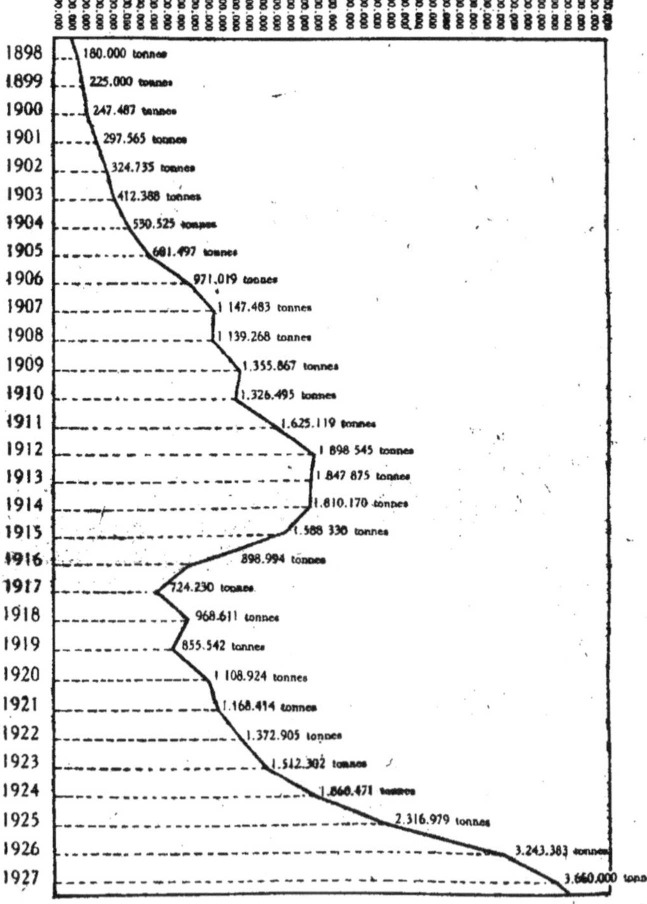

capacité de 1.500.000 mètres cubes, ont été détruits, tout cela représentant une valeur de 400.000.000 de lei-or (1).

De plus, 83.000 wagons (2) de divers produits, d'une valeur marchande de 200.000.000 de lei, destinés à l'exportation ont été incendiés.

Pendant cinq mois — depuis novembre 1916 jusqu'en avril 1917 — il n'y a aucune activité pétrolière dans ces régions détruites, mais, à partir d'avril 1917, les Allemands, grâce à leurs ressources techniques, réussissent à remettre en action, pour leurs besoins, une partie des sondes détruites et, quelque temps après, les deux principales raffineries : « Steaua Romana » à Câmpina et « Vega » à Ploesti.

Leurs efforts opiniâtres redonnent la vie à cette région et ils obtiennent en 1917 une production qui peut être évaluée à 75 p. 100 environ, de la production de 1916.

Immédiatement après la guerre, l'essor de la production se trouve entravé, du fait du manque de matériel de forage, de la crise des capitaux et des transports : les locomotives de chemins de fer et les wagons-citernes faisant défaut.

---

(1) D. STOICA. *L'Industrie minière* publié dans la *Roumanie Economique*, édit. par le ministère de l'industrie et du commerce de Roumanie 1921, p. 14.

(2) Produits détruits en 1916, d'après la statistique officielle :

Pétrole brut aux chantiers et aux raffineries	213.659	tonnes
Benzine aux raffineries et dans dépôts de commerce	375.558	—
Pétrole distillé et raffiné	168.059	—
Huiles minérales	20.492	—
Résidus	58.358	—
Total	836.126	tonnes

Ce n'est qu'à partir de 1922 qu'on réalise de véritables progrès.

En 1924, on atteint même le chiffre record d'avant la guerre — 1913 — pour le dépasser largement en 1925. Depuis, la production n'a cessé d'augmenter.

CHAPITRE II

LA GÉOLOGIE DU PÉTROLE

Le pétrole étant une des richesses principales de la Roumanie, nous croyons nécessaire de donner une succincte description géologique, en général, et, une description des gisements roumains, en particulier.

Il y a deux théories qui se trouvent encore en présence, au sujet de l'origine du pétrole :

1o La théorie de l'origine minérale, défendue presqu'exclusivement par les chimistes ;

2o La théorie de l'origine organique, défendue surtout par les géologues.

Mais les géologues ne sont pas tous d'accord sur la manière dont le pétrole a pris naissance. Quelques-uns, parmi lesquels — Murgoci —, soutiennent que les divers hydro-carbures — « qui ont pénétré dans les crevasses fissurant les couches profondes de l'écorce terrestre, en même temps que les laves volcaniques » — ont donné naissance, sous l'influence agissante de la chaleur et de la pression, au pétrole, qui a imbibé les roches poreuses rencontrées sur son chemin.

D'autre part, le professeur Mrazec (1), et avec lui la plupart des géologues, affirme que le pétrole provient de la transformation des matières organiques prises entre les roches sédimentaires argileuses. Le processus de la transformation des matières organiques en pétrole est encore assez confus, toutefois on peut affirmer aujourd'hui que la température, la haute pression et le temps ont été les facteurs principaux dans ce processus.

Des expériences sont faites, d'ailleurs, par les partisans de la théorie de l'origine organique, qui donnent de certains résultats : Warren et Stower, chimistes américains, vers 1865, obtiennent des hydro-carbures analogues au pétrole, par la distillation d'huile de poisson préalablement saponifiée.

En 1875, le chimiste Cahours obtient les mêmes résultats.

Puis Englers qui distilla, sous une pression de 492 kilogrammes, de l'huile de poisson et obtint un produit ressemblant nettement à du pétrole brut.

Depuis, on est arrivé à composer des liquides ayant le caractère des pétroles, en distillant, sous des pressions et à des températures très variables, des matières organiques diverses (1).

D'autre part, les chimistes Berthelot, Moisson et Moureau et, plus tard, Sabatier et Sendevens, ont reproduit, par voie inorganique, des éléments qui se retrouvent dans le pétrole.

---

(1) Le Prof. Dr MRAZEC. *Formation des gisements du pétrole roumain.* Compte-rendu du 3ᵉ Congrès international du pétrole.

(1) ENGLER-HOFER : *Das Erdol,* Leipzig, 1913.

Cette controverse scientifique entre les deux théories n'a pas été encore définitivement élucidée par des expériences de laboratoire, mais les observations que l'on peut faire, tant sur les gisements de pétrole que sur divers phénomènes observés dans la nature, nous font croire que le pétrole est d'origine organique.

Au point de vue géologique, le pétrole se trouve le plus souvent dans la couche « tertiaire récente », sur le bord externe des Carpathes et dans la région subcarpathique, en suivant les grandes dislocations, qui ont facilité la migration du pétrole des couches plus profondes dans le « pliocène ». C'est surtout dans le « pliocène » qu'on trouve en Roumanie les gisements les plus abondants. On rencontre aussi du pétrole dans « l'éocène » et dans « l'oligocène », comme à Bustenari et dans le district de Bacau, en Moldavie.

Le pétrole du « pliocène » n'a pas la même composition et, par conséquent, les mêmes qualités que celui de « l'éocène » ou de « l'oligocène ».

Le professeur Edeleanu, dans son étude sur le pétrole (1), nous donne les résultats de ses analyses chimiques, qui sont très intéressants. Nous y voyons que le pétrole des couches supérieurs est plus lourd et ne contient pas de paraffine ; plus le pétrole est profond, plus il est paraffineux et léger. Il y a quand même des exceptions :

1º Le pétrole du « pliocène supérieur » est lourd et exempt de paraffine, celui de Baicoi excepté ;

---

(1) EDELEANU. *Etude du pétrole roumain.* Bucarest 1903, p. 18.

2º Le pétrole du « ponticum » est aussi exempt de paraffine, mais il est moins lourd et plus riche en benzine ;

3º Le pétrole du « méoticum » se présente sous divers aspects :

a) Riche en benzine, léger et paraffineux ;

b) Plus riche en paraffine et assez lourd.

4º Le pétrole du « miocène inférieur » — « saliférum » — est très léger et paraffineux ;

5º Enfin le pétrole de « l'oligocène » et de « l'éocène » est très riche en paraffine, celui de Bustenari excepté.

Le professeur Mrazec considère que les gisements du « pliocène » et du « miocène » sont secondaires. Les gisements primaires sont en « éocène » et en « oligocène », c'est là que le pétrole s'est formé, puis est passé dans les argiles salines du salifère. De là, la migration du pétrole vers les couches géologiques supérieures a eu lieu sous la pression des forces techtoniques, pendant les grandes dislocations du commencement du quaternaire ou, après, par des infiltrations.

Dans certains endroits où le pétrole est arrivé à la surface, en contact direct avec l'air, il est transformé en asphalte par l'évaporation, l'oxydation et la polymerisation du pétrole, comme à Tatarus, Bihor et Matitza-Prahova.

Il y a quelque temps, on considérait que le pétrole, comme les fleuves, coulait dans les profondeurs de la terre, d'une région à une autre. Aujourd'hui c'est la théorie des « poches », formées dans les roches poreuses, qui est en faveur. Ces roches poreuses imbibées de pétrole se trouvent dans les anticlinaux diapyres ou dans leurs flancs ou sur leurs revers.

Ces anticlinaux sont des croupes que la couche du tertiaire a formé pendant les révolutions antérieures. L'antithèse d'anticlinal est le synclinal — le vallon — qui ne contient que de l'eau salée.

Le croquis ci-dessous représente une couche ter-

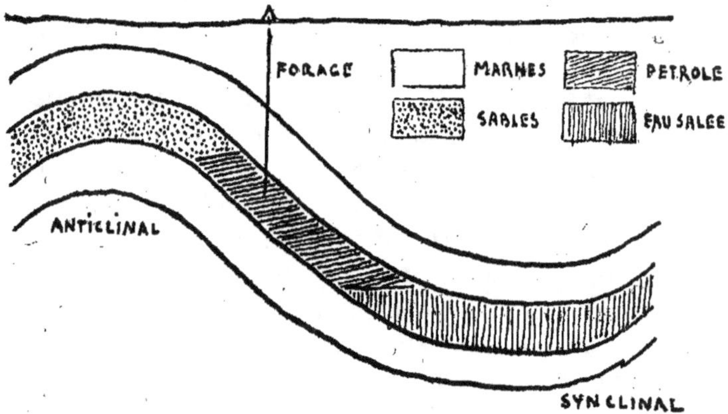

tiaire qui forme l'anticlinal contenant les gisements de pétrole :

En Roumanie, les anticlinaux ne sont pas très étendus, ils ressemblent plutôt à des soulèvements en forme de coupoles, qui par leur continuation forment des zones pouvant avoir des dizaines de kilomètres de longueur. Les zones les plus riches en gisements de pétrole sont les suivantes :

Dans la région subcarpathique :

Baicoi-Floresti, Tzintea-Boldesti, Moreni-Bana-Filipestii de Padure ; plus au nord : Câmpina-Bustenari, Draganeasa-Pitzigaia ; dans le district de

Dambovitza : Glodeni-Colibasi-Ochiuri-Gura Ocnitzei et dans le district de Buzau : Arbanasi-Pâclele.

Dans la région carpathique on rencontre les zones suivantes :

Zemesh - Solontz - Stànesti - Moinesti et Câmpeni-Tetzcani, qui appartiennent toutes deux au district de Bacau-Moldavie.

Le gisement de pétrole se trouve, le plus souvent, à de très grandes profondeurs. Pour le rencontrer l'homme se guide d'après des indices extérieurs. Il y a des indices directs et des indices indirects :

Parmi les indices directs, les plus importants sont :

1º Les couches de bitume ou d'asphalte, connues en surface, laissant supposer qu'il existe, en profondeur ou en voisinage, des gisements d'hydro-carbures liquides non altérés ;

2º Les suintements d'hydro-carbures liquides qu'on peut remarquer dans les galeries de mines ou dans les sondages de recherche de charbon, de sel, etc... ;

3º Les dégagements gazeux — méthane — donnent la conviction que dans les profondeurs il y a du pétrole. Cependant, jusqu'aujourd'hui en Transylvanie, où il y a une très grande quantité de gaz méthane, on n'a pas encore trouvé de pétrole en quantité commerciable.

Parmi les indices indirects on remarque surtout certaines sources minérales, puis les mines de sel qui, le plus souvent, en Roumanie du moins, sont en étroit voisinage avec les gisements pétrolifères.

Les dégagements d'hydrogène sulfuré contenant

des sulfures alcalins ou alcalins-terreux, sont aussi des indications très précieuses.

Il y a aussi un indice important dans la « toponymie » des rivières de villages, de lieux dits, etc... qui datent d'un temps immémorable.

Dès que ces indices permettent de reconnaître qu'il est possible de trouver du pétrole dans un terrain déterminé, on peut commencer à le rechercher par des sondages, recherche commandée par les deux éléments nécessaires dans toute exploitation pétrolifère :

L'élément moral : le courage-initiative et la patience-persévérance.

Puis, le plus considérable, l'élément matériel : le capital.

Une sonde coûte aujourd'hui, en Roumanie, entre 7 à 12 millions de lei et il est très rare de réussir à trouver du pétrole au premier sondage. Il faut au moins de trois à cinq forages, quelquefois, plus, pour arriver à rencontrer la couche pétrolifère dans une région inconnue. Donc, des capitaux formidables sont demandés pour la recherche des gisements dans un terrain sur lequel on ne possède que de simples indices.

La question du temps joue aussi un très grand rôle.

La durée du forage dépend du terrain, des couches qu'on rencontre de la profondeur du gisement — plus il est profond, moins on avance vite — et ensuite de l'eau qu'on doit fermer.

Aujourd'hui, le travail se fait plus rapidement qu'il y a quelques années.

L'excellente revue, *La Revue Pétrolifère* (1), du 2 avril 1927, nous parle d'une sonde — la sonde nº 3 de la société roumaine « I.R.D.P. », qui, posée le 8 mars 1926, commence à produire le 6 février 1927 et a pu en onze mois forer 1.050 mètres et exécuter tous les travaux nécessaires : occlusion d'eau, etc... Cette sonde produisait au début 200 tonnes par jour, pour descendre ensuite à 180 tonnes, débit qui a duré assez longtemps.

Mais ce débit n'est pas extraordinaire, il y a des sondes qui produisent beaucoup plus et grâce à cela toutes les dépenses faites sont vite compensées.

Dès que le pétrole est décelé par le forage, il monte dans le tube jusqu'à la surface, grâce à la pression du gaz à laquelle il est soumis dans la profondeur de la terre. Quand cette pression n'est pas assez forte pour le faire monter, on doit le retirer, soit à l'aide de grandes cuillères, soit par le pompage.

Si la pression du gaz est très forte, il y a ce qu'on appelle des « éruptions ». Elles sont assez fréquentes en Roumanie, ce qui prouve incontestablement la richesse des gisements pétrolifères roumains.

Ainsi, l'éruption de 1911 d'une sonde de la société « Romana-Americana » nous donne un bel exemple. Cette éruption fournit 1.000 tonnes par jour pendant plusieurs mois. La pression était tellement forte que l'éruption fut extrêmement puissante. Une triple rangée de bandes Goliath placées à deux mètres au-dessus du trou devaient être

---

(1) *La Revue pétrolifère*, directeur : G. Dichter, Paris, nº 213, p. 12.

renouvelées toutes les trois heures, parce qu'elles étaient entièrement rongées (1).

La sonde de la société française « Colombia » à Moreni, fit une éruption qui donna entre 350 à 400 wagons par jour, pendant plusieurs mois, jusqu'à sa destruction pendant la guerre. En quelques mois les actions de la société qui étaient en baisse — vers 55 francs — montèrent à 300 francs (2).

Une autre sonde — n° 3 — de la société « Concordia » a donné aussi pendant un certain temps 4.000 tonnes par jour. Pour pouvoir capter ce jaillissement de pétrole, on a dû construire spécialement une cloche d'acier de 320 millimètres d'épaisseur. De là, par des tubes spéciaux, le pétrole est conduit dans des bassins.

La longue série de ces éruptions a continué jusqu'à cette année même, puisqu'en avril 1927, la sonde n° 150 — Moreni — appartenant à la récente mais très puissante société roumaine « Créditul Minier » a fait éruption, donnant plus de 1.000 tonnes par jour.

Mais si ces éruptions sont assez fréquentes en Roumanie, elles ne constituent pas, toutefois, une règle générale.

Autrement, on doit retirer le pétrole artificiellement, à l'aide de divers dispositifs, qui varient selon le sondage.

Les méthodes appliquées en Roumanie sont les suivantes :

(1) C. R. ROMMENHOELLER, p. 377.
(2) Correspondance Economique du 1er juin 1919.

Le puisage à l'aide de la cuillère, le puisage par pistonnement et le pompage par les pompes canadiennes. Les deux premiers systèmes, bien que plus coûteux que le troisième, sont les plus usités. Les pompes canadiennes sont utilisées seulement aux anciennes sondes à débit réduit, mais constant et surtout quand le pétrole produit ne contient pas de sable.

Les sondages qui sont pour les minéraux, en général, un moyen de recherche, deviennent pour le pétrole un moyen d'exploitation.

En effet, le pétrole, qui est un liquide susceptible de mobilité, aussitôt découvert est exploité, soit — comme nous l'avons déjà dit — qu'il jaillisse, soit qu'on le remonte à la surface, par l'orifice de la sonde, grâce à des moyens artificiels.

Nous pensons qu'il est nécessaire de dire quelques mots sur les diverses méthodes de sondage :

D'abord, les anciennes méthodes : le puits primitif, le système à corde, qu'on emploie beaucoup en Amérique, et la méthode canadienne, méthodes qui ont encore des partisans en Roumanie comme ailleurs.

Le système sec canadien présente un très grand désavantage : son forage est extrêmement lent et onéreux (1). Ce système est employé en Moldavie et très peu à Bustenari : tout au plus une centaine de sondes.

L'emploi de ces anciennes méthodes persiste

---

(1) Mais en échange, il est plus fécond en renseignements géologiques.

encore partout, grâce à la grande habileté acquise par les ouvriers.

Les nouvelles méthodes sont groupées autour de trois types principaux :

a) Le système « Rotary », employé dans les sondages de pétrole depuis 1900, auparavant on ne s'en servait que pour les recherches d'eau. L'emploi du rotatif se fait souvent en combinaison avec le système à corde, selon que les terrains se prêtent mieux à l'usure par rotation ou au forage par battage. En Roumanie, on l'emploie surtout pour forer les formations pontiennes et méotiennes, comme à Câmpina, Bustenari, Ceptura, etc...

b) Le système hydraulique, à injection d'eau, est employé depuis que Vogt a trouvé les dispositifs qui lui donnent une grande utilité, vers 1900. Grâce à ce système hydraulique on a pu atteindre, en ces derniers temps, les horizons inférieurs de 1.000-1.400 mètres, comme à Moreni et à Filipestii de Padure.

c) Le système « à rotation avec carottage continu », est employé en Roumanie surtout pour forer dans les formations levantines et daciennes, comme à Moreni, à Gura-Ocnitzei, Runcu, etc...

Toutes ces nouvelles méthodes ont leurs détracteurs et leurs défenseurs.

La plus importante critique que l'on puisse faire est qu'elles emploient toutes l'injection d'eau. A première vue cette critique paraît justifiée. En effet, il est indispensable avant tout, dans un sondage de pétrole, d'éviter de « noyer » un niveau aquifère, ce qui se produit lorsque le pétrole est contenu dans un terrain où sa propre pression est minime : comme le trou peut être plein d'eau, du fait que l'injection en ajoute sans cesse, on arrive parfois à refouler le pétrole très loin, même celui des sondages voisins, qui deviennent stériles.

Mais à considérer les choses de plus près, cette critique devient beaucoup moins sérieuse, car si le forage arrive dans un niveau pétrolifère, étant donné que le pétrole n'est pas instantanément refoulé, l'eau contenue dans le trou se charge de l'huile provenant de la roche broyée et cette huile monte à l'instant même avec l'eau d'injection.

A ce moment-là, il suffit d'un peu d'attention — il est très facile de voir, à la surface de l'eau qui déborde du trou, les taches miroitantes du pétrole, — et on peut arrêter immédiatement l'injection. Si cette opération est faite aussitôt qu'on aperçoit les premières taches d'huile (1) et si les parois du trou sont bien étanches, le pétrole ne peut pas être refoulé très loin et il en est de même, à plus forte raison, du pétrole des sondages voisins.

Il nous reste à signaler la méthode de sondage par galeries, dite « de Pechelbronn », qui a été employée pour la première fois en Roumanie par la société « Steaua Românâ » dans son chantier de Câmpina.

---

(1) Les ouvriers les appellent « ochiuri de pacura », yeux de mazout.

CHAPITRE III

Répartition par région de la production pétrolifère

Jusqu'aujourd'hui des quantités importantes de pétrole n'ont été trouvées que dans l'ancien royaume. Les nouvelles provinces ne possèdent que des gisements de pétrole insignifiants, tels que ceux de Maramuresh, Sacel et Saliste.

Les terrains actuellement reconnus « pétrolifèrès » représentent une étendue de 20.000 hectares, ceux considérés comme « probablement pétrolifères » dépassent 150.000 hectares. A notre avis, ce chiffre est minime, les terrains pétrolifères en Roumanie doivent être beaucoup plus étendus, mais ni l'exploration des pétrolistes, ni les géologues, ne l'ont encore déterminé et, dans ce cas, toute évaluation n'est faite que par supposition.

C'est pour cela que, jusqu'à présent, les exploitations systématiques ne se sont concentrées que dans quatre départements seulement :

a) Département de Prahova, qui détient depuis longtemps la première place en production ;

b) Département de la Dambovitza, où il a été trouvé, ces dernières années, des gisements très riches ;

c) Département de Buzeu, qui revient maintenant à la production d'avant-guerre.

Tous ces départements sont en Muntenie. Le quatrième se trouve en Moldavie. C'est le département de Bacau, qui est assez riche en gisements primaires de pétrole.

Au 1er janvier 1927, la superficie totale des périmètres concédés était de 51.738 hectares, dont seulement 4.002 hectares étaient en exploitation, ainsi répartis :

DISTRICTS	CONCESSIONS	EN EXPLOITATION
Prahova	32.640 hectares	2.535 hectares
Bacau	10.937 —	849 —
Dambovitza	1.328 —	360 —
Buzau	4.875 —	255 —
Valcea	1.481 —	1 —
Maramuresh	54 —	1,5 —
Storojinetz	423 —	0,5 —
	51.738 —	4.002 —

Dans tous ces départements l'activité pétrolière croît de jour en jour, comme on peut le voir dans le tableau de la production et de sa valeur par département, tableau que nous avons pris dans l'*Annuaire Statistique de la Roumanie*, de 1925, et que nous avons complété.

Production et valeur totale du pétrole brut par département
pendant les années 1911-1927

ANNÉES	PRAHOVA Production en tonnes	PRAHOVA p.100 du total de la production	PRAHOVA Valeur en lei	DAMBOVITZA Production en tonnes	DAMBOVITZA p.100 du total de la production	DAMBOVITZA Valeur en lei	BUZEU Production en tonnes	BUZEU p.100 du total de la production	BUZEU Valeur en lei	BACAU Production en tonnes	BACAU p.100 du total de la production	BACAU Valeur en lei	Autres dép. Prahova et autres	TOTAL Production en tonnes	TOTAL Valeur en lei	PRIX MOYEN par tonne Lei	PRIX MOYEN par tonne B	Chiffres proport. rapportés en production de l'année 1911	ANNÉES
1911	1.440.765	78.7	42.347.291	88.971	5.5	3.707.467	68.981	4.2	2.483.306	26.402	1.6	758.292		1.625.119	49.296.306	30	33	100	1911
1912	1.719.943	90.6	74.762.983	50.371	2.6	1.682.051	100.115	5.3	4.004.602	28.116	1.5	921.600		1.898.545	81.371.236	42	84	117	1912
1913	1.623.623	87.8	116.138.865	44.412	2.4	1.642.382	138.121	7.5	7.747.547	41.719	2.3	1.780.116		1.847.875	187.308.910	68	89	114	1913
1914	1.572.261	86.9	73.621.947	66.205	3.7	2.505.591	127.347	7.0	5.876.411	44.357	2.4	1.420.265		1.810.171	83.424.214	46	09	111	1914
1915	1.342.351	84.5	50.014.530	91.973	5.8	3.163.550	128.470	8.1	4.624.884	25.536	1.6	1.065.931		1.588.330	58.858.895	37	06	98	1915
Moyenne pour 5 années	1.539.789	87.8	71.877.123	68.386	3.9	2.583.308	112.607	6.4	4.947.854	33.226	1.9	1.189.241		1.754.008	80.051.922	45	64	108	Moyenne pour 5 années
1916	777.073	82.0	37.217.395	72.075	8.0	4.057.308	57.045	6.3	4.563.581	32.801	3.7	1.626.502		898.994	47.464.786	52	80	55	1916
1917	579.927	80.1	87.781.651	55.289	7.6	8.295.608	31.616	4.4	5.374.645	57.389	7.9	3.000.559	9	724.230	104.453.892	144	23	45	1917
1918	678.088	70.0	107.456.909	171.174	17.7	25.780.707	68.635	7.1	13.040.575	50.690	5.2	4.851.665	24	968.611	151.137.154	156	04	60	1918
1919	656.478	76.7	107.341.797	114.975	13.4	20.395.735	41.475	4.9	8.320.615	42.563	5.0	7.480.528	51	855.542	143.589.961	167	79	53	1919
1920	859.096	77.5	580.898.950	138.923	12.3	93.403.571	66.106	6.0	45.174.440	46.709	4.2	20.078.986	90	1.108.924	789.645.795	666	99	68	1920
Moyenne pour 5 années	702.132	77.0	184.199.352	110.087	12.1	30.386.585	52.976	5.8	15.294.711	46.030	5.1	7.404.248	35	911.290	237.258.318	237	77	56	Moyenne pour 5 années
1921	873.874	74.8	780.617.418	164.518	14.4	134.906.418	90.341	7.7	76.780.094	39.606	3.4	28.916.917	75	1.168.414	1.021.196.259	874	09	77	1921
1922	1.061.124	77.3	1.491.234.337	179.398	13.1	207.282.358	92.774	6.7	99.331.532	39.544	2.9	77.916.232	65	1.372.905	1.875.861.426	1.366	34	84	1922
1923	1.073.495	71.0	2.686.607.780	305.961	20.2	764.909.957	90.128	6.0	224.940.815	42.652	2.8	79.664.542	66	1.512.302	3.756.254.774	2.483	80	93	1923
1924	1.483.225	79.7	3.675.431.550	225.239	12.1	540.573.600	101.469	5.5	249.004.925	50.466	2.7	119.099.760	72	1.860.471	4.584.263.454	2.464	03	114	1924
1925	1.849.748	79.8	4.624.370.000	301.349	13.0	723.327.600	115.206	5.0	283.406.760	50.616	2.2	119.453.760	60	2.316.979	5.750.678.220	2.481	95	143	1925
Moyenne pour 5 années	1.268.283	76.4	2.651.652.217	235.298	14.6	474.199.987	97.984	6.2	186.682.7[illegible]	44.577	2.8	85.019.242	67	1.646.214	3.397.670.827	1.934	64	102	Moyenne pour 5 années
1926	2.267.965	69.9	5.193.639.850	801.310	24.7	1.802.947.500	120.801	3.7	276.840.3[illegible]	54.221	1.7	119.286.200	28	3.244.415	7.392.789.540	2.278	67	200	1926

Si, depuis la guerre, la production en Roumanie augmente sans cesse chaque année, arrivant même à doubler le record de la production d'avant-guerre — 1912-1913 — la proportion de cette augmentation n'est pas la même dans les quatre départements.

La plus forte augmentation de la production a lieu dans le district de la Dambovitza, qui a vu son coefficient, relatif à la production totale, passer de 3,9 p. 100, moyenne quinquennale de 1911-1915, à 28,68 p. 100 pendant le premier semestre de l'année 1927.

Cette formidable augmentation de la production en Dambovitza a comme effet une diminution à à peu près égale du coefficient de la production en Prahova. De 87,8, moyenne quinquennale de 1911 à 1915, on descend à 66,37 p. 100 en 1927.

La production des autres districts subit de très légères modifications.

Pendant la guerre, le département de Bacau, le seul district qui a pu être exploité, marque une assez grande augmentation de sa production qui, depuis 1926, est d'environ 50.000 tonnes par année.

Voici maintenant, par ordre d'importance, la production des divers chantiers en 1913, en 1923 et pendant le premier semestre de 1927 (1) :

---

(1) *La Revue pétrolifère*, n° 219, p. 21.

ANNÉE 1913

Tableau de la production par chantier

Numéro d'ordre	CHANTIERS	Production en tonnes	% de la Production totale
1	Moreni-Prahova	968.400	52.4
2	Bustenari (2)	292.200	15.9
3	Câmpina	223.100	12.1
4	Arbanasi-Buzau	133.100	7.2
5	Tzintea-Prahova	90.800	4.7
6	Gura-Ocnitzei-Dambovitza	42.300	2.3
7	Bacau-Moldavie	41.700	2.3
8	Baicoi-Prahova	24.800	1.3
9	Divers chantiers	31.400	1.8
	Total	1.847.800	100 »

ANNÉE 1923

Tableau de la production par chantier

Numéro d'ordre	CHANTIERS	Production en tonnes	% de la Production totale
1	Moreni	666.000	44.0
2	Ochiuri-Dambovitza	203.000	13.4
3	Busternari (2)	190.000	12.6
4	Gura-Ocnitzei	103.000	6.8
5	Arbanasi	89.000	5.9
6	Baicoi	79.000	5.2
7	Câmpina	65.000	4.4
8	Tzintea	53.000	3.6
9	Bacau	42.600	2.8
10	Divers chantiers	22.000	1.3
	Total	1.512.000	100 »

(2) Le champ de Bustenari et ses annexes comprennent : Grausor, Calinet, Chiciura, Gropi, Tontesti, Runcu, Scortzeni, Bordeni, Recea.

**Tableau de la production par chantier
pour le premier semestre de l'année 1927 :**

Numéro d'ordre	CHANTIERS	Production en tonnes	% de la Production totale
1	Moreni	.693.685	39.50
2	Gura-Ocnitzei	291.858	16.62
3	Bustenari	253.701	14.45
4	Ochiuri	211.613	12.06
5	Baicoi	67.627	3.85
6	Tzintea	59.613	3.39
7	Arbanasi	54.253	3.04
8	Ceptura-Prahova	42.430	2.41
9	Bacau	31.387	1.79
10	Câmpina	28.471	1.62
11	Divers chantiers	21.293	1.27
	Total	1.755.931	100

Parmi tous, le chantier Moreni, la plus riche région connue en Roumanie jusqu'aujourd'hui, a fourni depuis 1904, l'année de sa découverte, jusqu'en 1927, plus de 44 p. 100 de la production totale du pays (1). En 1913, elle donnait même plus de la moitié : 52 p. 100. Mais en 1927, bien que sa production soit plus grande qu'en 1913, elle ne fournit plus que 40 p. 100, du fait que la production du pays s'est considérablement augmentée en ces dernières années.

Avant que la région de Moreni soit découverte, le chantier de Câmpina était au premier rang dans la classification de la production pétrolifère. De-

____

(1) La Roumanie pendant une période de treize années, de 1913 à 1925, a eu une production totale de 18.033.000 tonnes, pendant la même période le Chantier Moreni fournissait à lui tout seul 8.046.000 tonnes, donc 44,6 p. 100 de la production du pays.

puis 1913, époque où il fournissait encore 12 p. 100 de la production totale du pays, prenant la troisième place après Moreni et Bustenari, son rendement n'a fait que diminuer de jour en jour, pour tomber au dixième rang en 1927, représentant seulement 1,6 p. 100 de la production générale.

Mais si Câmpina commence à épuiser ses gisements, ce qui est d'ailleurs normal (1), d'autres régions beaucoup plus riches ont été heureusement découvertes, entr'autres Ochiuri-Rasvad et Gura Ocnitzei, toutes deux en Dambovitza.

Dans le chantier de Gura-Ocnitzei, le frappage, en 1927, des nombreuses sondes dans les concessions situées sur le flanc du massif de sel — sondes éruptives et d'un débit durable — a nettement démontré que cette région est d'une richesse remarquable et qu'elle contient des ressources considérables pour l'avenir (2).

Genre de la propriété

Jusqu'à la nouvelle loi des mines de 1924, établissant que toutes les richesses du sous-sol appartiennent à l'Etat, les plus grandes étendues des terrains pétrolifères, en exploitation, étaient détenues par la propriété privée.

Etant donné que l'Etat doit respecter, pendant une période de trente années, les droits de concession acquis avant la promulgation de la nouvelle loi, la distinction, faite entre le pétrole provenant des exploitations situées sur des terrains apparte-

---

(1) Les gisements de Câmpina sont exploités depuis 1895.
(2) *La Revue pétrolifère*, n° 215, p. 30.

Production et valeur totale du pétrole extrait des propriétés de l'Etat et des propriétés privées, du pays entier pendant la période de 1911-1927.

ANNÉES	PROPRIÉTÉS DE L'ÉTAT			PROPRIÉTÉS PRIVÉES			TOTAL DE LA PRODUCTION		AUGMENTATION en pourcentage comparativement à l'année précédente	ANNÉES
	PRODUCTION tonnes	VALEUR de la production Lei	% du total de la production	PRODUCTION tonnes	VALEUR de la production Lei	% du total de la production	PRODUCTION tonnes	VALEUR de la production Lei		
1911	208.605	9.022.276	17.8	1.336.514	40.274.080	82.2	1.625.119	49.296.356		1911
1912	203.393	7.651.944	10.6	1.695.152	73.719.292	89.4	1.898.545	81.371.236	+ 16.8	1912
1913	181.725	10.941.631	9.8	1.666.150	116.367.279	90.2	1.847.875	127.308.910	— 2.7	1913
1914	229.008	10.076.581	12.7	1.581.163	73.347.633	87.3	1.810.171	83.424.214	— 2.4	1914
1915	193.535	6.848.563	12.2	1.364.795	52.010.332	87.8	1.588.330	58.858.895	— 12.3	1915
Moyenne pour 5 années	219.253	8.902.199	12.5	1.534.755	71.148.723	87.5	1.754.008	80.051.922		Moyenne pour 5 années
1916	125.961	5.467.495	14.0	773.033	41.997.291	86.0	898.994	47.464.786	— 43.4	1916
1917	120.591	17.905.991	16.7	803.639	86.547.901	83.3	724.230	104.453.892	— 19.4	1917
1918	198.940	30.196.317	20.5	769.671	120.940.837	79.5	968.611	151.137.154	+ 33.7	1918
1919	138.326	24.454.582	16.2	717.216	119.135.379	83.8	855.542	143.589.961	— 11.7	1919
1920	333.995	220.749.947	30.1	774.929	518.895.848	69.9	1.108.924	739.645.795	+ 29.6	1920
Moyenne pour 5 années	183.563	59.754.867	20.1	727.697	177.503.451	79.9	911.260	237.258.318		Moyenne pour 5 années
1921	271.311	237.411.518	23.3	897.103	783.884.741	76.7	1.168.414	1.021.296.259	+ 5.4	1921
1922	348.870	463.622.277	25.4	1.024.035	1.412.239.149	74.6	1.372.905	1.875.861.426	+ 17.5	1922
1923	502.973	1.256.353.453	33.5	1.009.329	2.499.901.321	66.5	1.512.302	3.756.254.774	+ 10.2	1923
1924	652.373	1.608.139.100	35.1	1.208.098	2.976.124.354	64.9	1.860.471	4.584.263.454	+ 23.0	1924
1925	888.519	2.201.378.720	38.4	1.428.460	3.549.299.500	61.6	2.316.979	5.750.678.220	+ 24.5	1925
Moyenne pour 5 années	532.809	1.155.381.014	32.3	1.113.405	2.244.289.813	67.7	1.646.214	3.397.670.827		Moyenne pour 5 années
1926	1.503.485	3.421.245.750	46.3	1.749.930	3.971.523.790	53.7	3.244.415	7.392.769.540	+ 40.	1926

nant à l'Etat et celui provenant d'exploitations situées sur des terrains appartenant à des particuliers, doit être maintenue pendant toute cette durée.

L'importance de cette distinction s'accroît aujourd'hui, du fait que l'Etat a été autorisé, pour encourager l'industrie du pétrole et surtout les sociétés qui se sont conformées à la nouvelle loi, à donner en concession, aux sociétés roumaines ou étrangères nationalisées, 500 hectares de ses terrains connus comme faisant partie des plus riches en gisements pétrolifères. Ces terrains sont situés sur le prolongement des régions actuellement en exploitation. Depuis, la production provenant des propriétés de l'Etat s'est considérablement accrue, comme on peut le voir dans le tableau précédant.

Tandis qu'en 1913, la quantité de pétrole extrait des terrains appartenant à l'Etat ne représentait que la dixième partie de la production totale du pays, en 1927, elle représente plus de 40 p. 100, avec une tendance ferme à l'augmentation, grâce aux périmètres accordées par l'Etat, qui ont été distribués comme suit (1) :

1°. — Sociétés anonymes Roumaines

1)	« Steaua Romana »	a reçu 9 périmètres en superficie totale			123 h. 7000
2)	« Crédit Minier »	» 7	»	»	» 72 h. 6087
3)	« I. R. D. P. »	» 5	»	»	» 53 h. 6250
4)	« Colombia »	» 3	»	»	» 30 h. 1500
5)	« Roumanian C. Oil » (2)	» 3	»	»	» 30 h.
6)	« Subsolul Roman »	» 1	»	»	» 11 h. 5000
7)	« Pétrol Bloch »	» 1	»	»	» 10 h.
	Total	29	»	»	» 331 h. 5837

(1) *La Revue Pétrolifère*, n° 166, p. 11.
(2) Groupe Phœnix Oil.

2° — Groupement des Sociétés An. Roumaines (1)

1)	Groupe « Petrolul Romanesc »	5 périmètres en superf. totale	de	60 h.	4300
2)	» « Dupplex (mandataire)	3 »	»	»	de 44 h.	1675
3)	» « I.R.D.P. » Ren. Petr.	3 »	»	»	de 30 h.	
4)	» « Nafta Romana »	2 »	»	»	de 20 h.	8325
5)	» « Sondajul-Petrolul »	2 »	»	»	de 20 h.	
	Total	15 »	»	»	175 h.	4300

3° — Répartition par régions

19	périmètres à Moreni-Prahova	en superficie totale de	242 hectares	5987
10	» Ochiuri-Dambovitza	»	»	101	»	4900
12	» Mislea-Runcu	»	»	128	»	9250
2	» Tzintea	»	»	34	»	
43	»	»	»	507	»	0137

Sondes et puits.

Pour donner un aperçu exact de l'activité pétrolière en Roumanie, pendant les vingt dernières années, nous avons établi un tableau des sondes et des puits (2). Ensuite, nous avons calculé la quantité moyenne de pétrole extrait par sonde productive — la production provenant des puits n'entrant pas dans ce calcul — et la valeur de cette production par année.

De cette manière, nous avons dégagé quelques considérations assez importantes, qui méritaient d'être soulignées.

a) Les puits productifs sont beaucoup moins nombreux ces dernières années qu'avant la guerre.

----

(1) Plusieurs sociétés anonymes roumaines se sont spécialement constituées en groupement pour obtenir des périmètres, mais chaque société garde son individualité pour tout autre opération.

(2) D'après les statistiques officielles. Pages. — 84 et 85.

Incontestablement, c'est le résultat de l'exploita-tion intensive qu'on pratique par l'emploi des nouvelles méthodes de forage.

b) Le nombre des sondes productives augmente chaque année, sans exception; cela prouve, d'une part, que l'étendue des gisements de pétrole en exploitation s'agrandit et cela signifie, d'autre part, que la situation du capital employé est extrêmement prospère.

c) Comme le nombre de plus en plus grand des sondes productives est une conséquence logique de l'accroissement ininterrompu des mètres forés chaque année, cet accroissement de forage confirme la préoccupation évidente des pétrolistes et, en même temps, ce qui est beaucoup plus important, de l'Etat roumain — qui est d'augmenter la pro-duction, le plus possible.

d) A partir de 1920, la production moyenne du pétrole, par sonde productive, devient en Roumanie de plus en plus importante. En 1924, son chiffre arrive même à doubler celui de la production quo-tidienne de l'Amérique. En effet, tandis qu'aux Etats-Unis d'Amérique la production moyenne, par sonde productive, était en 1924 de 2 à 3 tonnes par jour (1), en Roumanie, la même année, la produc-tion quotidienne était de 4,8 tonnes par sonde. Depuis, cette avance a été largement dépassée. Les gisements de pétrole roumains sont donc beaucoup plus riches, quant au sondage, que les gisements pétrolifères américains.

____

(1) Dr Inginer Basile Iscu. O. citée, p. 36.

e) Etant donné qu'il est prouvé que le rendement moyen, par sonde, est tellement élevé, le revenu d'une sonde productive roumaine doit être un des plus grands du monde.

En effet, généralement, le revenu annuel d'une sonde productive doit représenter environ 30 p. 100 du capital investi. En Roumanie, comme le tableau suivant l'indique, le revenu moyen en 1925, par sonde productive, était de 5.105.474 lei. Comme le coût d'une sonde forée à une profondeur de 1.000 mètres était, la même année, de 11.000.000 de lei, (1) on voit que le revenu moyen annuel d'une sonde représente, à peu près, 50 p. 100 des frais.

Dans ces conditions, le prix d'une sonde forée dans des terrains contenant du pétrole, peut être amorti complètement en deux ans. Mais, nous savons qu'en Roumanie la plupart des sondes n'ont pas même besoin d'être forées à 1.000 mètres de profondeur pour atteindre le gisement pétrolifère, le coût du forage est donc moins élevé et le bénéfice plus grand.

Bien entendu, nous parlons seulement des sondes forées dans des terrains reconnus comme étant sûrement pétrolifères.

La plus forte activité de forage en Roumanie a été enregistrée en 1926. Elle a été particulièrement intense à Moreni, Ochiuri et Gura Ocnitzei.

Il a été foré une totalité de 263.000 mètres,

---

(1) D'après les calculs de M. le Dr Inginer Basile Isou, p. 38.

La situation des sondes et des puits
La production et la valeur du pétrole

ANNÉES	PUITS					SONDES				
	ABANDONNÉES	EN SUSPENSION	EN COURS DE TRAVAIL	PRODUCTIFS	TOTAL	ABANDONNÉES	EN SUSPENSION	EN COURS DE TRAVAIL	PRODUCTIFS	TOTAL
1906	1211	483	142	623	2.459	170	104	273	512	1.059
1907	1052	467	141	564	2.224	244	127	289	624	1.285
1908	1184	599	136	613	2.532	343	231	312	707	1.593
1909	1118	685	83	565	2.451	356	287	271	773	1.687
1910	1135	827	194	503	2.661	535	305	302	848	1.990
Moyenne pour 5 années	1140	612	139	574	2.465	329	211	289	693	1.522
1911	1172	544	172	574	2.462	427	205	249	950	1.832
1912	968	366	234	446	2.014	324	145	329	975	1.773
1913	991	320	376	494	2.181	609	280	480	1006	2.375
1914	1038	420	516	426	2.400	657	333	531	1006	2.527
1915	993	550	508	468	2.519	637	444	503	1045	2.629
Moyenne pour 5 années	1032	440	361	482	2.315	531	281	418	997	2.227
1920	1294	708	84	266	2.352	763	1050	364	748	2.925
1921	833	711	117	284	1.945	503	880	419	731	2.533
1922	874	718	220	325	2.139	667	777	525	827	2.796
1923	918	716	383	307	2.324	924	763	703	911	3.301
1924	814	742	453	321	2.330	1015	776	705	1056	3.552
Moyenne pour 5 années	947	719	251	301	2.218	774	849	543	855	3.021
1925	740	657	487	315	2.199	1063	896	800	1123	3.882
1926	674	764	381	311	2.130	908	908	755	1299	3.870

pendant la période 1906-1916 et 1920-1927
brut par sonde productive en moyenne

PRODUCTION en tonnes			VALEUR DE LA PRODUCTION en lei				ANNÉES
TOTALE	PAR SONDE en moyenne		TOTALE	PAR SONDE en moyenne pendant l'année	PRIX MOYEN par tonne		
	Annuelle	Journalière			Lei	B	
971.019	1.860	5.1	33.147.622	63.240	34	15	1906
1.147.483	1.811	5.0	42.007.917	66.282	36	60	1907
1.139.268	1.572	4.3	43.899.758	60.522	38	50	1908
1.355.867	1.682	4.7	45.625.544	56.515	33	60	1909
1.326.495	1.541	4.2	39.651.119	46.230	30	00	1910
1.188.026	1.693	4.7	40.866.392	58.558	34	60	Moyenne pour 5 années
1.625.119	1.695	4.6	49.296.356	51.358	30	30	1911
1.898.545	1.928	5.3	81.371.236	82.518	42	80	1912
1.847.875	1.819	5.0	127.308.910	125.329	68	90	1913
1.810.170	1.789	4.9	83.424.214	82.472	46	10	1914
1.588.330	1.503	4.1	58.858.895	55.761	37	10	1915
1.754.008	1.747	4.8	80.051.922	79.488	45	50	Moyenne pour 5 années
1.108.924	1.472	4.0	739.645.795	981.676	666	90	1920
1.168.414	1.586	4.3	1.021.196.259	1.586.322	874	10	1921
1.372.905	1.645	4.5	1.875.861.426	2.247.563	1.366	30	1922
1.512.302	1.653	4.5	3.756.254.774	4.105.721	2.483	80	1923
1.860.471	1.754	4.8	4.584.263.454	4.321.856	2.464	00	1924
1.404.603	1.622	4.4	2.395.444.342	2.648.627	1.633	00	Moyenne pour 5 années
2.316.979	2.057	5.6	5.750.678.220	5.105.474	2.482	00	1925
3.244.415	2.490	6.8	7.392.769.540	5.691.124	2.278	70	1926

répartis comme il suit, par société anonyme :

N°	SOCIÉTÉ ANONYME	MÈT. FOR.	N°	SOCIÉTÉS ANONYMES	MÈT. FOR.
1	Astra Romana	45.340	21	Victoria	1.501
2	Steaua Romana	35.561	22	Inter Omnium Petr.	1.453
3	Romana Américana	28.728	23	Starnaphta	1.443
4	Groupe Phoenix Oil	28.435	24	Cometa	1.439
5	Crédit Minier	17.940	25	Gallianaphta	1.432
6	I. R. D. P.	12.946	26	Prahova	1.385
7	Concordia	11.123	27	Forajul	938
8	Sirius	11.055	28	Pétrolul Carpatilor	900
9	Colombia	9.805	29	Duplex	883
10	Petrolul Romanesc	9.700	30	Maces	841
11	Sospiro	5.476	31	Géonaphta	761
12	Dacia-Romano	4.580	32	Regala de Pétrole	730
13	Romano-Belge	4.375	33	Naphta Romana	688
14	Craiova	4.142	34	Apollo	670
15	Renasterea Romana	3.070	35	Forex	600
16	Petrolmina	3.022	36	Miramar Sondajul	572
17	Sondajul	2.994	37	Romana Petrolifera	542
18	Subsolul Roman	2.819	38	Apex	483
19	Soarele-Lemoine	2.345		Autres Sociétés	2.292
20	Aquila Franco-Romana	2.001		Total	263.120

En moyenne, le coût du mètre de forage, en 1926, dépasse légèrement 11.000 lei. Donc pour le forage seulement, les sociétés anonymes ont dépensé, en 1926, une somme de 2.894.320.000 lei, sans envisager les dépenses supplémentaires, entr'autres : la pose des premières sondes (1).

____

(1) Les premières sondes ont leur matériel entièrement neuf. On peut distraire environ 30 p. 100 de ce matériel, d'après l'ingénieur Basile Iscu pour d'autres sondes, dont le prix de revient sera moindre.

CHAPITRE IV

LE CAPITAL

Pour mettre en valeur toute richesse du sous-sol, et le pétrole en particulier, on a besoin de nombreux capitaux. La Roumanie, pays nouveau, était dans l'impossibilité matérielle de faire face, par ses propres moyens, à toutes ces nécessités. C'est pour cette raison qu'au début, tant dans l'industrie pétrolière que dans toutes les branches de l'activité économique, on a dû faire appel aux capitalistes étrangers.

A ce point de vue, nous devons distinguer deux grandes périodes dans l'histoire de l'industrie pétrolière roumaine.

La première, que nous devons nommer « la période du contrôle étranger », s'étend depuis 1865, quand le capital extérieur apparaît sur les champs pétrolifères de Roumanie, jusqu'à la guerre mondiale, avant laquelle les capitalistes étrangers avaient réussi à se rendre maîtres, à peu près complètement, de l'exploitation du pétrole et à s'en approprier tous les bénéfices...

La seconde période commence au lendemain de la guerre et durera jusqu'au complet épuisement des droits acquis par les sociétés étrangères laissant, de cette façon, le champ libre aux indigènes et leur permettant d'entrer en pleine possession de toutes ces richesses. Ainsi le pays entier profitera avec eux des bénéfices qui en découleront.

Nous l'appelons « la période de nationalisation de l'industrie pétrolière ».

Au commencement, des circonstances défavorables ont retardé le développement de cette industrie. Parmi elles, en voici quelques-unes des plus importantes et qui ont eu le plus de répercussion sur sa marche :

a) Le manque de cadastre en Roumanie, qui a donné lieu à d'interminables procès pour l'acquisition juridique du sol ardemment disputée, a eu une influence considérable sur les capitalistes étrangers, qui ne pouvaient pas avoir de garantie certaine pour leurs capitaux.

b) L'incompétence de tous ceux qui, au début, furent en Roumanie les promoteurs et les premiers exploitants du pétrole, a eu comme conséquence de très grosses pertes d'argent et la diminution de la valeur des gisements de pétrole.

c) La discorde qui existait entre la plupart des propriétaires du sol et les entrepreneurs, a empêché une meilleure exploitation des terrains concédés.

Toutes ces querelles ont créé une très mauvaise opinion d'ensemble sur l'avenir du pétrole roumain, et ont entravé le drainage d'importants capitaux étrangers.

Pendant trente ans, c'est-à-dire depuis 1865 jusqu'en 1895, 23 millions de lei seulement ont été placés dans les entreprises de pétrole en Roumanie.

Voici d'ailleurs ci-dessous un tableau qui permettra de mieux se rendre compte de l'investissement du capital dans l'industrie pétrolière :

CAPITAL INVESTI DANS L'INDUSTRIE PÉTROLIÈRE DEPUIS 1861 JUSQU'A LA GUERRE MONDIALE			
ANNÉE	TOTAL DU CAPITAL NOMINAL	ANNÉE	TOTAL DU CAPITAL NOMINAL
1865	2.000.000 de lei	1902	71.680.000 de lei
1879	9.000.000 »	1904	72.160.000 »
1880	12.000.000 »	1905	99.130.000 »
1885	13.000.000 »	1906	130.380.000 »
1889	15.030.000 »	1907	160.380.000 »
1890	19.050.000 »	1908	210.000.000 »
1891	20.550.000 »	1909	240.000.000 »
1895	23.050.000 »	1910	255.000.000 »
1896	24.650.000 »	1911	312.000.000 »
1897	36.150.000 »	1912	363.000.000 »
1898	38.150.000 »	1913	397.187.000 »
1899	46.150.000 »	1914	465.000.000 »
1900	60.890.000 »	1915	519.520.000 »
1901	70.860.000 »	1915 *réel*	404.657.000 »

Donc, pendant la première étape de ce long apprentissage, il n'y eut aucun progrès.

Puis, d'autres événements intervinrent favorablement :

D'abord, la création en 1895 de la grande société « Steaua Romana » par la maison Offenheim et Singer, avec le concours de la Banque Hongroise du Commerce et de l'Industrie.

Il faut bien reconnaître que c'est la première société qui a complètement changé les moyens d'exploration et d'exploitation employés jusqu'alors.

Elle commence à étudier très sérieusement les

régions pétrolifères, indépendamment des études de l'institut géologique et arrive, par des sondages d'exploration, exécutés avec méthode et patience et poursuivis avec ténacité, à mettre en valeur des régions pétrolifères jusqu'à cette époque inconnues.

Grâce à son initiative et à sa laborieuse activité, l'exploitation de la région de « Câmpina » prend un essor formidable et par sa considérable production de 1898-1899 attire l'attention générale sur la richesse des gisements pétrolifères roumains.

D'autres chantiers vont également doubler, d'une année à l'autre, le chiffre de leur production.

De nombreux financiers étrangers offrent leur concours et prennent même un trop grand intérêt à l'industrie pétrolière roumaine.

C'est durant cette période, c'est-à-dire entre les années 1895 et 1904, que les capitalistes américains ont voulu accaparer pour de nombreuses années l'exploitation du pétrole roumain. Les Allemands étaient d'accord avec eux. Les circonstances, même, semblaient leur être favorables.

En effet, avant 1900, la Roumanie avait subi une très grave crise économico-financière, les mauvaises récoltes ayant grevé le budget annuel de plus de 75.000.000 de lei, soit le tiers du budget total. On trouvait difficilement, ou à des conditions usuraires, du crédit à l'extérieur. Le gouvernement conservateur de ce temps, étant appelé à résoudre cette crise, ne trouvait d'autre solution que la concession du pétrole. En effet, ce produit était, de plus en plus, recherché. En même temps le « Standard Oil » se voyait handicapé sur le marché européen par le pétrole russe qui, chose extraordinaire, vit sa production en 1898-1899 dépasser la production américaine. Pour le « Standard Oil » le pétrole roumain était la seule occasion de reprendre en mains le contrôle des marchés en Europe. Il fit donc des offres au gouvernement roumain.

Les Allemands, par la Disconto Gesellschaft, envoyèrent également des émissaires à Bucarest. Ils prirent contact avec le « Standard Oil » et, pour mieux défendre leurs intérêts, tombèrent d'accord afin de former un puissant consortium qui monopoliserait tout le pétrole roumain. Ce consortium demandait, ni plus ni moins, qu'on lui accordât la concession de 15.000 hectares de terrains pétrolifères pendant cinquante ans et qu'on lui donnât, en même temps, la concession pour la construction et l'exploitation exclusive, pendant trente ans, d'une pipe-line destinée au transport du pétrole brut de Câmpina à Constantza.

En échange, il accordait à l'Etat roumain un emprunt de dix millions de lei, sous forme d'avance sur les redevances futures, qui devaient être de 8 1/2 p. 100 par an (1).

P. Carp, qui présidait le gouvernement, ne trouvant plus d'autre issue à la crise financière traversée par le pays, inclinait à signer l'accord. Heureusement, le parti libéral comprit tout de suite combien serait désastreux pour le pays cet accord honteux, et immédiatement il mit en mouvement l'opinion

---

(1) Frederich HAASE. *Die Erdolinteressen der deutschen bank und der direktion der disconto gesellschaft in Rumanien.* Berlin 1922, p. 34. Voir, en même temps, C. ROMMENHOELLER, œuvre citée, p. 385.

publique. Au parlement, l'opposition libérale fit voir avec succès comment les conservateurs voulaient livrer à l'étranger tout l'avenir de l'industrie pétrolière roumaine, afin d'essayer de combler un déficit momentané. En même temps, dans les réunions publiques et dans la presse, ils soulignèrent le grave danger couru par le pays de n'être plus le maître chez lui pour une si longue période d'années. Grâce à leur énergie, les libéraux réussirent à soulever le pays entier contre cet accord : il ne fut pas conclu.

Une autre demande de concession faite par la Disconto Gesellschaft, seule, en 1900, n'eut pas plus de succès.

L'opinion publique était en éveil.

Les libéraux, qui formèrent ensuite le gouvernement, continuèrent les discussions interrompues par la chute du cabinet conservateur, mais dans une tout autre atmosphère. Les intérêts nationaux ne couraient plus aucun danger. Des conditions de sécurité pour sauvegarder l'avenir de l'industrie pétrolière et pour l'emploi de la main- d'œuvre roumaine furent posées comme principe de base de toute discussion. Les libéraux ne voulant, sous aucun prétexte, transiger, les Allemands n'insistèrent pas davantage.

L'industrie pétrolière roumaine était sauvée de toute concession onéreuse. Le temps se chargea de donner raison amplement à la politique nationale et économique préconisée et défendue par les libéraux.

D'ailleurs, les circonstances assurèrent le succès de cette politique nationale. Les obstacles qui entravaient, dans une si large mesure, le développement de l'industrie pétrolière furent, petit à petit, écartés.

Les entreprises furent mieux organisées et les incompétences du début, cause de tant de déboires, firent place à une expérience technique admirable, surtout en ce qui concerne le forage.

L'Etat intervint lui-même à plusieurs reprises pour annihiler les effets désastreux qui découlaient du manque de cadastre, par des dispositions juridiques, qui assurèrent une garantie complète aux concessionnaires.

De même, il intervint d'une manière efficace en régularisant le commerce intérieur et extérieur et en réduisant certaines taxes pour permettre un meilleur écoulement des produits de l'industrie pétrolière.

Les moyens d'emmagasinage et de transport furent, eux aussi, considérablement améliorés. L'Etat, à lui seul, investit 49.000.000 de lei or pour assurer un entrepôt à Constantza et pour construire la pipe-line « Baïcoi-Constantza ».

Enfin, la longue expérience acquise par tous ceux qui s'occupent du pétrole, eut comme conséquence heureuse l'union des petites entreprises qui se trouvaient dans l'impossibilité de faire, faute de moyens, une exploitation intensive et rémunératrice. Les puissantes sociétés créées en échange leur donnaient un plus grand profit et assuraient, en même temps, un progrès certain pour l'industrie elle-même.

Ce sont ces circonstances qui ont attiré des capitaux importants de l'étranger. Ils affluèrent de plus en plus jusqu'à la guerre mondiale.

A ce moment-là, les Allemands, grâce à leurs capitaux, occupaient la première place parmi les autres groupes étrangers, place qu'ils ont conservée depuis 1903 et voici comment :

En 1903, la Deutsche Bank avait pris le contrôle de la société « Steaua Romana » qui se trouvait dans une situation délicate par suite de la faillite de la Banque hongroise du Commerce et de l'Industrie, laquelle participait dans la Société « Steaua Romana » pour la moitié de son capital. Par un contrat signé le 30 juillet 1903, la Deutsche Bank prenait possession de toutes les actions qui étaient détenues par la Banque Hongroise. Elle augmentait le capital de la Steaua Romana qui, par son influence, prenait une nouvelle extension et devenait une des plus puissantes entreprises d'Europe.

De son côté, la Disconto Gesellschaft, qui avait échoué dans ses projets de monopolisation, revint à la charge, mais d'une autre manière. Elle s'assura le contrôle de deux sociétés pétrolières roumaines, qui traversaient une grave crise financière, pour les réunir ensuite sous le hom de « Concordia ». Au début, cette fusion ne réussit pas, car la « Concordia », très mal dirigée, voyait son déficit augmenter d'année en année. Par contre la « Disconto Gesellschaft », grâce à deux sociétés qu'elle avait créées, avait pu couvrir les pertes de la « Concordia » et avait même réussi à en tirer de grands bénéfices.

Ces deux sociétés, créées en 1905, sont : le « Crédit Pétrolifère », société anonyme roumaine pour le transport, l'entrepôt et la vente des produits pétrolifères, et « Vega », société anonyme roumaine pour le raffinage du pétrole, qui a construit une grande raffinerie à Ploesti.

La « Disconto Gesellschaft » était donc arrivée à contrôler trois sociétés, qui occupaient une place assez importante dans l'industrie pétrolière roumaine. Puis, d'autres capitaux allemands étaient entrés dans la constitution de sociétés de moindre importance.

Les capitalistes anglais s'intéressèrent, eux aussi, à l'exploitation du pétrole; les sociétés qu'ils avaient fondées n'ayant donné aucun bénéfice, dès le début, ils restèrent, pour quelques années, dans l'inaction.

Plus tard, quand la marine royale anglaise remplaça, dans une grande mesure, le charbon par le mazout pour chauffer les chaudières de ses navires, les Anglais sortirent de leur inertie, en créant d'autres sociétés qui, étant mieux dirigées et administrées, donnèrent des résultats plus remarquables. La plupart sont aujourd'hui groupées autour de la puissante Société « Phoenix Oil Cy. Ltd ».

Entre temps, les Français constituèrent, en collaboration avec le capital roumain, deux sociétés, qui sont aujourd'hui parmi les plus importantes du pays. Ce sont : « l'Aquila Franco-Roumaine » et « Colombia ». La Société « Colombia » eut des succès retentissants à cette époque, grâce à sa sonde n° 1 Moreni, dont nous avons déjà parlé et qui donna 400.000 tonnes de pétrole en moins de deux ans.

Vers 1904 la « Roumano-Américano » fut fondée par le capital américain. C'est aujourd'hui, dans l'ordre de production, la septième société pétrolière, de Roumanie.

Puis les Hollandais constituèrent la Société « Astra Romana », universellement connue, qui est la plus grande société, avec la « Steaua Romana » et le « Crédit Minier », de l'industrie pétrolière roumaine.

Les Belges, les Italiens — surtout après la guerre — les Autrichiens, les Suisses, placèrent aussi des capitaux dans les affaires roumaines de pétrole.

A la fin de la première période, la situation du capital investi dans l'industrie pétrolière roumaine était la suivante :

a) Capital effectivement versé par les 96 sociétés qui travaillaient avant la guerre .. lei 404.670.000

b) Créances sur ces sociétés ... lei 66.000.000

c) Capital des entreprises privées .... lei 35.000.000

d) Capital investi par l'Etat dans les installations de Constantza et dans la conduite de pétrole .... lei 49.000.000

Soit .... lei 554.670.000

Sur 404.670.000 lei — somme qui représente la totalité du capital effectivement versé par toutes les sociétés — 377.000.000 de lei, donc plus de 93 p. 100 appartenaient aux puissants groupes étrangers.

Les Roumains ne détenaient, à peu près, que 7 p. 100, soit environ 27,500.000 lei.

Voici d'ailleurs, d'après l'étude faite par la banque

« Marmorosch, Blank et C^le » comment ce capital était réparti : (1)

GROUPES ÉTRANGERS	CAPITAL	POURCENTAGE PAR RAPPORT AU TOTAL
1. Groupe Allemand	110.000.000	27.1 %
2. — Anglais	95.000.000	23.4 %
3. — Hollandais	80.000.000	20 %
4. — Français	40.000.000	10 %
5. — Américain	25.000.000	6 %
6. — Belge	12.000.000	3 %
7. — Autrichien	8.000.000	2 %
8. — Italien	4.000.000	1 %
9. — Suisse	3.000.000	0.7 %
	377.000.000	93.2 %

Si les Roumains ne détenaient que 7 p. 100 du capital investi avant la guerre, ils ne participaient que pour 4 p. 100 dans la production totale du pays. Le reste, soit 96 p. 100, était la propriété des sociétés étrangères.

En 1914, à peu près 90 p. 100 de la production totale, soit 1.810.000 tonnes, revenaient à dix grandes sociétés, dans l'ordre suivant :

1. « Steaua Romana »	— Capital Allemand.	468.395	tonnes
2. « Astra Romana »	— — Hollandais.	466.605	—
3. « Romana-Américana »	— — Américain.	320.531	—
4. « Concordia »	— — Allemand.	81.965	—
5. « Orion »	— — Hollandais.	77.483	—
6. « R. C. Oilfields Ltd »	— — Anglais...	74.383	—
7. « Internationala »	— — Hollandais.	50.382	—
8. « Nafta »	— — Belge.....	35.745	—
9. « Colombia »	— — Français..	26.084	—
10. « Aquila Franco-Romana »	— — Français..	21.008	—
	Total.........	1.622.581	—

(1) *Les Forces Economiques de la Roumanie en 1920.* Ouvrage publié par le Bureau d'Etudes de la Banque « Marmorosch, Blank et Cie », Bucarest, p. 45.

De plus, 115.000 tonnes étaient réparties entre d'autres sociétés étrangères moins importantes. Les sociétés purement roumaines ne produisaient que 72.419 tonnes.

En ce qui concerne le rendement, le capital investi donnait un bénéfice de 15 p. 100 environ. Le bénéfice brut des sociétés qui avaient publié leur bilan pour 1915, était d'environ 100.000.000 de lei. Le bénéfice net était de 47.000.000 de lei, soit, pour un capital correspondant de 316.000.000, un rendement de 15 p. 100 par an. Les bénéfices distribués variaient entre 5 p. 100 et 375 p. 100. Ainsi, la « Sperantza » a distribué 375 p. 100, la « Romana Américana » 40 p. 100, « l'Astra Romana » 20 p. 100 et la « Steaua Romana » 10 p. 100 (1).

Quand la guerre mondiale survint, la première période de l'industrie pétrolière finissait, les capitalistes étrangers arrivant à leur maximum d'accaparement. A peu près toute la production roumaine du pétrole était en leur possession.

Cette emprise étrangère sur l'industrie roumaine a eu deux conséquences :

La première, très heureuse pour l'économie roumaine, a été le forage des premières sondes, la création de grandes raffineries, la construction de réservoirs et de conduites plus ou moins longues.

Mais c'est surtout grâce au capital étranger que l'industrie pétrolière roumaine s'est développée dans une si grande proportion et qu'elle est arrivée à prendre une importante position sur le marché européen et même mondial.

____

(1) *Les Forces Economiques de la Roumanie en 1920*, p. 45.

La seconde conséquence ne fut pas avantageuse et sans doute est-il nécessaire d'insister sur cette question, très peu discutée jusqu'à présent, malgré son importance considérable.

C'est l'exploitation intensive jusqu'à l'épuisement, faite par les capitalistes étrangers, de tous les terrains reconnus pétrolifères et ceci sans aucun souci de l'élémentaire principe en cette matière, qui est de préparer par des sondages d'exploration et par des études géologiques d'autres terrains considérés comme étant probablement pétrolifères. C'est la condition indispensable pour arriver à maintenir et à développer continuellement la production.

Les capitalistes étrangers n'ont rien fait, ou à peu près rien, pour remplacer les gisements de pétrole, des régions connues, épuisés par eux (ou qu'ils étaient en train d'épuiser) par la découverte d'autres régions qui devaient constituer la réserve exploitable. Du reste, l'Etat roumain a, lui aussi, sa part de culpabilité (1).

Dans les dernières années d'avant la guerre, nous relevons qu'à peine 2.600 hectares étaient exploités sur 47.000 hectares que les sociétés avaient en concession : pas même 6 p. 100.

Il était donc nécessaire que l'Etat roumain intervint dans cet ordre de choses, extrêmement inquiétant, quand il en était encore temps. C'est ce qu'il a fait — magistralement d'ailleurs et pour la première fois dans l'histoire pétrolière mondiale —

---

(1) L.-A. IANULESCO. *L'industrie du pétrole en Roumanie*, publié dans le *Moniteur du P. trole Roumain*. Bucarest 1927, p. 2.120.

au commencement de la seconde période, que nous retracerons ici, dans ses grandes lignes.

C'est au lendemain de la paix que commence la nouvelle époque de transformation radicale de toute l'économie roumaine.

La politique nationale du pétrole débuta par l'acquisition des anciennes sociétés allemandes par des ressortissants roumains et alliés, en même temps que par la création de plusieurs grandes sociétés purement roumaines, qui changèrent bientôt l'aspect de la production pétrolifère. Cette politique fut consacrée ensuite, en 1924, le 4 juillet, par la loi des mines et par son application.

Après l'armistice toutes les sociétés allemandes avaient été mises sous séquestre. En ce qui concerne la plus importante, la « Steaua Romana » une convention intervint à San Remo, le 25 avril 1920, entre M. Millerand, représentant la France, M. Lloyd George, représentant l'Angleterre, et le gouvernement roumain, par laquelle une entente était réalisée entre les trois gouvernements pour se partager l'actif de cette société. Le séquestre fut levé et la reprise des affaires fut confiée à un consortium composé de trois groupes intéressant les trois pays respectifs. Le groupe roumain reçu 51 p. 100, le groupe français, représenté principalement par la Banque de Paris et des Pays-Bas, recevait 24,5 p. 100 des actions, constituant la « Steaua française ». Le groupe anglais, à la tête duquel se trouvait la banque Stern Brothers de Londres, recevait le même paquet d'actions représentant 24,5 p. 100 et la « British Steaua Romana » fut créée.

Par la loi minière de 1924, la « Steaua Romana » a été nationalisée et l'Etat roumain a reçu un lot important d'actions, qui lui permet de disposer, avec les autres actionnaires roumains, de la majorité des voix ; les roumains ont donc la majorité dans le conseil et dans l'administration.

Les autres sociétés allemandes, qui appartenaient autrefois à la « Disconto Gesellschaft » sont également nationalisées et contrôlées par un groupe financier franco-belge-roumain. L'Etat roumain détient des actions à vote plural des deux sociétés — la « Vega » et la « Concordia » — conformément à la loi des mines.

En même temps on a travaillé énergiquement à la reconstitution de l'industrie pétrolière, en essayant d'obtenir une production semblable à celle d'avant-guerre et c'est grâce, notamment, aux principales sociétés roumaines, constituées à partir de 1919, que cette grande œuvre a pu être si vite couronnée de succès. Non seulement le record de production de 1912-1913 a été atteint, mais encore, en moins de sept ans, il a été largement dépassé et, désormais, la production va en augmentant chaque année.

Voici, d'après le *Moniteur du Pétrole Roumain*, n° 5, de mars 1927 les chiffrés de la production générale du pétrole brut, obtenue par les sociétés anonymes, pour les cinq dernières années.

| ANNÉES | PRODUCTION totale du pays en tonnes | PRODUCTION des Sociétés Anonymes | | MÈTRES linéaires forés | RAPPORT entre la production et les mètres forés TONNES par mètre linéaire |
		TOTAL en tonnes	POURCENTAGE de la production générale		
1922	1.372.905	1.336.558	97.8 %	88.527	15.3
1923	1.512.302	1.470.981	97.1 %	123.260	12.3
1924	1.860.471	1.818.644	98.1 %	166.936	11.0
1925	2.316.979	2.265.358	97.8 %	204.407	11.3
1926	3.244.415	3.138.545	96.8 %	268.000	12.0
1927	3.661.000	3.623.392	99.0 %	243.000	14.9

Nous avons établi également un tableau de la production de chaque district pétrolifère du pays, au cours des cinq années d'avant-guerre et pour les cinq dernières années d'après-guerre, ainsi que la moyenne mensuelle et quotidienne, en tonnes, de la production totale du pétrole brut du pays.

Dans ce tableau on remarque facilement la dif-férence importante qu'il y a entre la moyenne quin-quennale d'avant-guerre et la moyenne quinquen-nale des dernières année d'après-guerre, tant pour les districts que pour la production.

Par exemple, le pourcentage de participation du district de Prahova était, pour une période de cinq années, c'est-à-dire de 1911 à 1915, de 87,95 p. 100 de la production totale, maintenant cette partici-pation est moindre — seulement 75,58 p. 100 — et marque une tendance certaine à diminuer encore.

Le pourcentage de participation du district de

TABLEAU DE LA PRODUCTION DU PÉTROLE PAR DISTRICT.

Pourcentage pour la période quinquennale d'avant et d'après-guerre.

ANNÉE	ROUMANIE	PRAHOVA	DAMBOVITZA	BUZAU	BACAU	PRODUCTION totale en tonnes	PRODUCTION MOYENNE en tonnes		ANNÉE
	%	%	%	%	%		par mois	par jour	
1911	100	89.68	4.47	4.08	1.77	1.625.119	135.426	4.452	1911
1912	100	89.51	4.11	4.83	1.55	1.898.545	158.212	5.201	1912
1913	100	89.00	2.21	6.66	2.13	1.847.875	153.990	5.063	1913
1914	100	86.03	2.78	8.38	2.81	1.810.170	150.847	4.959	1914
1915	100	85.54	6.03	6.70	1.73	1.588.330	132.361	4.351	1915
Moyenne p^r 5 ans.	100	87.95	3.92	6.13	2.00	1.754.008	146.167	4.806	Moyenne p^r 5 ans.
1922	100	77.37	13.12	6.71	2.80	1.372.905	114.409	3.761	1922
1923	100	71.05	20.23	5.94	2.78	1.512.302	126.025	4.143	1923
1924	100	79.72	12.08	5.48	2.62	1.860.471	155.039	5.097	1924
1925	100	79.82	13.02	4.98	2.18	2.316.979	193.082	6.348	1925
1926	100	69.89	24.70	3.74	1.67	3.244.415	270.110	9.003	1926
Moyenn p^r 5 ans.	100	75.58	16.64	5.37	2.41	2.061.414	171.733	5.660	Moyenne p^r 5 ans.

Buzau diminue également, de 6,13 p. 100 il descend à 5,37 p. 100.

L'avantage reste donc au district de Dambovitza, dont le pourcentage de participation passe de 3,92 p. 100 à 16,64 p. 100, soit quatre fois le pourcentage d'avant-guerre,et la richesse des gisements d'Ochiuri-Rasvad et de Gura-Ocnitzei nous donne l'assurance que si son pourcentage de participation n'augmente pas, du moins il se maintiendra dorénavant.

D'ailleurs, d'après le *Moniteur du Pétrole Roumain*, la répartition, par district, de la production pour l'année 1927 est la suivante :

District de Prahova................	67,60 p. 100
District de Dambovitza	27,50 p. 100
District de Buzeu...................	3,10 p. 100
District de Bacau	1,80 p. 100
Total..........	100,00

On voit donc que le district de Dambovitza a augmenté, pour 1927, dans une mesure importante, sa participation à la production totale du pays.

On remarquera également que la production moyenne journalière qui était, pour les cinq années d'avant-guerre, de 4.806 tonnes pour tout le pays, est passée à 5.660 tonnes pour la période de 1922 à 1926. C'est un très beau résultat, dû surtout à l'activité incessante des sociétés roumaines.

En ce qui concerne l'année 1927 la production moyenne journalière est de 10.175 tonnes, dépassant donc de 4.515 tonnes la moyenne journalière de la période quinquennale 1922-1926.

Nous donnons ci-contre un tableau sur l'activité du forage, durant ces dernières années, par district :

Activité du forage en mètres linéaires.

DISTRICTS	1921	1922	1923	1924	1925	1926	TOTAL
Prahova ...	42.275	74.855	105.333	136.937	163.524	210.492	733.416
Dambovitza.	4.631	8.727	8.813	18.495	29.296	41.225	111.187
Buzău......	1.191	2.155	5.682	7.936	7.073	4.984	29.821
Bacau	1.962	2.480	3.091	3.446	4.454	3.784	19.317
Valcea		310	214	122	60		706
Vijnitza ...			127				127
	50.859	88.527	123.260	166.936	204.407	260.485	894.574

On remarquera donc qu'il y a une étroite corélation entre l'activité du forage et la production d'une région. Par exemple, tandis qu'en Prahova le total des mètres linéaires forés en 1926 est cinq fois plus grand que celui de 1921, en Dambovitza le total des mètres linéaires forés en 1926 est dix fois plus grand que celui de 1921.

Le rapport entre l'activité du forage et la production en 1926, par district, est le suivant :

Roumanie......	12 tonnes	000	par mètre linéaire	
Prahova	10 »	800	» »	»
Bacau	14 »	300	» »	»
Dambovitza....	19 »	400	» »	»
Buzau	24 »	300	» »	»

CHAPITRE V

LES SOCIÉTÉS ROUMAINES

Les plus importantes sociétés roumaines sont les
suivantes :

Le Crédit Minier ;

La société I.R.D.P. ;

Le groupe Petrolul Romanesc.

C'est en 1919 que le « Crédit Minier » a été créé
sous l'initiative d'un groupe d'ingénieurs des mines
et de géologues roumains. Son capital initial, qui
était de 1.750.000 lei fut porté, quelque temps après,
à 10.000.000 de lei. Actuellement, le « Crédit Minier »
a un capital effectivement versé de 502.000.000 de
de lei. Comme toutes ses actions sont aujourd'hui
nominatives, on peut affirmer que la presque totalité se trouve entre les mains d'institutions financières et d'actionnaires roumains. La direction technique, administrative et commerciale est purement
roumaine. Grâce à l'énergie et à la compétence de
ses dirigeants et grâce aussi à l'Etat, qui l'a si bien
encouragé, par des contrâts de concession lui donnant le droit d'exploiter des terrains pétrolifères
des plus riches, le « Crédit Minier » est arrivé, au
bout de sept ans d'activité, à être une des plus puis-

santes sociétés pétrolières de Roumanie. Par son admirable organisation, le « Crédit Minier » donne le maximum de rendement avec le minimum de dépenses.

Afin de mieux nous rendre compte de l'impressionnante rapidité avec laquelle cette société, purement roumaine, a réalisé son développement, nous avons établi plusieurs tableaux :

Tableau Nº 1

ANNÉES	NOMBRE DE SONDES en forage au 31 déc.	NOMBRE DE MÈTRES forés	NOMBRE DE SONDES productiv. au 31 déc.	PÉTROLE BRUT extrait au cours de l'année (Tonnes)	POURCENTAGE PAR rapport à la production totale	ANNÉES
1919						1919
1920	6	138	7	56.613		1920
1921	7	478	7	48.882	4.18	1921
1922	23	4.688	11	66.165	4.82	1922
1923	36	8.897	18	158.050	10.45	1923
1924	42	9.596	30	222.243	11.95	1924
1925	54	16.501	36	379.250	16.37	1925
1926	78	17.675	55	591.707	18.24	1926
Total........		57.982		1.522.910		

Dans ce tableau, on remarque le nombre toujours croissant des mètres forés, qui sont en étroite relation avec la production. Ensuite, on voit, ce qui est très important, que par rapport à la production du pays, qui augmente chaque année depuis la guerre, la production du « Crédit Minier » s'accroît plus vite et dans une plus grande mesure.

Sa participation à la production totale du pays,

qui était en 1922 de 4 p. 100 atteint en 1926 18 p. 100
et pendant la période quinquennale, c'est-à-dire
de 1922 à 1926, elle est de 13,76 p. 100.

En 1927, dans l'extraction du pétrole bout, elle
est à la tête de toutes les sociétés roumaines du
pétrole, dépassant de presque 10.000 tonnes la société « Astra Romana ». En effet le « Crédit Minier »
a eu en 1927 une production de 607,041 tonnes (1),

Tableau Nº 2

Nº d'ordre	SOCIÉTÉS (2)	Production totale en tonnes sans les participations	Nombre de sondes pro- ductives au 31 décembre 1926	Production moyenne en tonnes par sonde	
				par an	par jour
1	Crédit Minier	591.707	55	10.758	29.5
2	Sirius	317.268	31	10.234	28.0
3	Petrolmina	38.288	6	6.381	17.5
4	I. R. D. P.	179.033	29	6.174	17.2
5	Astra Romana	632.202	120	5.268	14.4
6	Minerva...............	15.692	4	3.923	10.7
7	Romania Pétrolifera ...	12.752	4	3.191	8.7
8	Romano Américana	212.752	67	3.175	8.7
9	Sospiro	21.057	7	3.008	8.2
10	Phoenix...............	354.154	130	2.724	7.5
11	Craiova	11.097	6	1.849	5.1
12	Aquila-Franco-Romana .	71.758	42	1.709	4.7
13	Colombia.............	95.943	63	1.523	4.2
14	Steaua Romana	406.406	290	1.401	3.8
13	Dacia Romana	18.149	13	1.396	3.8
16	Romano-Belge	11.229	9	1.248	3.4
18	Cometa	13.448	13	1.034	2.8
18	Prahova	10.683	12	890	2.4
19	Concordia	72.270	101	716	2.0

(1) Avec les participations.

(2) Seulement les sociétés qui ont eu en 1926 une production dépassant 10.000 tonnes sans les participations.

tandis que la société Astra Roumana n'a eu que 593.828 tonnes.

En dehors de l'augmentation de plus en plus accentuée de la production, il est intéressant d'en connaître le prix de revient, c'est-à-dire le rapport entre les efforts faits et le rendement obtenu et c'est grâce à ce rapport qu'on peut mieux se rendre compte de la manière dont cette société est dirigée et organisée.

Comme on peut le voir dans le tableau n°2, de toutes les sociétés pétrolières de Roumanie, le « Crédit Minier » a la production moyenne la plus importante pour chaque sonde : 29 tonnes 500 par jour, ce qui indique un maximum de production avec le minimum de dépenses.

Grâce à ces résultats magnifiques, les bénéfices nets du « Crédit Minier » pour l'année 1926, s'élèvent à 421.412.000 lei, pour un capital de 502.750.000 lei, ce qui constitue le plus grand bénéfice connu des sociétés roumaines les plus importantes.

La société « Industria Romana de Pétrol » (I.R.D.P.) a été créée en 1920, sur l'initiative d'un groupe d'ingénieurs roumains. Ainsi que le « Crédit Minier », elle a contribué, dans une large mesure, à résoudre les problèmes qui se posaient pour la Roumanie à la suite de la guerre mondiale et, notamment, celui de la reconstitution de l'industrie pétrolière, avec le concours des capitaux roumains. Son capital initial de 100.000.000 de lei a été souscrit par un grand nombre d'actionnaires, preuve de la popularité dont jouit cette société. Aujourd'hui son capital est de 600.000.000 de lei, dont 525.000.000 de lei sont effectivement versés. Les bénéfices réalisés pendant les exercices 1921-1926, grâce à la compétence et à l'énergie de ceux qui la dirigent lui ont permis de procéder, après distribution de dividendes importants, à d'appréciables amortissements, ainsi que le montre le tableau ci-dessous :

ANNÉES	BÉNÉFICES NETS	DIVIDENDES	AMORTISSEMENTS
1921	105.407 lei		3.049.322 lei
1922	22.004.031 —	12 %	3.057.581 —
1923	35.260.759 —	15 %	27.191.721 —
1924	98.529.929 —	30 %	49.483.075 —
1925	94.132.569 —	24 %	148.307.759 —
1926	65.991.558 —	10 %	

L'activité de « l'I.R.D.P. », depuis sa création jusqu'en 1927, peut être résumée dans le tableau suivant:

ANNÉES	MÈTRES FORÉS	SONDES en forage à la fin de l'année	PRODUCTION en tonnes	POURCENTAGE par rapport à la production du pays
1921	3.238	24	785	
1922	4.610	15	10.370	0.76 %
1923	5.384	23	57.610	3.81 %
1924	7.542	30	177.660	9.55 %
1925	6.947	25	252.500	10.90 %
1926	13.000	22	180.000	5.56 %
1927	16.807	24	186.028	5.10 %

« L'I.R.D.P. » possède des participations importantes dans les sociétés : « Banca Minelor », « Pétrole Forage », « Electrica » et « Steaua Romana ».

La société « Petrolul Romanesc » appartient aussi à la catégorie des sociétés à capital roumain, constituées au lendemain de la guerre et qui ont pris leur point d'appui sur le concours des ressources financières et des énergies indigènes (1).

Jusqu'en 1926 son activité s'était bornée aux travaux d'exploration dans la région de Floresti, district de Prahova. A la fin de l'année 1925, en constituant un groupe avec d'autres sociétés, notamment, avec « Petrol Govora », société purement roumaine, elle a obtenu des périmètres de première qualité à Mislea, Moreni et Ochiuri, d'une superficie de 59 hectares. L'activité de forage sur ces périmètres a commencé en 1926.

Les résultats acquis, à la fin de l'année 1926 et en 1927, sont fort appréciables. (2)

En février 1927, le groupe « Petrolul Romanesc », afin de donner une plus grande extension à sa production, passe un contrat approuvé par l'Etat, conformément à la loi des mines, avec la société « Le Crédit Minier ». Par ce contrat, il a été concédé à la société « Le Crédit Minier » le droit de forer, au maximum, vingt-deux sondes sur les périmètres appartenant au groupe « Petrolul Romanesc », bien entendu ces derniers se réservant une grande part de la production que vont donner ces sondes. (3)

---

(1) Voir la *Revue Pétrolifère* n° 161, p. 42.

(2) Pendant l'année 1926, le groupe « Petrolul Romanesc » a foré 9.700 mètres. Il avait, au 31 décembre 1926, 23 sondes en œuvre, mais aucune en production.

(3) Pendant l'année 1927, le groupe « Petrolul Romanesc » a foré 13.673 mètres. La production pour la même année a été de 106.000 tonnes. Par la production le groupe Petrolul Romanesc vient au neuvième rang parmi les sociétés roumaines de pétrole.

Toutes ces sociétés roumaines et d'autres de moindre importance, ont réussi, du fait de leur activité, à prendre, de jour en jour, un rang plus élevé dans la production pétrolifère.

Avant la guerre, la participation du capital roumain n'entrait dans la production pétrolifère que pour 4 p. 100 ; en 1926, le capital roumain — soit dans les sociétés purement roumaines, soit dans les sociétés mixtes — a fourni, d'après nos calculs, une production de 1.265.000 tonnes, soit 39 p. 100 de la production totale du pays. En 1927, la production pétrolifère du capital roumain est encore plus importante.

Tableau de la production en 1926, d'après la provenance des capitaux

PROVENANCE DU CAPITAL	PRODUCTION TOTALE en tonnes	POURCENTAGE par rapport à la production totale
Roumain	1.265.000	39 %
Anglo-Hollandais	898.000	27.7 %
Franco-Belge	803.000	24.8 %
Américain	212.000	6.5 %
Italiano-Suisse etc...	65.000	2 %
Total.........	3.243.000	100

Au 31 décembre, 1926, il existait en Roumanie cent cinquante-neuf sociétés pétrolières, dont le capital nominal autorisé était en lei 13.967.525.245. Les actions émises s'élevaient à 10.712.739.991 lei et le capital effectivement versé était de 10.148.962. 943 lei.

Le capital anglais est représenté, dans l'exploitation du pétrole roumain, par vingt-sept sociétés, en dehors des participations dans des sociétés roumaines au capital en lei — disposant d'un capital autorisé en actions et obligations de 17.012.400 livres sterling, le total des actions et des obligations émises étant de 11.713.494 livres sterling dont 11.587.388 livres sterling versées.

Le capital franco belge et italien est représenté dans l'industrie pétrolière roumaine par trente-cinq sociétés disposant d'un capital nominal de 902.287.500 francs. Le capital émis s'élève à 879.237.500 francs et celui versé est de 868.502.000 francs.

Le capital hollandais est représenté par trois sociétés, dont le capital nominal est de 2.050.000 florins hollandais et dont toutes les actions sont effectivement émises et versées.

Toutes ces sociétés étrangères, soit anglaises, soit françaises, ont employé une grande partie de leur capital à l'achat d'actions des sociétés roumaines, au capital en lei, ce qui leur permet, de cette manière de contrôler l'activité de ces dernières. Ce qui prouve que la majeure partie du capital de ces sociétés étrangères n'est pas employé à l'exploitation directe des terrains pétrolifères.

Ces cent cinquante-neuf sociétés roumaines ne s'occupaient pas toutes, effectivement, de l'exploitation des gisements, ou de raffinage, transport, emmagasinage et vente des produits pétrolifères, mais quelques-unes — même un trop grand nombre — faisaient surtout des affaires de bourse ou des spéculations sur les concessions qui leur étaient accordées.

Tableau 1. — La situation financière des sociétés anonymes roumaines à la fin de 1926.
La provenance de leur capital et leur production

N° COURANT	ANNÉE de fondation	NOM DE LA SOCIÉTÉ	CAPITAL nominal total y compris obligations Lei	CAPITAL réellement versé à la fin de 1926 en actions Lei	TOTAL de l'actif des sociétés d'après le dernier bilan Lei	BÉNÉFICE brut réalisé dans le dernier exercice Lei	BÉNÉFICE net réalisé dans le dernier exercice Lei	DIVIDENDS payé en 1926	PRODUCTION EN TONNES 1925	1926	1927	
1	1910	Astra Romana	1.350.000.000	1.350.000.000	3.385.564.419	647.787.236	79.103.847	4 %	392.949	632.202	593.828	Contrôlée par Royal-Dutch et Shell.
2	1896	Steaua Romana	866.625.000	866.625.000	3.062.263.778	732.197.916	157.116.869	15 %	319.628	406.404	541.451	51 % roumain, 24,5 % français et 24,5 % Anglais. Nationalisée.
3	1920	Sospiro	700.000.000	700.000.000	1.023.059.818				7.300	21.057	21.375	50 % roumain, 50 % anglais.
4	1920	J. R. D. P.	600.000.000	527.448.175	1.038.496.361	504.758.367	65.991.558	10 %	253.838	179.033	186.008	75 % roumain, 25 % français.
5	1918	Petrol-Block	600.000.000	289.716.775	823.714.528	114.539.826	39.107.698	12 %	*24.809	*32.600	29.495	70 % roumain, 30 % franco-belge-anglais.
6	1918	Redeventza	600.000.000	221.997.800	500.577.821	57.816.800	26.550.289	10 %				75 % roumain 25 % étranger.
7	1920	Creditul Minier	550.000.000	502.750.000	2.279.957.802	195.829.804	421.412.542	50 %	379.249	*608000	*607.044	Roumaine.
8	1904	Romana-Americana	500.000.000	500.000.000	2.214.556.978	648.162.480	27.291.055		220.032	212.752	232.124	Americaine. Standard Oil.
9	1907	Concordia	500.000.000	500.000.000	1.272.919.311	400.048.020	135.617.782	20 %	72.946	72.946	74.018	Contrôlée par un groupe franco-belge-roumain.
10	1920	Prahova	500.000.000	120.000.000	136.886.509	31.552.442	8.030.019	8 %	*13.715	*14.500	10.831	Italien en majorité. Roumain et grec.
11	1905	Colombia	300.000.000	138.000.000	539.314.502	265.520.332	46.975.088		106.733	95.943	133.490	97 % franco-belge. 3 % roumain.
12	1904	Aquila Franco-Romana	300.000.000	300.000.000	538.193.566	255.450.378	30.438.412	13 %	30.849	71.758	43.221	Française.
13	1920	Forajul	300.000.000	168.167.000	382.327.052				344	1.704	1.990	Roumaine.
14	1922	Foraky Romaneasca	300.000.000	105.000.000	354.134.689		47.901					Belge en grande majorité, puis franco-roumain.
15	1920	Generala Petrolifera	300.000.000	60.000.000					765	281		Roumaine.
16	1908	Roumano-Belge de Pétrole	250.000.000	250.000.000	428.695.406	27.585.189			*8.452	*12.600	22.990	Franco-belge. 10 % roumain.
17	1920	Petrolmina	250.000.000	130.000.000	174.772.084	70.255.477	9.556.839	9 %	7.715	38.288	38.080	Majorité Arménien-français. 10 % roumain.
18	1923	Foraj-Lemoine	220.000.000	220.000.000	264.548.346	40.359.125	2.996.257			*20.104		Belgo-franco-roumain.
19	1922	Sondajul	200.000.000	200.000.000	282.681.116		2.996.257		3.621	2.979	12.980	Roumaine.
20	1914	Craiova	200.000.000	164.000.000	366.382.272	32.873.417	Perte		5.288	11.097	32.551	Anglaise.
21	1921	Unirea	200.000.000	100.000.000	1.217.038.176	187.296.800	11.936.428	10 %	25.381	15.669		Anglaise.
22	1925	Sirius	200.000.000	200.000.000	725.079.043	275.701.772	76.431.917	30 %	75.809	317.268	349.879	Franco-belgo-roumain (Petrofina). 55.000 act. à 5 voix sont détenus par l'Etat Roumain. 63.000 act. roumaines. Nationalisée.
23	1916	Cometa	200.000.000	100.000.000	280.635.824	44.873.411	7.207.075	6 %	7.034	13.448	10.399	Grande majorité roumain.
24	1921	Banca Minelor**	200.000.000	125.000.000	287.833.722	78.009.144	23.517.763	12 %		*62.546	*37.010	Roumaine.
25	1925	Soc. Nationala de gaz metan	160.000.000	135.500.000	213.044.527	86.348.210	48.124.930					Roumaine.
26	1920	Romania Petrolifera	150.000.000	111.397.350	177.424.064	94.718.202	16.561.578		13.209	12.766	17.567	Roumaine.
27	1923	Geta	150.000.000	20.000.000	20.255.2				180	170	170	Roumaine.
28	1920	Petrolul Romanesc	122.000.000	56.405.100	195.666.8	30.455.581	18.155.931	25 %	*5.920	*13.998	105.931	Roumaine.

La situation financière des soc[iétés an]onymes roumaines à la fin de 1926.

La provenance de leur cap[ital et] leur production (Suite).

N° courant	Année de fondation	NOM DE LA SOCIÉTÉ	CAPITAL nominal total y compris obligations Lei	CAPITAL réellement versé à la fin de 1926 en actions Lei	TOTAL de l'actif des sociétés d'ap[rès] le dernier [bilan] Lei	BÉNÉFICE brut réalisé dans le dernier exercice Lei	BÉNÉFICE net réalisé dans le dernier exercice Lei	DIVIDENDE payé en 1926	PRODUCTION EN TONNES • 1925	1926	1927	
29	1921	Pallas	110.000.000	60.000.000	167.168	333.333.333	333.333.333					Grande majorité roumain. Puis anglais.
30	1899	Sperantza	100.000.000	27.000.000	67.843	26.214.243	7.005.124 19.444.210	10% 54%				Grande majorité roumain. Puis Standard Oil.
31	1921	Soc. de Petrol « Govora »	100.000.000	85.000.000	140.558	24.448.730	13.984.240	20%	*11.370	6.948	8.778	Roumaine.
32	1926	Société Royale de Pétrole	100.000.000	100.000.000		40.449.927						Roumain 90 % 10 % franç.
33	1922	Minerva	100.000.000	50.000.000	98.295				*8.742	*19.300	9.431	Anglo-franco-roumaine. 30 % roumain.
34	1905	Vega	100.000.000	100.000.000	239.558	37.868.546	12.933.779	10%				Contrôlée par un groupe franco-belgo-roumain. L'Etat Roumain détient 35.000 actions à 4 voix chacune. Les roumains détiennent 27.500 act.. Le reste appart. à Petrofina. Nationalisée.
35	1922	Subsolul Roman	100.000.000	52.252.932	108.350	3.226.216	433.313					Roumaine.
36	1915	Petrol Latina	100.000.000	73.858.000	138.820	14.664.039	50.956				14.723	Grande majorité Italien. Puis roumain.
37	1921	Sondrum	100.000.000	20.000.000	99.380	3.811.309	Perte		389	309	637	Anglaise.
38	1905	Soc de Petrol Roman	100.000.000	30.000.000	32.721	4.194.668			10.800	1.367	31.118	Belgo-français.
39	1921	Petrol-Foraj	100.000.000	20.000.000	40.372	5.006.617	3.686.617		138	865	3.870	Roumaine-franco-belge.
40	1908	Moreni-Ghirdoveni	100.000.000	2.250.000	3.465	1.364.665	Perte	92 %				Roumaine.
41	1908	Petrolul	100.000.000	48.799.480	56.842	5.027.113	229.799		3.822	3.916	5.090	Grande majorité roumain. Puis belge.
42	1926	Gallianaphta	90.000.000	90.000.000	104.787	3.760.157				2.460	9.307	Grande majorité roumain : 90 % puis français.
43	1910	Orion	85.100.000	52.100.000	371.285	223.371.152	21.119.282	35%	81.415	112.636		92 % anglais. 8 % hollandais.
44	1924	Industria Rom. de Gaz Metan	80.000.000	15.000.000	21.838	2.371.340	1.884.517					Grande majorité étranger.
45	1924	Apex	75.000.000	50.000.000	146.641	21.768.603	827.036					Anglaise.
46	1912	Soc. Ungara de Gaz Metan	74.000.000		95.330							Hongroise. Sous séquestre.
47	1921	Geonafta	72.000.000	72.000.000		15.382.795	2.573.939		1.621	4.277	7.537	Belge en grande majorité. Puis français.
48	1926	Starnaphta	70.000.000	70.000.000	91.582	3.144.042						Franco-Roumaine.
49	1920	Campurile Petrolifère Baicoi	60.000.000	22.000.000	26.977	3.659.951	2.707.295	8 %		4.919	12.753	Majorité roumaine. Puis Standard Oil.
50	1920	Unfunca Petrolifera	60.000.000	10.000.000	23.440	2.948.726						Roumaine.
51	1920	Catina	60.000.000	5.000.000					839	1.461	540	Roumaine.
52	1920	Breaza	60.000.000	1.160.000	2.097	8.513	Perte					Roumaine.

La situation financière des sociétés anonymes roumaines à la fin de 1926.

La provenance de leur capital et leur production (Suite).

N° COURANT	ANNÉE de fondation	NOM DE LA SOCIÉTÉ	CAPITAL nominal total y compris obligations Lei	CAPITAL réellement versé à la fin de 1926 en actions Lei	TOTAL de l'actif des sociétés d'après le dernier bilan Lei	BÉNÉFICE brut réalisé dans le dernier exercice Lei	BÉNÉFICE net réalisé dans le dernier exercice Lei	DIVIDENDE payé en 1926	PRODUCTION EN TONNES 1925	1926	1927	
53	1924	Inter Omnium Petrolifer	58.000.000	58.000.000	254.244…	16.724.960	Perte		9.198	6.513	5.088	Grande majorité anglais.
54	1924	Terenurile Petrolifere Romane	55.000.000	55.000.000	57.842…	389.047	Perte		437	3.916	9.458	Grande majorité anglais.
55	1924	Intrep. Petr. I. Grigoresco	50.000.000	50.000.000	122.309…	14.479.275	4.868.419	9 %	239	216	210	Roumaine.
56	1913	Maecs	50.000.000	10.000.000	64.337…		426.033		1.565	4.836	3.905	Anglaise.
57	1922	Petrol Matitza	50.000.000	20.000.000	23.454…				952	380	145	Roumaine.
58	1923	Mina Petrolifera	50.000.000	1.000.000								Roumaine.
59	1922	Ochiuri	50.000.000	1.000.000								Grande majorité roumain. Puis belge.
60	1922	Soarele	30.000.000	30.000.000	36.853…		388.903			1.156	9.223	Roumaine.
61	1922	Petrolifera	30.000.000	3.408.985	4.100…							Roumano-Italienne.
62	1923	Forex	30.000.000	28.766.150	43.375…		Perte		4.294	5.545	1.380	Roumain-suisse-allemande.
63	1924	Lutetia Romana	30.000.000	30.000.000	52.766…	1.146.951			1.991	928	627	Française.
64	1922	Consortiul Petrolului	30.000.000	30.000.000	209.333…							60 % roumain. 40 % hollandais.
65	1924	Buna Sperantza	30.000.000	30.000.000	80.207…	16.772.983	1.455.518					Allemand en grande majorité. Puis roumain.
66	1925	Carmen-Petrol	30.000.000	30.000.000	53.586…	6.438.916	560.412					Roumaine.
67	1926	Ramolea	30.000.000	30.000.000								Belgo-roumaine.
68	1920	Petrolul Bucuresti	25.000.000	25.000.000	83.948…	22.887.075	6.650.544	16 %				Roumano-Italienne.
69	1922	Petrolea	25.000.000	25.000.000	25.000…	929.254	Perte					Roumaine.
70	1922	Hyperion	25.000.000	25.000.000	24.925…	12.424.945	3.124.925	15 %	3.260	4.659	4.616	Roumaine.
71	1922	Apollo	25.000.000	20.000.000	38.209…	10.875.576	4.215.162	25 %	3.594	5.277	6.179	Roumaine.
72	1922	Duplex	25.000.000	12.500.000	8.506…	959.898						Française.
73	1925	Miramar	25.000.000	2.500.000	25.000…	66.188						Roumaine.
74	1923	Renta Petrolifera	25.000.000	25.000.000	22.098…		Perte					Roumain. Puis belge.
75	1921	Alcor	25.000.000	8.000.000	30.946…	914.394	170.288		214	79	541	Roumaine.
76	1925	Medusa	25.000.000	25.000.000	60.308…	10.293.791	Perte					Française.
77	1922	Gallia	22.500.000	22.500.000	33.094…	8.090.490	Perte		50	1.374	853	Suisse.
78	1925	Zana	20.000.000	20.000.000	27.313…	6.457.738			1.533	7.835	6.271	Roumaine.
79	1920	Naphta Romana	20.000.000	20.000.000	4.715…							Roumaine.
80	1922	Triumful	20.000.000	2.000.000	2.612…	650.840	Perte		353	260	250	Franco-roumaine.
81	1910	Romana	20.000.000	1.500.000	193.198…		Perte		5.137	6.837	2.146	Française.
82	1922	Renasterea Romana	15.000.000	15.000.000	3.125…							Roumaine.
83	1922	Veruviul	15.000.000	3.125.000	83.555…		Perte					Anglaise.
84	1924	Vulturul Roman	15.000.000	15.000.000	52.925…		Perte					Roumaine.
85	1920	Pacura Romaneasca	15.000.000	15.000.000	26.860…							Standard Oil.
86	1922	Petrolul Carpatilor	12.000.000	12.000.000	6.430…							65 % roumain. 35 % allemand.
87	1920	Suifobioxid	12.000.000	6.430.000		98.175	Perte					

La situation financière des sociétés anonymes roumaines à la fin de 1926.

La provenance de leur capital et leur production (Suite).

Nº COURANT	ANNÉE de fondation	NOM DE LA SOCIÉTÉ	CAPITAL nominal total y compris obligations Lei	CAPITAL réellement versé à la fin de 1926 en actions Lei	TOTAL de l'actif des sociétés d'après le dernier bilan Lei	BÉNÉFICE brut réalisé dans le dernier exercice Lei	BÉNÉFICE net réalisé dans le dernier exercice Lei	DIVIDENDE payé en 1926	PRODUCTION EN TONNES 1925	1926	1927	
88	1922	Uniunea Petrolifera Romana	10.000.000	10.000.000	10.298.0…	96.940	Perte					Anglaise.
89	1922	Ind. de Petrol Orsova Tileagd	10.000.000	10.000.000	105.488.9…	15.715.563	72.198					Suisse.
90	1922	Stella Petrolifera	10.000.000	10.000.000	11.481.82…		1.150.505		898	522	420	Petroi-Block.
91	1922	Carpatina Petrolifera	10.000.000	10.000.000	14.196.1…		Perte					Roumaine.
92	1908	Apostolache	10.000.000	10.000.000	15.712.1…	3.700.531	609.417					Belgo-français.
93	1926	Carpatii	10.000.000	10.000.000								Roumaine.
94	1924	Solar Romana	10.000.000	9.494.500	14.165.8…	1.846.955	Perte					Grande majorité roumain. Puis anglais.
95	1921	Corsana	10.000.000	7.500.000	10.524.8…	911.666	515.732		4.156	4.072	3.030	Franco-roumaine.
96	1913	Rafinariile Predinger	10.000.000	3.000.000	24.281.8…							Franco-roumaine.
97	1925	Oleonaphta	10.000.000	1.300.000								Roumaine.
98	1926	Petrolul Moldovenesc	7.500.000	7.000.000	12.297.0…		60.124					Roumaine.
99	1926	Moldonaphta	6.000.000	1.000.000	1.264.0…		17.418					Roumaine.
100	1920	Motorul	5.000.000	4.118.000	5.569.0…	762.608	Perte		498	460	150	Roumaine.
101	1921	Morenil	5.000.000	5.000.000	31.763.0…	116.829	Perte					Roumaine.
102	1924	S. I. M. C. O.	5.000.000	5.000.000	16.415.0…	5.410.049	Perte					Roumaine.
103	1923	Gazolina	5.000.000	5.000.000	5.003.0…							Roumaine.
104	1926	Omega	5.000.000	5.000.000	14.501.0…	9.210.262	342.025			2.302	2.438	Franco-roumain. 75 % et 25 %.
105	1926	S. A. Fr. Romana (Prospero)	4.000.000	4.000.000	64.718.1…		1.225.445					Roumain-franco-hollandais. Nat.
106	1922	Photogen	4.000.000	4.000.000	3.867.2…	1.812.129	Perte		763	678	580	Hollandaise.
107	1922	Coroana Romana	3.000.000	2.000.000								Roumaine.
108	1926	Sarmiza	3.000.000	3.000.000	22.413.8…	6.147.306	79.845			636	188	Roumaine.
109	1922	Rafineria de Petrol tg. Mures	2.000.000	1.500.000								Roumane-franco-belge.
110	1922	Petrolina	1.500.000	1.500.000	1.596.0…							Roumaine.
111	1920	Draganeasa	1.200.000	1.200.000	417.488.0…	61.181.077	67.766	6 %				Steaua-romana. Astra-romana et Rom. Americana.
112	1908	Distributia	1.000.000	1.000.000								Roumaine.
113	1926	Telega-Moreni	5.000.000	5.000.000	16.743.8…	11.217.221	387.404	6 %		2.922	5.909	Français 75 % et roumain 25 %.
		Total	14.048.425.000	10.069.070.427	26.834.915.0…	7.431.175.802	1.365.470.868					
		Autres Sociétés ***	135.390.750	65.447.460	23.201.5…	773.061	107.106					
		TOTAL GÉNÉRAL	14.183.815.750	10.134.517.887	26.858.116.0…	7.431.948.863	1.365.577.974					

* Avec les participations.

** En 1927, l'actif des installations pétrolifères du Banca Minelor a été acheté par […] « Romana Africana ».

*** Il existe également 46 sociétés de moindre importance.

Tableau 2.   Les capitaux des principales sociétés pétrolifères et les bénéfices réalisés pendant ces dernières années.

N°	ANNÉE de la fondation	NOM DE LA SOCIÉTÉ	SPÉCIFICATION	1913	1919	1920	1921	1922	1923	1924	1925	1926
				Lei	Lei	Lei	Lei	Lei	Lei	Lei	Lei	Lei
1	1896	Steaua Romana	Capital	100.000.000	[illegible]	100.000.000	310.000.000	310.000.000	465.000.000	585.000.000	686.250.000	866.625.000
			Bénéfice net	7.202.626	[illegible]	50.868.867	143.300.588	180.753.140	141.549.562	140.182.356	161.067.912	157.116.869
2	1899	Sperantza	Capital	1.456.000	[illegible]	1.456.000	8.000.000	6.000.000	18.000.000	36.000.000	100.000.000	100.000.000
			Bénéfice net	1.001.990	[illegible]	5.585.121	7.823.362	19.577.226	29.843.060	17.829.627	20.292.696	19.444.210
3	1900	Colombia	Capital	5.000.000	[illegible]	100.000.000	120.500.000	138.000.000	138.000.000	138.000.000	300.000.000	300.000.000
			Bénéfice net	6.089.047	[illegible]	64.170.689	27.205.626	22.765.268	24.874.141	23.175.205	41.251.530	46.975.068
4	1904	Aquila Franco-Romana	Capital	6.000.000	[illegible]	48.000.000	66.000.000	66.000.000	200.000.000	200.000.000	200.000.000	300.000.000
			Bénéfice net	322.073	[illegible]	2.958.296	7.503.288	5.967.788	10.611.329	20.407.416	12.782.431	30.438.412
5	1904	Romana Americana	Capital		[illegible]	150.000.000	200.000.000	500.000.000	500.000.000	500.000.000	500.000.000	500.000.000
			Bénéfice net		[illegible]	1.956.828	194.457.728	92.057.851	85.114.427	8.542.291	43.203.787	27.291.015
6	1907	Concordia	Capital	12.500.000	[illegible]	40.000.000	80.000.000	141.000.000	245.000.000	490.000.000	500.000.000	500.000.000
			Bénéfice net	663.812	[illegible]	7.118.085	30.932.455	126.096.086	297.525.756	14.966.755	15.134.795	135.617.782
7	1908	Romana Belgiana	Capital	2.000.000	[illegible]	17.500.000	25.000.000	25.000.000	40.000.000	80.000.000	250.000.000	250.000.000
			Bénéfice net	59.974	[illegible]	744.850		4.262.189		8.030.303		
8	1908	Petrolul	Capital	2.800.000	[illegible]	5.000.000	10.000.000	20.000.000	20.000.000	20.000.000	50.000.000	100.000.000
			Bénéfice net	20.974	[illegible]			35.435	48.760	3.007.644	734.760	229.799
9	1909	Astra Romana	Capital	60.000.000	[illegible]	185.000.000	225.000.000	225.000.000	450.000.000	675.000.000	900.000.000	1.350.000.000
			Bénéfice net	6.387.994	[illegible]	118.665.872	242.752.424	443.451.443	583.000.000	373.100.000	118.164.527	79.103.847
10	1910	Orion	Capital	15.000.000	[illegible]	25.100.000	30.100.000	40.990.000	52.100.000	85.000.000	85.100.000	85.000.000
			Bénéfice net	826.781	[illegible]	129.407	172.656	22.334.142		18.679.057	16.051.277	21.768.663
11	1916	Cometa	Capital		[illegible]	10.000.000	20.000.000	35.000.000	35.000.000	100.000.000	200.000.000	200.000.000
			Bénéfice net		[illegible]	5.857.239	6.661.852	6.800.415		842.589	6.815.587	7.207.975
12	1918	Redeventza	Capital		[illegible]	25.000.000	50.000.000	71.000.000	120.000.000	300.000.000	600.000.000	600.000.000
			Bénéfice net		[illegible]	13.855.834	25.931.499	43.693.352	61.205.855	16.782.982	25.058.595	26.550.289
13	1918	Petrol-Block	Capital		[illegible]	80.000.000	80.000.000	140.000.000	200.000.000	400.000.000	600.000.000	600.000.000
			Bénéfice net		[illegible]	27.558.071	46.204.621	56.082.308		50.029.622	45.564.632	39.107.698

Les capitaux des principales sociétés pétrolifères et les bénéfices réalisés pendant ces dernières années *(Suite)*

N°	ANNÉE de la fondation	NOM DE LA SOCIÉTÉ	SPÉCIFICATION	1918	1919	1920	1921	1922	1923	1924	1925	1926
				Lei	Lei	Lei	Lei	Lei	Lei	Lei	Lei	Lei
14	1919	Crediôul Minier............	Capital		25.000.	25.000.000	50.000.000	185.000.000	502.750.000	550.000.000	550.000.000	550.000.000
			Bénéfice net			181.557	11.285.275	33.865.712	162.395.000	173.606.964	334.955.988	421.412.542
15	1920	J. R. D. P...............	Capital		500.	100.000.000	210.000.000	210.000.000	600.000.000	600.000.000	600.000.000	600.000.000
			Bénéfice net				105.407	22.109.439	35.260.000	88.529.928	94.182.569	65.991.558
16	1920	Sospiro..................	Capital			3.000.000	350.000.000	350.000.000	700.000.000	700.000.000	700.000.000	700.000.000
			Bénéfice net									
17	1920	Romania Petrolifera.........	Capital			25.000.000	25.000.000	25.000.000	100.000.000	150.000.000	150.000.000	150.000.000
			Bénéfice net			8.748.021	6.986.492	6.986.492	16.000.000		20.806.476	16.661.578
18	1920	Petroimina................	Capital			25.000.000	25.000.000	53.500.000	53.500.000	80.000.000	130.000.000	250.000.000
			Bénéfice net				824.427	359.035			5.111.636	9.556.839
19	1920	Petrolul Romanesc...........	Capital			37.000.000	37.000.000	37.000.000	37.000.000	37.000.00.	50.000.000	122.000.000
			Bénéfice net						22.020	4.450.124	10.699.177	18.155.981
20	1920	Generala Petrolifera.........	Capital			60.000.000	60.000.000	60.000.000	60.000.000	60.000.000	300.000.000	300.000.000
			Bénéfice net			486.927	1.267.141	1.896.784	2.262.353		335.326	
21	1920	Petrolul Bucuresti..........	Capital			12.000.000	12.000.000	12.000.000	25.000.000	25.000.000	25.000.000	25.000.000
			Bénéfice net					2.830.529	2.773.690	5.507.053	6.002.445	6.650.544
22	1920	Campurile Petrolifere Balcoi.......	Capital			22.000.000	22.000.000	22.000.000	22.000.000	22.000.000	22.000.000	60.000.000
			Bénéfice net				1.066.666	1.066.666	1.496.471	2.390.549	4.556.556	2.707.295
23	1921	Geonafta.................	Capital				12.000.000	12.000.000	12.000.000	48.000.000	72.000.000	72.000.000
			Bénéfice net					305.935	207.026		182.670	2.573.939
24	1921	Pallas...................	Capital				6.000.000	15.000.000	15.000.000	15.000.000	110.000.000	110.000.000
			Bénéfice net				706.300	1.804.316	74.506	1.958.460		7.005.124
25	1921	Societatea de Petrol Govôva.......	Capital				9.250.000	9.250.000	22.500.000	22.500.000	100.000.000	100.000.000
			Bénéfice net							6.059.173	16.948.432	13.984.240
26	1922	Subsolul Roman.............	Capital					10.000.000	10.000.000	100.000.000	100.000.000	100.000.000
			Bénéfice net					105.000	221.712	606.785	1.304.168	438.318

La loi sur les mines vint heureusement mettre fin à cet état de choses.

Pour établir la situation exacte des sociétés pétrolières roumaines, nous avons fait un tableau des sociétés roumaines, avec leur situation financière pour l'année 1926 et leur production respective du pétrole en indiquant aussi la provenance de leur capital (voir tableau n° 1 p. 114 et suivantes).

Ensuite, pour se rendre compte facilement des bénéfices qui ont été réalisés dans l'industrie pétrolière roumaine, depuis la fin de la guerre, nous avons établi également un autre tableau (tableau n° 2, p. 122 et suivantes).

CHAPITRE VI

LE RAFFINAGE DU PÉTROLE

En général, le pétrole sous sa forme naturelle n'est pas susceptible d'être utilisé pour la consommation. Pour le rendre utilisable il doit être raffiné.

Le raffinage a pour objet de retirer du mélange complexe d'hydrocarbures, qui constitue le pétrole brut, les divers produits demandés par l'industrie et le commerce et d'en régler les proportions d'après les demandes des consommateurs.

Le raffinage est basé sur la distillation du pétrole brut, plus ou moins poussée à de certaines températures, afin d'obtenir l'essence légère et l'essence lourde, le pétrole lampant, le gaz-oil et le résidu. Ce sont les produits obtenus à la première distillation.

La distillation peut être discontinue ou continue.

Lorsque l'opération de distillation se fait du commencement jusqu'à la fin dans la même chaudière, elle est appelée « discontinue ». Cette méthode, qui

est la plus ancienne, est la plus coûteuse en combustibles et donne, en même temps, de très grandes
pertes de substances. Elle est de moins en moins
employée.

Quand la distillation se fait dans une série de
chaudières placées en cascade — afin que le liquide
puisse descendre de l'une à l'autre — et chauffées
à des températures variées, mais constantes, qui
vont en croissant, depuis la chaudière supérieure où
arrive le pétrole brut jusqu'à la plus basse d'où on
extrait le résidu, la distillation est appelée « continue ». De cette manière, le pétrole brut en arrivant
dans la première chaudière dégage en vapeurs les
parties légères qu'il renferme ; le restant du liquide
passe dans la chaudière suivante où se distillent les
parties plus lourdes, ainsi de suite jusqu'à la dernière chaudière. Les vapeurs d'hydrocarbure provenant de chaque chaudière sont recueillies dans
différents vases refroidis où elles se liquéfient, formant
divers produits.

Par exemple, les vapeurs de la première chaudière donneront l'essence légère, celles de la suivante le lampant, etc.

Le résidu — mazout — demeurant après la distillation, sert comme combustible, surtout à la
chauffe des chaudières des navires ou des locomotives, à moins qu'on ne le distille à nouveau dans le
but d'obtenir des huiles lubrifiantes ou de la paraffine.

Les produits obtenus à la première distillation,
particulièrement l'essence et le lampant, sont soumis, avant d'être mis dans le commerce, à une

seconde opération, qui est le raffinage proprement dit, pour éloigner les carbures d'hydrogène insolubles. Cette opération se fait d'ordinaire à l'aide d'acide sulfurique.

Comme il n'y a pas au monde deux bassins pétrolifères, pouvant donner des huiles de composition chimique identique et fournir le même rendement au raffinage, il est naturel que les pétroles bruts soient de qualités différentes. La valeur marchande du pétrole brut est en raison directe de la quantité de substances légères qu'il contient. C'est pour cela que certains pétroles sont plus recherchés que d'autres.

Dans le commerce les pétroles bruts sont connus sous le nom de la région d'où ils proviennent, les gisements de chaque région fournissent, en effet, un pétrole brut dont les qualités sont à peu près semblables.

En Roumanie, il existe plusieurs types de pétrole. Les plus connus et les plus cotés sur le marché pétrolière, sont le type « Bustenari » et le type « Moreni ».

Voici la moyenne annuelle des prix, en livres sterlings, par wagon de pétrole brut pris au chantier, pendant la période de 1921 à 1926 inclus, d'après le *Moniteur du Pétrole roumain* :

ANNÉES	PROVENANCE DU PÉTROLE BRUT	MOYENNE ANNUELLE EN LIVRES STERLING
1921	Bustenari	28.6
	Moreni	26
1922	Bustenari	24
	Moreni	22
1923	Bustenari	27.1
	Moreni	23
1924	Bustenari	30.19
	Moreni	27.1
1925	Bustenari	26.3
	Moreni	22.9
1926	Bustenari	23.2
	Moreni	18.19

Comme on le voit la différence des prix entre ces deux types de pétrole — Bustenari et Moreni — est assez sensible à cause de leurs qualités différentes, mais ils ont malgré cela une composition chimique plus ou moins analogue, de sorte qu'avec les autres types roumains, ils forment la « classe du pétrole roumain ».

Afin de mieux se rendre compte des qualités commerciales du pétrole roumain, nous avons établi, d'après les statistiques officielles, un tableau pour une période de huit années du rendement des produits obtenus, à la première distillation, de tout le pétrole traité :

Tableau du rendement moyen des produits obtenus à la première distillation du pétrole roumain dans les raffineries du pays pendant la période 1919-1927.

ANNÉES	PÉTROLE BRUT employé à la fabrication en tonnes	PRODUITS OBTENUS A LA PREMIÈRE DISTILLATION										PERTES	TOTAL %
		ESSENCES		LAMPANT		HUILES		RÉSIDUS		TOTAL DES PRODUITS obtenus			
		en tonnes	% du total	en tonnes	% du total	en tonnes	% du total	en tonnes	% du total	en tonnes	% du total		
1919	751,462	155,072	20.6	157·958	21,0	56.334	7.5	364.702	48.6	734.066	97.7	2.3	100
1920	988.326	212,232	21.5	196.922	19.9	80.280	8.1	473.328	47.9	962.762	97.4	2.6	100
1921	1.046.992	244,889	23.4	187.408	17.9	93.219	8.9	498.901	47.6	1.024.417	97.8	2.2	100
1922	1.212.823	285,097	23.5	214.473	17.7	112.968	9.3	573.468	47.3	1.186.006	97.8	2.2	100
1923	1.337,224	300,847	22.5	213.906	16,0	126.103	9.4	667.535	49.9	1.307.691	97.8	2.2	100
1924	1.644,144	363,177	22.1	277.531	16,9	150.366	9.1	814.153	49.5	1.605.227	97.6	2.4	100
1925	2.151.149	497,545	23.1	365.033	17,0	211.888	9.9	1.036.723	48.2	2.111.189	98.2	1.8	100
1926	3.089.777	749,963	24.3	511.077	16.5	291.963	9.5	1.478.425	47.9	3.031.428	98.2	1.8	100
1927	3.533.346	840.840	23.8	574.170	16.3	319.009	9.0	1.722.194	48.7	3.455.713	97.8	2.2	100
Total.	15.755.243	3.649.162	23.2	2.697.778	17.1	1.442.130	9.2	7.629.429	48.4	15.418.499	97.9	2.1	100

Dans ce tableau, le pourcentage de chaque produit par rapport à la totalité du pétrole employé à la fabrication, a été indiqué par année ; ensuite nous donnons ci-dessous la moyenne du rendement pour l'entière période, c'est-à-dire neuf ans, cette moyenne représente les qualités économiques spécifiques du pétrole roumain, avant que les nouvelles méthodes de cracking soient employées.

Essences	23.2 %
Lampant	17.1 %
Huiles	9.2 %
Résidus	48.4 %
Pertes	2.1 %
Total	100

La comparaison avec le rendement moyen des pétroles fournis par les autres pays pétrolifères n'est pas défavorable au pétrole roumain, qui se caractérise par sa richesse en benzine. Voici un aperçu de quelques rendements moyens (1) de produits obtenus à la première distillation dans différents pays :

PAYS	BENZINE	LAMPANT ET HUILES	RÉSIDUS ET PERTES
Roumanie	23. 2 %	26.3 %	50.5 %
Russie	5 »	40 »	55 »
Pologne	5 »	45 »	50 »
Etats-Unis { Pensylvanie	15 »	50 »	35 »
(Illinois	10 »	55 »	35 »

(1) Voir les *Forces Economiques de la Roumanie en 1926*, p. 55.

L'Essence. — De tous les produits pétrolifères, l'essence est le plus recherché à cause de ses multiples emplois et surtout parce qu'il constitue — au moins jusqu'à ce jour — le carburant sans rival pour les moteurs d'avion et d'automobile.

Dans le commerce ce produit est vendu sous deux formes : l'essence légère, dont le prix est le plus élevé, ayant une densité de 0,710 à 0,730 et l'essence lourde, utilisée surtout dans les moteurs à explosion, d'une densité de 0,740 à 0,784.

Les pétroles roumains les plus riches en essence sont les suivants :

PROVENANCE	SOCIÉTÉS	N° de Sonde	PROFONDEUR en mètres	ESSENCE		TOTAL % gr.
				légère	lourde	
Gura-Ocnitzei..	Sirius	12	453	26.8	5.8	32.6
Bustenari-Bordeni	Aquila-Franco-Roumana	61	—	25.5	5.2	30.7
» -Grausor.	Concordia	125	253	21.8	5.0	26.8
» -Misliciora	Steaua Romana	218	283	20.8	4.8	25.6
» -Gropi ...	Colombia	80	479	20.4	6.7	27.1
» -Runcu ..	Romano-Belge	52	545	20.3	4.6	24.9
Moldavie-Câmpeni	Italo-Romana	18	239	21.0	7.2	28.2
» -Tetzcani	Expl. Roseti-Tetzcani	16	—	20.4	6.7	24.9
Moreni-Bana....	Astra Romana	38	—	19.7	16.3	36.0

Le Lampant. — Le lampant est la substance obtenue en second lieu après les essences, à la distillation, ayant une densité de 0,810 à 0,830. Le lampant sert à l'éclairage, il donne une flamme claire, sans dégager à la température ordinaire des vapeurs inflammables.

Les pétroles roumains qui produisent le lampant,

dans la plus grande quantité, en rapport avec les autres produits, sont les suivants :

PROVENANCE	SOCIÉTÉS	NUMÉRO de sonde	PROFONDEUR en mètres	LAMPANT % gr.	RÉSIDUS % gr.
Moldavie-Câmpeni.....	Italo-Româna	10	168	58.1	10.7
Moldavie-Tetzcani.....	Expl. Roseti Tetzcani..	16		40.6	29.8
Arbanasi	Steaua Romana	89		54.1	33.4
Bustenari-Runcu	Romano-Belge	52	545	37.4	35.7

La Motorine ou Gaz-oïl. — Ce troisième produit, distillé après le lampant, a une densité de 0,850 à 0,885 (1). Il est moins volatile que les essences ou le lampant, mais susceptible néanmoins de brûler rapidement, sans déchets, dans des atmosphères d'air comprimé. On s'en sert comme carburant dans les moteurs Diesel ou semi-Diesel, dont l'emploi industriel en Roumanie est, de plus en plus, répandu.

Le Mazout ou le Résidu. — Ce produit est la masse noire qui reste après la première distillation du pétrole et qui contient des hydrocarbures lourds et difficilement volatiles. Il est employé (2) au chauffage des chaudières de navire et de locomotives, remplaçant ainsi, très avantageusement d'ailleurs, le bois et le charbon.

---

(1) Lorsque le pétrole contient du lampant distillé au-dessus d'une température de 300 c. le gaz-oïl n'est plus obtenu.

(2) Son emploi dans l'industrie comme carburant n'est pas toujours recommandable, parce qu'il est plus coûteux que le charbon.

D'après Kissling, il présente, en général, les avantages suivants sur les autres carburants :

a) Puissance de chauffage plus grande. Il donne entre 9.500 et 11.500 calories, donc une moyenne de 10.500 calories, tandis que la valeur calorique du charbon supérieur est de 7.000 à 8.000 calories.

b) Son emploi est beaucoup plus simple et nécessite très peu de main-d'œuvre. Un chauffeur et son aide peuvent servir huit chaudières à vapeur.

c) Il présente une très grande économie d'espace, ce qui est un avantage assez important pour les navires et les chemins de fer.

d) Il ne produit ni cendres, ni fumée, ni étincelles.

e) Son emploi ne donne pas de gaspillage, tandis qu'avec le charbon on a toujours une assez grande perte.

f) Il présente une uniformité et une inaltérabilité dans le chauffage, ce qu'on ne peut jamais obtenir du charbon, qui donne de ce fait une forte perte de chaleur, tandis que l'effet calorique du chauffage au mazout est de 90 p. 100.

g) Enfin, il donne un chauffage élevé des chaudières avec une bonne utilisation de combustible, ce qui est impossible avec le charbon ou le bois.

Le Craking. — Comme les pétroles roumains contiennent une assez grande quantité de mazout — 48,4 p. 100 — donc un produit de peu de valeur, très difficile à exporter (1), comme, d'autre part, il ne

---

(1) Le mazout roumain, à cause de sa viscosité est moins recherché que le mazout russe comme combustible de soute.

peut pas être entièrement traité en huiles lubrifiantes, ni en paraffine, on a pensé à le transformer, par la nouvelle méthode de craquage, en produits légers, qui sont beaucoup plus chers et très facilement exportables.

Par le « craking », on comprend la transformation chimique, sous l'influence de la chaleur et sous une haute pression, d'hydrocarbures d'une gravité spécifique supérieure et d'un point d'ébullition élevé en hydrocarbures d'une gravité spécifique inférieure et d'un point d'ébullition inférieur.

Donc, si par les procédés de distillation courants on peut seulement extraire du pétrole brut ses divers constituants, par le craquage on peut modifier, au gré des raffineurs — ce qui est très intéressant — la proportion de ces différents produits.

Les premiers résultats obtenus par le craquage du mazout roumain par le système Dubbs à la raffinerie de la société Colombia à Cernavoda — la première raffinerie en Roumanie qui ait été pourvue d'une installation de craking — sont les suivants :

Essence	42 %
Gaz-oïl	13 %
Coke	27 %
Gaz et pertes	18 %
Total	100 gr.

Au début, la quantité de mazout traité, par jour, était de 65 tonnes et d'une densité de 0,942, par conséquent un mazout ordinaire des plus lourds.

Bien entendu, ces résultats obtenus sont loin

d'être les meilleurs, mais en Roumanie le craking n'est pas encore mis au point. Lorsqu'il sera bien étudié pour s'adapter le mieux possible aux pétroles roumains, on obtiendra certainement une quantité plus grande d'essence.

Il est question notamment (1) que les raffineurs ne produisent pas, à la première distillation, du gaz-oïl, mais seulement de l'essence et du lampant, et de passer ensuite à l'opération du craking : le résidu, qui sera d'une densité plus faible est, bien entendu, d'une quantité plus grande que le résidu ordinaire. On pourra alors obtenir un rendement total moyen d'essences de 50 à 55 p. 100, y compris les essences obtenues à la première distillation.

On obtiendra aussi une plus grande quantité de gaz-oïl et à peu près 15 p. 100 de coke sur le total de pétrole brut traité. Malheureusement, le coke de pétrole, n'est pas assez dur pour être employé dans la métallurgie, mais comme il ne produit ni déchets, ni cendres et que, de plus, c'est un charbon très pur et ne contenant pas de matières volatiles, c'est un combustible idéal pour les usages domestiques ou pour les gazogènes. On l'emploie aussi en quantités réduites pour les usages industriels comme pour la fabrication des électrodes et des balais de charbon de dynamo.

Les gaz produits par le craking servent de combustibles à l'usine même.

L'essence obtenue par le procédé de craking a une densité de 0,756 et ressemble beaucoup à l'es-

---

(1) Voir la *Revue Pétrolifère* n° 204 du 29 janvier 1921.

sence américaine du premier jet. Comme les pétroles étrangers, surtout les américains, produisent parfois, dans les moteurs au moment de leur combustion des ondes explosibles, qui ont, pour ceux-ci, des effets nuisibles — appelés « phénomènes détonants » — l'essence obtenue par le craking se vend en Amérique à des prix plus élevés parce qu'elle ne produit plus de pareils effets (1).

Il n'en est pas de même avec les essences roumaines. En effet, l'essence obtenue du pétrole roumain à la première distillation ne présente jamais de « phénomènes détonants ». Elle contient, en effet, d'une part, dans une assez grande proportion, des « hydrocarbures aromatiques », qui sont des anti-détonants naturels, et, d'autre part, elles distillent dans des limites de température beaucoup plus restreintes que les essences de craking. En d'autres termes, cette essence est plus uniforme et présente de très grands avantages pour la combustion dans les moteurs à explosion (2). C'est à cause de ces qualités, d'une grande valeur, que l'essence naturelle roumaine est, en général, supérieure et doit se vendre à des prix meilleurs que l'essence obtenue par le procédé du craking.

Les Raffineries. — Avant la guerre existaient en Roumanie soixante trois raffineries d'une capacité totale de distillation de 4.593.474 tonnes de pétrole.

---

(1) Dr. G. EGLOFF et Dr. V. HENNY. *Le craking du pétrole et des produits de pétrole. Moniteur du Pétrole Roumain,* n° 9, 1927, p. 828.

(2) G. GANE. *Le rôle de la chimie dans le perfectionnement des procédés de fabrication. Moniteur du Pétrole Roumain,* n° 14, 1927, p. 1383.

La plupart de ces raffineries, c'est-à-dire cinquante-trois, n'étaient pas importantes ; les autres — une dizaine — toutes appartenant aux étrangers, pouvaient ensemble traiter à elles seules 3.813.000 tonnes.

En 1916, pendant la retraite, plusieurs d'entre elles furent en grande partie détruites. Depuis, grâce aux efforts déployés par les sociétés roumaines, elles ont été restaurées et même la capacité de distillation de quelques-unes est beaucoup plus forte maintenant qu'avant la guerre.

A la fin de 1926, la capacité annuelle de distillation du pétrole brut de toutes les raffineries existant en Roumanie s'élevait à 4.685.000 tonnes, mais elles n'ont traité que 3.089.777 tonnes, soit 66 p. 100 de leur capacité totale.

Aujourd'hui, en raison de la création de nouvelles raffineries en 1926 et au début de 1927 et à cause des travaux d'agrandissement de celles déjà existantes, la capacité de traitement des raffineries roumaines dépasse 5.000.000 de tonnes par an.

Parmi elles, trente-deux raffineries, les plus importantes, grâce à leurs installations spéciales, peuvent :

a) Raffiner 4.250.000 tonnes de pétrole distillé ;
b) Rectifier 2.500.000 tonnes de benzine brute ;
c) Transformer en huiles 560.000 tonnes de résidus.

Ces trente-deux raffineries, en 1926, ont traité, en tout, une quantité de 3.064.224 tonnes de pétrole brut, soit 99,1 p. 100 de l'entière quantité de pétrole employé à la distillation dans toutes les raffineries du pays.

Toutes les grandes sociétés ont leur raffinerie où elles distillent le pétrole fourni par leurs chantiers. La plus importante raffinerie, en 1916, était la « Steaua Romana » à Câmpina, d'une capacité de distillation de 851.000 tonnes par an. Elle était la plus grande raffinerie d'Europe et cotée la troisième du monde. En 1926, elle n'a plus qu'une capacité de traitement de 510.000 tonnes.

Depuis 1921, la quantité de pétrole brut livré aux raffineries pour être distillé augmente chaque année, par rapport à la production du pétrole, ce qui est un très bon signe. Nous donnons d'ailleurs ci-dessous un tableau édifiant, établi pour la période de 1919 à 1927 inclus, en comparaison avec l'année 1913, quand fut atteint le record d'avant-guerre :|

ANNÉES	PRODUCTION TOTALE en tonnes	LIVRÉ AUX RAFFINERIES tonnes	PROPORTION %
1913	1.847.875	1,778.245	96.2
1919	855.542	754.462	89.2
1920	1.108.924	988.326	89.1
1921	1.168,414	1.046.780	89.6
1922	1.372.905	1.212.823	88.3
1923	1.509.804	1.337,224	88.5
1924	1.851.303	1.644.144	88.8
1925	2.316.979	2.151.149	92.8
1926	3.244.415	3.089.777	95.2
1927	3.661.000	3.533.346	96.5

En 1927, la quantité de pétrole brut employé dans les raffineries roumaines, pour être distillé, a été de 96,5 p. 100 sur tout le pétrole produit, ce qui est la plus grande proportion atteinte, jusqu'à ce jour, en Roumanie.

Il faut ajouter que les grandes raffineries ont aussi des usines de gazolinage pour récupérer, sous forme liquide — la gazoline — les grandes quantités d'hydrocarbures légers qui contiennent les gaz de pétrole dégagés par les sondes.

La gazoline mélangée à des hydrocarbures plus lourds, obtenus au traitement du pétrole dans les raffineries, donne des essences légères d'une assez bonne qualité.

La quantité de gazoline contenue dans un mètre cube de gaz, qui peut être récupérée à l'aide des meilleurs procédés, varie entre 50 et 300 grammes, donc, d'après les calculs faits par l'ingénieur chimiste G. Gane, les gaz de pétrole peuvent donner, s'ils sont tous récupérés, une quantité de 135.000 tonnes de gazoline par année.

En Amérique, déjà en 1926, 11 p. 100 de toutes les essences obtenues ont été retirées des gaz naturels ; il est donc facile de se rendre compte combien est intéressante pour la Roumanie la récupération de la gazoline des gaz de sondes.

Mais cette question sera traitée d'une manière plus étendue dans un autre chapitre.

Le transport du pétrole et de ses dérivés. — Le transport du pétrole et de ses dérivés nécessaires à la consommation intérieure est fait dans des wagons-citernes, qui utilisent les voies de chemins de fer. Bien entendu, après la guerre, à cause de la destruc tion et de la désorganisation des chemins de fer, le transport du pétrole était tout à fait insignifiant.

Mais, même avant la guerre, quand toutes les voies de communication roumaines étaient en bon état, il était impossible de faire face à toutes les demandes de transports pétrolières, surtout durant la saison des moissons.

C'est pour cela que l'Etat a construit un réseau de conduites, qui devait être destiné d'abord au transport du pétrole et du lampant pour l'exportation et, ensuite, a été complété par une conduite destinée à approvisionner la capitale.

Grâce à ces conduites l'Etat est arrivé, d'une part, à décongestionner les voies de chemins de fer, pour le transport des céréales, et, d'autre part, l'Etat s'est assuré bien avant la loi de 1924 le contrôle de l'industrie pétrolière, parce que :

« ... qui transporte une marchandise la contrôle et en est le maître dans une certaine mesure, puisqu'il est l'intermédiaire indispensable pour ceux qui veulent se la procurer. Survienne quelque difficulté, le transporteur, selon qu'il continue ou non son office, dispose de l'approvisionnement du marché ou le supprime, à son gré » (1).

Donc, par ce contrôle, l'Etat a empêché la formation, en Roumanie, de trusts semblables à ceux d'Amérique, qui auraient pu monopoliser à leur gré l'entière industrie pétrolière roumaine.

Les conduites construites par l'Etat sont les suivantes :

---

(1) Louis LE PAGE. *L'Impérialisme du pétrole*, Paris 1924, p. 16.

1o La grande conduite de lampant, qui part de Baicoi, ayant une liaison avec Câmpina, suit le trajet de Ploesti-Buzau, a un diamètre de 229 millimètres, et de Buzau elle continue, avec un diamètre agrandi — 254 millimètres — par Cernavoda jusqu'au port de Constantza, à la Mer Noire. Elle a une longueur de 320 kilomètres et un débit de 120 wagons par jour.

2o Une conduite qui part de Baicoi — toujours en liaison avec Câmpina — par Ploesti et Bucarest et va jusqu'au port de Giurgiu, sur le Danube. D'un diamètre de 127 millimètres et d'une longueur de 180 kilomètres, elle sert à transporter les produits noirs avec un débit journalier de cinquante wagons.

3o Une troisième conduite, identique à la seconde, suivant le même trajet jusqu'au Giurgiu, est destinée au transport des produits blancs, ayant le même débit journalier.

4o Enfin, une conduite d'un diamètre de 127 millimètres et d'une longueur de 80 kilomètres, qui part de la même région, pour aboutir à Bucarest et sert à l'approvisionnement de la capitale et de ses industries d'alentour.

La longueur totale de ces quatre conduites appartenant à l'Etat est de 760 kilomètres et peuvent assurer le transport de plus d'un million de tonnes de produits pétrolières par an.

Des pompes puissantes sont installées pour la réception, le transport et la livraison du lampant et des produits noirs dans les stations de Baicoi, Ploesti, Palas, Constantza et Giurgiu. Dans les autres stations le service des pompes est moins important.

La capacité des réservoirs dont disposent les conduites de l'Etat dans ces stations était en septembre 1925 de 86.200 mètres cubes, répartis comme suit (1) :

						Mètres ³
Baicoi	11	Réservoirs d'une capacité de				17.600
Ploesti(pont béton).	8	»	»	»	»	10.240
Ploesti-Teleajen	8	»	»	»	»	21.200
Buzeu	3	»	»	»	»	4.800
Hagieni	2	»	»	»	»	3.200
Cernavoda	3	»	»	»	»	4.800
Palas	6	»	»	»	»	18.000
Giurgiu	10	»	»	»	»	6.360
Total	53	»	»	»	»	86.200

Dans le port de Constantza, où aboutit la grande conduite de lampant et par lequel plus de 75 p. 100 du pétrole roumain, destiné à l'exportation doit passer, l'Etat possède également une quarantaine de grands réservoirs qu'il a loués, avant la gue.re, pour une période de vingt-cinq ans, aux grandes sociétés pétrolières, qui les utilisent comme dépôts de leurs produits. La capacité de ces réservoirs dépasse 200.000 mètres cubes.

A Médéa — tout près de Constantza — les sociétés Steaua Romana, Astra Romana, Romana Américana et l'Aquila Franco-Romana, ont plusieurs grands réservoirs, d'une capacité totale qui dépasse 150.000 mètres cubes et des stations de pompes

---

(1) Ing. Virgil Tohociano. *Considérations générales sur les conduites de pétrole de l'Etat.* Moniteur du Pétrole roumain n° 19 de Septembre 1925.

leur appartenant pour le chargement des produits pétrolifères dans les bateaux.

La capacité de transport des quatre conduites de l'Etat a été suffisante tant que la production et le raffinage du pétrole ont été inférieurs à 3.000.000 de tonnes par an, mais aujourd'hui, à cause de l'augmentation de la production et du raffinage, le problème de nouvelles constructions de conduites se pose sérieusement pour arriver à faire face aux exigences de cette augmentation.

D'ailleurs, pour remédier à cet état de choses, l'Etat, d'un commun accord avec l'Association des Industriels du Pétrole, a établi un projet pour la création d'une grande société, qui prendra probablement le nom de « Société des Grandes Conduites » et qui sera destinée à administrer et à développer le réseau des conduites pour le transport du pétrole brut et de ses dérivés, des centres pétrolifères jusqu'à la Mer Noire et au Danube. Cette société, qui aidera dans une grande mesure l'industrie pétrolière, en avantageant aussi l'économie générale, — et dont la constitution doit être approuvée prochainement par l'Etat, pour mettre ces projets à exécution, — a l'intention de commencer son activité par la construction d'une grande conduite pour le transport de l'essence provenant des grandes raffineries du district de Prahova au port de Constantza et destinée à l'exportation.

Les grandes sociétés possèdent également des réseaux étendus de conduites, qui relient leurs raffineries à leurs dépôts et aux stations de chargement des chemins de fer. Quelques sociétés ont même des conduites reliant leurs raffineries aux stations de pompes « Baicoi-Câmpina-Ploesti », appartenant à l'Etat.

La société « le Crédit Minier » a terminé, en 1926, la construction d'une conduite spéciale de Moreni à Baicoi, d'une longueur d'environ 20 kilomètres, destinée au transport de la gazoline produite dans ses usines de débenzinage, de Moreni à sa raffinerie. C'est la première conduite de ce genre en Europe.

La longueur totale de toutes ces conduites particulières dépasse 2.000 kilomètres.

De plus, les grandes entreprises pétrolières possèdent chacune un grand parc de wagons-citernes. En 1916, plus de 3.000 wagons-citernes leur appartenaient, ce chiffre est de beaucoup dépassé aujourd'hui.

Les wagons-citernes servent surtout au transport du pétrole et de ses dérivés dans l'intérieur du pays et comme complément des trains pétroliers organisés par l'Etat.

Journellement, neuf trains transportent les dérivés du pétrole à Constantza et trois trains sont dirigés vers Giurgiu.

CHAPITRE VII

CONSOMMATION DES PRODUITS PÉTROLIFÈRES

La consommation du pays des divers produits pétrolifères s'est accrue sensiblement ces derniers temps, à cause de l'agrandissement du pays et des besoins d'une population deux fois et demie plus grande.

C'est en 1927 que la plus grande consommation intérieure a été faite. Elle présente, par rapport à celle de 1926, une augmentation de 75.828 tonnes, c'est-à-dire une plus-value de 4 p. 100. La consommation de 1926 marque à son tour une augmentation sur celle de 1925 de 173.185 tonnes, donc une plus-value de 15,4 p. 100. D'ailleurs, comme on peut le voir dans le tableau (page 148), depuis 1920, la consommation intérieure marque chaque année une augmentation sensible sur l'année précédente.

Cette augmentation a une très grande importance économique et sociale. Par elle, on peut se rendre compte facilement du progrès que l'industrie et la population roumaine ont pu marquer, dans une certaine période de temps, étant donné que l'intensification de la consommation des produits pétrolifères, par habitant, est un indice notoire des progrès réalisés dans un pays déterminé.

En Roumanie, la consommation des divers pro-

La consommation intérieure des produits pétrolifères en 1913 et de 1919 à 1927 inclus

ANNÉES	BENZINE		LAMPANT		HUILES MIN. ET GAZ OIL		PARAFFINE Tonnes	RÉSIDUS		COMBUSTIBLES aux raffineries		TOTAL	
	Tonnes	% du total produit	Tonnes	% du total produit	Tonnes	% du total produit		Tonnes	% du total produit	Tonnes	% du total produit	Tonnes	% du total produit
1913	30.131	7.1	51.396	12.2	33.725	69.1	1.425	560.492	61.8	135.728	14.9	812.897	46.3
1919	41.267	26.6	51.470	32.6	39.950	70.9	949	263.857	72.3	74.181	20.3	471.674	64.2
1920	42.840	20.2	64.421	32.7	58.506	72.9	621	269.127	56.8	117.892	24.9	553.407	57.5
1921	51.469	21.0	70.660	37.7	76.827	82.4	1.087	332.143	66.6	122.104	24.5	654.290	63.9
1922	74.956	26.3	88.746	41.4	124.572	110.3	1.582	394.686	68.8	145.567	25.4	830.109	70.0
1923	87.590	29.1	97.359	45.6	116.382	92.3	1.609	462.854	69.3	135.941	20.4	901.735	68.9
1924	83.456	23.0	103.369	37.2	101.626	67.6	1.812	527.104	64.7	152.650	18.7	970.017	60.4
1925	76.528	15.4	118.319	33.2	112.207	54.6	1.220	623.364	60.4	187.826	18.1	1.119.464	53.4
1926	72.112	9.6	138.520	27.1	105.693	36.2	1.775	724.802	49.0	249.747	16.9	1.292.649	42.6
1927	87.811	10.4	145.559	25.4	146.489	45.9	3.107	721.225	41.9	264.286	15.3	1.368.477	39.6

duits pétrolifères pour les dernières années en comparaison avec l'année 1913 est la suivante (1) :

PRODUITS	CONSOMMATION EN Kg PAR HABITANT						
	1913	1922	1923	1924	1925	1926	1927
Benzine	4.2	4	5.2	4.9	4.4	4.1	4.7
Lampant.............	6.8	5.3	5.8	6	6.9	8	8.1
Huiles	4.4	1.7	1.9	1.7	2.1	2.1	2.1
Motorine		5.7	5	4.3	4.4	4	6.9
Résidus, pour industrie.	74.6	23.8	27.5	31	36.2	42	40.2

En 1913, la consommation de mazout faite par les chemins de fer était considérable. Ils employaient ce combustible dans une très grande mesure et, de ce fait, le coefficient par habitant était extrêmement élevé. Après la guerre, le mazout est toujours recherché par les chemins de fer, au fur et à mesure de leur réorganisation, mais le rapport n'est plus le même, étant donné qu'en Transylvanie la plupart des trains sont toujours chauffés au charbon et que, d'autre part, la population du pays est deux fois et demie plus grande que celle d'avant-guerre. En échange, la consommation du lampant tend fortement à augmenter, ce qui indique que la population du pays commence à comprendre la grande utilité que présente ce moyen d'éclairage, en comparaison avec les autres systèmes plus rudimentaires. Nous croyons que cette tendance s'affirmera davantage

---

(1) Voir Dr. Tiberiu STEFANESCO. *Consideratiuni asupra consumului de petrol in Romania.* Bulletin Economique Roumain 1928.

jusqu'au jour où les grands projets d'électrification du pays seront réalisés. Mais, actuellement, la consommation de lampant par habitant en Roumanie est une des plus grandes en Europe, comme le tableau suivant l'indique :

Pays	en 1922	en 1924	en 1926
Angleterre	13.1	5.5	-
Allemagne	11.6	3	-
France	8.4	7	-
Roumanie	6.8	6	8
Italie	3.4	2.9	-
Tchécoslovaquie	-	4.3	-
Autriche	-	3.2	-
Pologne	-	3.7	-

En ce qui concerne les huiles et les gaz oïl, l'augmentation de la consommation est également importante. En 1913, chaque habitant n'en consommait que 4 kgs 400 par an, tandis qu'en 1927, il en consomme plus de 9 kilogrammes. En 1927, la consommation de la benzine est également plus grande qu'en 1913 et tend fortement à augmenter.

En général, la Roumanie est, après l'Angleterre et la Hollande, le plus grand consommateur en Europe des produits pétrolifères, comme on peut le voir dans le tableau suivant :

Consommation des produits pétrolifères par habitant en 1924

Etats-Unis	891 kgs
Cuba	304 »
Canada	260 »
Chili	186 »
Argentine	148 »
Angleterre	127 »
Mexico	98 »

Hollande .... 97 kgs
Nouvelle Zélande .... 64 »
Roumanie .... 48 »
Belgique .... 43 »
Russie .... 39 »
France .... 30 »
Italie .... 16 »
Allemagne .... 13 »
Autriche .... 12 »

La nouvelle Roumanie occupe, dans ce tableau comparatif, une meilleure place que celle prise par des pays plus avancés qu'elle dans toutes les activités économiques et sociales, grâce à la consommation considérable qu'elle fait du mazout pour ses moyens de transport, tant terrestres que maritimes et fluviaux.

Les chemins de fer, en effet, ont employé en 1925, pour leurs besoins, 271.284 tonnes de mazout, soit 11,7 p. 100 de la production totale du pétrole brut pour la même année et 295.804 tonnes, soit 9,1 p. 100 en 1926. Cette consommation tend à augmenter de jour en jour.

Par contre, la consommation du mazout, dans les raffineries, commence à diminuer, du fait que plusieurs raffineries — entr'autres « Steaua Romana et Unirea » — utilisent, en partie, depuis quelque temps, comme combustible, à la place de mazout, des gaz de sondes préalablement dégazolinisés. Ces gaz sont amenés des chantiers de production aux raffineries, par des conduites spéciales.

En 1927, la quantité de mazout consommé comme

Exportation des produits pétrolifères

ANNÉES	PÉTROLE BRUT		BENZINE		LAMPANT		RÉSIDUS (1) ET GAZ OIL		HUILES		TOTAL	
	Tonnes	%	Tonnes	%	Tonnes	%	Tonnes	%	Tonnes	%	Tonnes	%
1913	28.622	2.8	237.168	22.9	418.622	40.4	341.192	33.0	9.543	0.9	1.035.147	100
1919	3.600	9.2	2.298	5.9	26.281	67.5	3.100	8.0	3.668	9.4	38.947	100
1920	3.500	1.4	54.325	22.0	148.425	60.1	24.186	9.8	16.561	6.7	246.997	100
1921	15.511	4.3	145.117	40.1	172.318	47.6	15.211	4.2	13.938	3.8	362.095	100
1922			128.971	30.0	270.028	62.8	13.945	3.2	17.282	4.0	430.226	100
1923	925	0.2	144.932	37.8	192.944	50.2	30.248	7.9	15.043	3.9	384.092	100
1924	1.002	0.2	162.572	37.3	210.864	48.5	34.257	8.0	26.809	6.0	435.504	100
1925			264.955	33.6	339.061	43.0	141.053	18.0	43.754	5.4	788.823	100
1926			424.967	28.5	527.069	35.3	498.521	33.4	42.396	2.8	1.492.953	100
1927			543.502	28.4	610.634	31.9	694.749	36.3	64.097	3.4	1.912.982	100

(1) Pour 1919-1925, il n'y a pas d'exportation de mazout, ou en très petites quantités. En 1926, on a exporté 199.808 tonnes de gaz oil et 298.713 tonnes de mazout, dont l'exportation a été permise depuis le commencement de 1926. En 1927, on a exporté 215.516 tonnes de gaz oil et 479.239 tonnes de mazout.

combustible dans toutes les raffineries, était un peu plus de 7,4 p. 100 du total de pétrole brut traité, tandis qu'en 1924 la consommation de mazout dans les raffineries était de 9,3 p. 100 du total de pétrole traité.

Nous croyons savoir que plusieurs autres grandes raffineries vont suivre incessamment l'exemple de « Steaua Romana » et, de ce fait, la consommation du mazout dans les raffineries sera, à l'avenir, beaucoup moindre.

L'EXPORTATION DES PRODUITS PÉTROLIFÈRES

Avant la guerre, l'exportation des produits pétrolifères roumains était arrivée à des chiffres très éloquents. Notamment, en 1913, on a exporté 1.029.136 tonnes. Depuis et jusqu'en 1926, ce chiffre record n'a pas été dépassé. Pourtant, en 1925, la production de pétrole a été beaucoup plus importante qu'en 1913, mais l'augmentation considérable de la consommation intérieure a interdit une exportation plus grande.

Mais en 1926, l'exportation dépasse de 460.000 tonnes environ le chiffre record de 1913, c'est-à-dire plus de 44 p. 100, et en 1927, l'exportation est plus grande encore, comme on peut le voir dans le tableau ci-contre :

Pour mieux constater les différences qui existent entre l'exportation des différents produits effectuée en 1927 et celle de 1926, nous reproduisons les chiffres du tableau ci-contre pour ces deux années, en établissant les plus-values pour 1927, ainsi que les pourcentages d'augmentation respectifs :

PRODUITS	ANNÉE 1927 Tonnes	ANNÉE 1926 Tonnes	DIFFÉRENCE en plus en 1927 contre 1926	
			Tonnes	%
Benzine	543.502	424.967	118.535	27.9
Pétrole lampant.......	610.634	527.069	83.565	15.8
Gaz-Oïl	215.510	199.808	15.702	7.9
Huiles minérales.......	64.097	42.396	21.701	51.2
Mazout	479.239	298.713	180.526	60.4
Total	1.912.982	1.492.953	420.029	28.1

La plus-value la plus importante est enregistrée pour le mazout, puis pour les huiles minérales et ensuite pour l'essence.

Ces produits sont sortis, en grande partie, par Constantza, puis par Giurgiu ; en général il n'y a eu qu'une très petite partie de produits pétrolifères exportés par la voie terrestre. En 1925, sur la quantité totale des produits pétrolifères exportés, 93,1 p. 100 sont sortis par les ports de la Mer Noire ou du Danube et en 1927 la proportion est encore plus grande : 95,9 p. 100.

L'exportation des produits pétrolifères, qui se fait par le port de Constantza, se développera encore dans peu de temps grâce à la nouvelle conduite d'essence, qui sera construite prochainement.

Exportation des produits pétrolifères par douanes et ports

DOUANES ET PORTS	ANNÉE 1927		ANNÉE 1926		Différence en + en 1927 contre 1926 TONNES
	En tonnes	% du total de l'export.	En tonnes	% du total de l'export.	
1. Constantza.....	1.351.932	70.7	1.125.397	75.4 %	226.535
2. Giurgiu........	384.159	20.1	255.194	17.1 %	128.965
3. Autres ports ...	98.081	5.1	63.192	4.2 %	34.889
4. Diverses douanes	78.810	4.1	49.170	3.3 %	29.640
	1.912.982	100.0	1.492.953	100	420 029

Les principaux pays acheteurs de produits pétrolifères roumains, étaient par ordre d'importance, en 1913, les suivants :

1º L'Angleterre ; 2º la France ; 3º l'Allemagne ; 4º l'Egypte ; 5º l'Italie.

Durant l'année 1926, l'exportation roumaine se dirige toujours vers les mêmes pays, mais l'ordre d'importance est tout autre, en tête est maintenant l'Italie, suivie de près par l'Egypte, ensuite par l'Angleterre et la France (1).

---

(1) Durant l'année 1927. l'exportation vers les principaux pays importateurs a été la suivante :

1) Italie.......	347.310 tonnes		6) France.....	108.623 tonnes	
2) Egypte	287.390	»	7) Yougoslavie	98.133'	»
3) Angleterre...	226.807	«	8) Grèce......	94.312	»
4) Autriche	175.772	»	9) Turquie....	73.934	«
5) Allemagne...	141.869	»	10) Bulgarie....	44.014	»

L'exportation par pays de destination (en tonnes)

N° D'ORDRE	PAYS de destination	BENZINE 1913	BENZINE 1925	BENZINE 1926	LAMPANT 1913	LAMPANT 1925	LAMPANT 1926	GAZ OIL ET RÉSIDUS 1913	GAZ OIL ET RÉSIDUS 1925	GAZ OIL ET RÉSIDUS 1926	HUILES MINÉRALES 1913	HUILES MINÉRALES 1925	HUILES MINÉRALES 1926	TOTAL 1913	TOTAL 1925	TOTAL 1926	DIFFÉRENCE EN 1926 contre 1913 — 1926 +	DIFFÉRENCE EN 1926 contre 1913 — 1913 +	DIFFÉRENCE EN 1926 contre 1925 — 1926 +	DIFFÉRENCE EN 1926 contre 1925 — 1925 +
1	Angleterre...	30.367	41.069	64.989	96.527	66.454	74.880	112.735	14.810	[illegible]	[illegible]	13	24	239.629	122.346	176.247		63.382	53.901	
2	France......	81.847	16.829	32.866	43.940	23.726	38.634	31.251	9.754	[illegible]	[illegible]	7.085	2.653	157.887	57.394	139.052		18.835	81.658	
3	Allemagne...	67.699	40.230	50.194	33.632	6.797	22.127	21.299	852	[illegible]	[illegible]	2.542	841	127.865	50.421	87.548		40.317	37.127	
4	Égypte	771	15.089	42.173	97.150	79.304	162.389	23.721	7.364	[illegible]	[illegible]	200	3.479	121.642	101.957	254.935	133.293		152.978	
5	Italie	17.072	7.352	41.721	34.808	26.414	48.706	66.587	25.526	[illegible]	[illegible]	3.312	12.418	118.510	62.604	264.579	146.069		201.975	
6	Autriche (1)	14.173	53.471	57.406	4.101	19.933	19.495	38.830	13.540	[illegible]	[illegible]	5.019	2.281	77.938	91.963	99.234	21.296		7.271	
7	Hongrie		20.780	25.328		28.272	41.448		16.557	[illegible]	[illegible]	5.039	5.294		70.658	87.881	87.881		17.223	
8	Turquie.....	922	10.208	13.741	55.262	17.922	45.174	4.840	8.274	[illegible]	[illegible]	2.758	1.546	61.450	39.162	90.309	28.859		1.147	
9	Hollande....	15.779	4.917		22.978		2	4.701		[illegible]	[illegible]	33	10	43.458	4.950	180		43.278		4.770
10	Belgique	2.474	361	18.532	17.713	1.775	2	3.292	3	[illegible]	[illegible]		1	23.479	2.139	27.330	3.851		25.191	
11	Bulgarie	5.470	4.164	5.345	5.005	17.100	16.115	7.756	8.663	[illegible]	[illegible]	6.108	5.379	18.786	36.035	45.538	26.752		9.503	
12	Grèce	156	31.166	35.661	6.434	27.453	30.602	346	22.208	[illegible]	[illegible]	1.451	1.819	6.956	82.278	114.757	107.801		32.479	
13	Yougoslavie (2)..	254	10.783	21.357		20.408	20.646	3.026	11.252	[illegible]	[illegible]	9.626	6.361	3.758	52.069	72.489	68.731		20.420	
14	Tchécoslovaquie ..		8.380	4.808		2.542	6.821			[illegible]	[illegible]		41		10.922	11.701	11.701		779	
15	Espagne			10.833						[illegible]	[illegible]					10.838	10.838		10.838	
	Autres pays (3)..	184	146	11	418	961	28	23.568	2.250	[illegible]	[illegible]	568	149	35.088	3.925	10.235		24.853	6.310	
	Total ..	237.168	264.955	424.967	418.622	339.061	527.069	341.912	141.053	[illegible]	[illegible]	43.754	42.396	1.036.446	788.823	1.492.953	456.507		704.130	

Les pays qui ont un astérisque ont importé de Roumanie, en 1913, diverses qua[ntités de pétro]le brut, qui ont été additionnées pour former un total. Ces quantités en tonnes sont, par pays : Allemagne, 46 ; Italie, 13 ; Autriche, 20.547 ; les autres pays, 9.207. [...] ommation des deux pays.

(1) Avant la guerre : Autriche-Hongrie. Donc, en 1913, la quantité indiquée rep[résente...]

(2) Pour 1913, il ne faut comprendre que la Serbie.

(3) Y compris l'usage des bateaux.

Du fait que l'Angleterre perd la première place pour prendre la troisième, la France de deuxième passe quatrième. Des pays qui, avant la guerre, étaient des acheteurs de peu d'importance, se révèlent aujourd'hui comme de gros importateurs. Parmi eux, notons la Grèce et la Yougoslavie (qui remplace la Serbie). D'autres pays (comme l'Allemagne et la Hollande) qui, avant la guerre, étaient aux premiers rangs, ont, depuis, diminué de beaucoup leurs achats. En échange, de nouveaux marchés sont conquis par les qualités remarquables des produits pétrolifères roumains, notamment l'Espagne, qui a commencé en 1926 à acheter, en Roumanie, des quantités importantes d'essence. D'autres pays vont certainement la suivre.

D'ailleurs, la question qui se pose, pour tout autre produit, d'en assurer la vente à l'avance, ne se pose pas avec la même acuité pour le pétrole et ses dérivés.

Sir Henri Deterding — le fameux directeur de la Royal Dutch — a défini d'ailleurs cette question dans la déclaration faite par lui, en mars 1913, devant le Comité de Guerre britannique : « Le pétrole est l'article le plus extraordinaire du monde commercial et la seule chose qui retarde sa vente est sa production... Commencez donc par assurer la production et la consommation viendra ; il n'y a pas besoin de s'occuper de la consommation et, comme vendeur, il est inutile de faire des contrats par avance parce que le pétrole se vend par lui-même. »

CHAPITRE VIII

PERSONNEL EMPLOYÉ DANS LES INDUSTRIES PÉTROLIÈRES

Le personnel employé par les entreprises pétrolières augmente chaque année, depuis la guerre, suivant ainsi le progrès et le développement de cette industrie, en Roumanie.

Ce personnel est en grande partie roumain, cependant, dans la direction technique, le pourcentage des étrangers est assez important.

En effet, dans toutes les catégories du personnel, l'élément étranger représente, en moyenne, un peu plus de 1 p. 100, ce qui est infime ; mais si on prend chaque catégorie à part, pour établir un rapport entre le personnel roumain et le personnel étranger, on voit qu'en 1922, dans la catégorie des ingénieurs et chefs d'exploitation, le pourcentage de l'élément étranger était de 26 p. 100. Depuis, on remarque chaque année une petite diminution de ce pourcentage, qui est, en 1926 de 16 p. 100.

Par districts, c'est en « Prahova » qu'est enregistré le plus nombreux personnel, ce qui est d'ailleurs naturel, étant donné la grande importance de l'industrie pétrolière dans ce district. Ensuite,

Le personnel employé par les exploitations pétrolifères pendant les années 1922-1926

EMPLOI DU PERSONNEL	1922			1923			1924			1925			1926		
	Roumains	Étrangers	TOTAL	Roumains	Étrangers	TOTAL	Roumains	Étrangers	TOTAL	Roumains	Étrangers	TOTAL	Roumains	Étrangers	TOTAL
I. *Personnel technique*															
1° Ingén. et chefs d'exploit.	225	81	306	239	81	320	252	90	342	280	84	364	354	69	423
2° Maîtres sondeurs chefs	209	13	222	217	40	257	263	44	307	255	44	299	261	39	300
3° Maîtres sond. et aides	1.260	18	1.278	1.405	27	1.432	1.924	28	1.952	1.968	19	1.987	2.026	18	2.044
4° Sondeurs et extracteurs	7.769	3	7.772	7.997	4	8.001	10.780	15	10.795	11.083	21	11.104	11.080	11	11.091
5° Autres ouvr. spécialisés	1.425	5	1.430	1.680	4	1.684	1.799	6	1.805	1.776	20	1.796	2.311	8	2.319
6° Maîtres d'ateliers	575	24	599	607	23	630	563	32	595	569	24	593	614	34	648
7° Ouvriers dans les ateliers	3.914	74	3.988	4.438	201	4.639	4.832	124	4.956	5.334	122	5.456	4.926	108	5.034
8° Journaliers	4.335		4.335	5.170		5.170	4.391	3	4.394	5.102	4	5.106	5.508	14	5.522
Total	19.712	218	19.930	21.753	380	22.133	24.804	342	25.146	26.367	338	26.705	27.080	301	27.381
II. *Personnel administratif*															
1° Employés des bureaux	651	26	677	717	43	760	849	48	897	871	52	923	890	57	947
2° Employés extérieurs	974	8	982	1.078	9	1.087	1.050	7	1.057	1.306	16	1.322	1.114	5	1.119
3° Domestiques-gardiens	1.915	6	1.921	2.370		2.370	2.436	28	2.464	2.596	28	2.624	2.870	6	2.876
Total	2.540	40	3.580	4.165	52	4.217	4.335	83	4.418	4.773	96	4.869	4.874	68	4.942
Total général	23.252	258	23.510	25.918	432	26.350	29.139	425	29.564	31.140	434	31.574	31.954	369	32.323

et dans l'ordre, viennent les districts de « Dambovitza », « Buzau » et « Bacau ».

Une certaine partie de ce personnel a des intérêts dans l'industrie pétrolière. De plus, une grande société roumaine : « Subsolul Roman » a été créée en 1920 et presque toutes les actions sont détenues par les maître-sondeurs, sondeurs et extracteurs. Le capital de cette société est, actuellement, de 100.000.000 de lei et elle possède de très riches terrains pétrolifères et un périmètre d Etat.

Voici, ci-contre, un tableau général du personnel employé dans l'industrie pétrolière depuis 1922 :

LA QUESTION DES INDEMNITÉS
DUES POUR LA DESTRUCTION
DE L'INDUSTRIE PÉTROLIÈRE ROUMAINE EN 1916.

Les gouvernements anglais, français et russe demandaient au gouvernement roumain, en novembre 1916 — au moment de la retraite roumaine — de détruire entièrement l'industrie pétrolière ainsi que tous les stocks de pétrole, et s'engageaient à dédommager la Roumanie de toutes les pertes subies.

Le gouvernement roumain se soumit immédiatement aux exigences impérieuses qui dictaient une pareille mesure et une commission, présidée par le colonel anglais Norton Griffith, anéantit presque complètement toutes les installations techniques des chantiers, toutes les raffineries, les réservoirs, les pompes, les conduites et incendièrent tous les stocks de pétrole.

Les gouvernements anglais et français, en vue d'exécuter les engagements pris en 1916, envoyèrent en Roumanie une commission qui était chargée :

« De visiter la Roumanie et de se transporter sur
« les lieux dévastés par ordre du gouvernement rou-
« main aux mois de novembre, décembre 1916 et
« janvier 1917 ; de constater les dommages infligés
« aux intérêts alliés et neutres ; de procéder à une
« enquête sur la condition actuelle de ces biens et
« de se rendre compte des dommages infligés par
« l'ennemi ou survenus accidentellement, ainsi que
« des réparations effectuées par l'ennemi ; enfin
« de dresser procès-verbal de l'état actuel de ces
« biens, en vue de la fixation des indemnités qui
« sont dues par le gouvernement roumain » (1).

Cette commission, présidée par le colonel Hearn, était composée de :

Lieutenant Léon Wenger, délégué français ;

Commandant Houghon Fry, secrétaire ;

Capitaine Mervyn Eager, secrétaire adjoint et MM. Robins, Campbell, Mackensie, Mac Cann, Van Sickle, Tracy et Dabel, experts.

Il fut impossible à cette commission de commencer ses travaux tant que les gouvernements anglais et français n'eurent pas admis le point de vue de la Roumanie, qui exigeait que tous les travaux d'expertise soient faits en collaboration avec une commission roumaine. Comme cette collaboration était absolument nécessaire, la commission roumaine fut

---

(1) Voir la *Revue Pétrolifère* de 1923.

acceptée. Elle fut donc constituée et mise sous la présidence de M. le professeur Mrazec.

Comme les travaux des deux commissions devaient être centralisés, après une entente générale, une commission mixte s'imposait et elle fut constituée peu de temps après. De cette commission mixte faisait partie : M. le professeur Mrazec, le colonel Hearn, M. Wenger, M. Tanasesco, le major Fry, le capitaine Eager, M. Dabel et quelques experts roumains.

Mais comme les divergences d'opinion des experts des deux commissions, sur diverses questions très importantes, étaient irréductibles, les travaux de cette commission mixte ne donnèrent pas le résultat attendu et un rapport commun ne put être rédigé.

Cependant une entente fut réalisée sur les points suivants :

a) La quantité de pétrole constituant les stocks ;

b) Les prix de 1916 comme base pour les tarifs d'évaluation ;

c) L'établissement d'un barème de prix, pour le matériel, basé sur ceux de 1916.

Pour les autres questions, aussi intéressantes sinon plus, les divergences étaient tellement grandes qu'on ne pouvait pas envisager un compromis même avec toute la bonne volonté possible.

Donc, la commission anglo-française terminant en juillet 1920 les travaux pour lesquels elle avait été créée, envoya un rapport sur son activité et les résultats acquis, qui parvint aux gouvernements anglais et français le 23 septembre 1920.

De son côté, la commission roumaine continua

encore ses travaux pendant toute l'année 1920 et seulement au mois de juin 1921, elle remit aux légations d'Angleterre et de France à Bucarest le résultat de toutes ses enquêtes, expertises et évaluations.

Comme on s'y attendait, les conclusions des deux expertises étaient différentes. Tandis que la commission anglo-française concluait que le montant total des dommages causés par l'œuvre de destruction s'élevait globalement à £ 6.043.479, la commission roumaine était arrivée à deux évaluations différentes, par suite des méthodes qu'elle avait employées pour faire les expertises : l'une, de : 2.946.797.893 lei et l'autre de 3.465.845.214 lei. Tenant compte que la livre était considérée à 130 lei, au moment de l'expertise, la première évaluation donnait £ 22.000.000 et la seconde £ 26.000.000, ce qui donnait lieu à une énorme différence entre les deux expertises.

Cependant une remarque intéressante est à faire. Dans le rapport de la commission anglo-française on n'a évalué aucun des dommages subis, lors de la destruction, par les sociétés ex-ennemies, comme : « Steaua Romana », la « Concordia », la « Vega », le « Crédit Pétrolifère », etc. Etant donné que tous ces dommages représentaient environ 30 p. 100 de l'ensemble total — c'est-à-dire £ 2.500.000 — on peut augmenter le montant de l'expertise anglo-française de cette somme, et la porter ainsi à £ 8.500.000, du fait que la commission de règlement a admis ultérieurement l'indemnisation de toutes ces sociétés.

Naturellement, étant donné le grand écart entre les évaluations, les gouvernements français, anglais et roumain envisagèrent la constitution d'une nouvelle commission afin d'arriver à un accord complet. Cette commission fut constituée en février 1922 et prit le nom de « Commission de Règlement des Indemnités ». Elle était composée de M. Léon Wenger, délégué français ; Sir Arthur Thring, délégué anglais, et M. le professeur Mrazec représentant le gouvernement roumain. M. Tanasesco fut désigné comme délégué-adjoint. Sir Arthur Thring ne pouvant se rendre à Bucarest donna mandat à M. L. Wenger de le représenter.

Cette commission réussit, après de laborieuses négociations et des travaux qui durèrent de février jusqu'en septembre 1922, à signer des procès-verbaux définitifs, fixant le montant des indemnités dues aux sinistrés. Ces procès-verbaux, signés à Bucarest le 6 septembre 1922, entre M. le professeur Mrazec et M. Wenger, furent approuvés par Sir Arthur Thring le 29 septembre 1922.

Les résultats obtenus par la Commission de Règlement sont les suivants : (1)

1º *Stocks*. — « Un tableau définitif des quantités « en stocks avait été arrêté et signé le 31 mars 1922. « Le tarif des prix unitaires fut arrêté le 31 juillet. « Un tableau général indiquant les indemnités par « sinistré fut signé le 5 août. Le montant total des « sommes allouées s'élève à :

£ 2.574.855 — 1/11

---

(1) La *Revue Pétrolifère* de 1923.

« Le taux de l'intérêt admis fut celui de 5 p. 100
« qui avait déjà été admis par la commission anglo-
« française. La Commission de Règlement appliqua
« l'intérêt simple pour une période de six ans (1er dé-
« cembre 1916-1er décembre 1922).

« Le montant total des intérêts, en tenant compte
« du fait que les sociétés ex-ennemies n'en touchent
« point, s'élève à :

$$£ 523.287. \ 19.8$$

2o *Raffineries.* — « Les indemnités allouées pour
« les raffineries ont été arrêtées à la séance du
« 5 avril 1922 et s'élèvent au montant de :

$$£ \ 2.109.584$$

3o *Chantiers.* — « L'évaluation des indemnités
« dues pour les chantiers résulte de l'application
« d'un tarif complexe dont les éléments n'ont été
« arrêtés que le 8 septembre 1922. Le montant
« total s'élève à :

$$£ \ 4.225.229$$

4o *Dommages connexes.* — « La commission anglo-
« française avait déjà admis l'attribution d'indem-
« nités pour dommages connexes, pour compenser
« certaines pertes qui ne pouvaient pas être calcu-
« lées, sans toutefois avoir le caractère de dom-
« mages indirects. Il avait été admis que ces indem-
« nités pourraient atteindre 15 p. 100 du montant
« de celles attribuées pour les chantiers et pour les
« raffineries. Le montant total s'élève à :

$$£ \ 532.591$$

5º *Total des indemnités*. — « Le montant total
« des indemnités pour les différents chapitres
« s'élève à :

£ 9.965.547. 1.7

6º *Vérification*. — « Il a été admis que jusqu'au
« 1er novembre 1922, les délégués se réservaient
« le droit d'opérer des vérifications de calculs et
« que, passé cette date, les chiffres inscrits dans les
« tableaux deviendraient définitifs.

« Quelques petites erreurs ont été relevées, qui ont
« porté le chiffre définitif à :

£ 9.980.527. 3.9 »

Au sujet des autres questions, les membres de
la commission de règlement ne réussirent pas à
se mettre d'accord et elles firent l'objet de nombreuses conférences et négociations pendant les
années suivantes, tant à Bucarest qu'à Londres et
à Paris. Ces questions sont les suivantes :

1º Le règlement entre les Etats anglais et français, d'une part, et l'Etat roumain, d'autre part ;

2º Le mode de paiement aux sinistrés par l'Etat
roumain ;

3º L'indemnité à l'Etat roumain pour les dommages qu'il a subis lors de la destruction de l'industrie pétrolière.

Le 1er juin 1923, le « Foreign Office » donna pleins
pouvoirs à M. Léon Wenger de représenter le gouvernement anglais dans toutes les négociations

avec le gouvernement roumain. Ainsi, à partir de cette date, M. Wenger représenta, en même temps, la France et l'Angleterre (1).

Bien entendu, ce double mandat n'avait été donné que pour faciliter les tratatives commencées et on espérait, de cette manière, arriver plus tôt à un accord complet.

Malheureusement, les points de vue étaient tellement différents que, malgré la bonne volonté dont firent preuve tant de fois les négociateurs, M. Léon Wenger et M. le professeur Mrazec, les tratatives et les travaux continuèrent encore plus de trois années.

Enfin, au cours de l'année 1926, l'horizon sembla s'éclaircir et, après un labeur intense, les gouvernements respectifs tombèrent d'accord, sauf sur une question.

En effet, le 1er novembre 1926, M. N. Titulesco, pour la Roumanie, et M. Mendlicolt, représentant des sociétés anglaises sinistrées, signèrent une convention, préparée par M. Wenger et M. le professeur Mrazec, qui mettait fin à la question très délicate du mode de paiement par l'Etat roumain aux sinistrés anglais.

En vertu de cette convention, l'Etat roumain s'oblige à payer, dans un délai de quarante années, le montant des dommages subis par les entreprises anglaises — voir l'accord de la « Commission de

---

(1) Le gouvernement français donna mandat à M. Léon Wenger de le représenter le 24 mai 1923.

règlement » 1922. Ces entreprises sont : « Phoenix Oil », « Anglo-Roumanian », « Petroleum », « Trajan-Roumanian-Oil », « Stravreopoleos », « Roumanian Oil Properties », « Beciu Roumania Oilfields », « Anglo-Continental Oil Co », « Orion », « Horn-heemsche Petroleum Mij. », « Roumanian Conso-lidated Oilfields », « Sphynx Petroleum Co », « Mai-sels Petroleum Co », Roumania Petroleum Co », « Motor Petrol Association », « Standard Petroleum Exploration Co ».

Une convention analogue a été signée le 8 no-vembre 1926 à Londres, entre M. Titulesco et M. L. Wenger, représentant les sociétés françaises et belges, sinistrées, suivantes :

Sociétés françaises. — « Alpha-Colombia », « Apos-tolache », « Aquila Franco-Romana », Roumano-Belge », « Bonne-Espérance », « Bordeni », « Delost », « Bustenari », « Predinger », « Romana », « Seytre-Vogt », « Société Française F. et P. », « Victoria », « Luxoil », « Marta », « Vulcan ».

Sociétés belges. — « Geonafte Belge Jaumotte Oscar », « Sociétés des Pétroles roumains, Nafta ».

Groupe Concordia. — « Concordia », « Vega », « Credit Petrolifer », « L'Internationale d'Amster-dam ».

Dans les deux conventions, les modalités de paie-ment du Gouvernement roumain, envers toutes les Sociétés anglo-franco-belge citées ci-dessus, sont les suivantes :

a) 1o Les cinq premières années : 2 p. 100 ;

2° Les cinq années suivantes : 3 1/2 p. 100 ;

3° Pendant les trente dernières années : 4 1/2 p. 100.

b) Le capital sur lequel les annuités seront calculées, doit être égal au montant établi par la « Commission de règlement », pour chaque sinistré respectif, moins les sommes qu'il a déjà reçues, soit du gouvernement roumain, soit des puissances ex-ennemies.

c) Les sommes correspondant à la moitié des annuités seront payées semestriellement — en décembre et en juin — chaque année.

d) La convention réserve le droit au gouvernement roumain de refuser le paiement des annuités, au cas où les sociétés visées par ces conventions ne seraient pas anglaises, françaises ou belges.

e) Tant qu'un accord ne sera pas intervenu entre les gouvernements français et roumain, en ce qui concerne les obligations découlant de la destruction de l'industrie pétrolière et jusqu'au jour où cet accord sera signé, le gouvernement roumain ne paiera aux sociétés sinistrées anglaises, françaises et belges, que la moitié des annuités fixées.

La Roumanie a commencé en décembre 1926 les paiements convenus dans les deux conventions.

D'autre part, le gouvernement anglais a signé l'accord par lequel il se reconnaît redevable — pour sa part — de la somme de 5 millions de livres, qui servira à indemniser les sinistrés, ainsi que de la somme de 3 millions de livres, qui indemnisera l'Etat roumain pour les dommages qu'il a subis.

La totalité de ces sommes, soit 8 millions de livres,

a été déduite de la dette de guerre — 26 millions de livres — que la Roumanie a contracté envers la Grande-Bretagne.

Des conversations se sont engagées aussi — dernièrement — entre les gouvernements français et roumain, afin de fixer définitivement les sommes dues par la France aux sinistrés et à l'État roumain

Ces tratatives ont abouti heureusement à un accord qui a été signé à Paris le 28 mars 1928 par M. Moret représentant le gouvernement français et M. Victor Antonesco, E. Antonesco et Alexandre Zeuceano, délégués roumains.

Par cet accord, le gouvernement français se reconnaît redevable envers l'État roumain de la somme de £ 10.000.000 — qui représente :

£ 5.000.000 — indemnisation aux sinistrés ;

£ 5.000.000 — indemnisation à l'État roumain pour les dommages qu'il a subi lors de la destruction.

En même temps, le gouvernement français se reconnaît aussi redevable de :

£ 7.500.000

somme qui représente l'intérêt de 5 p. 100 pour les 10 millions £ depuis l'armistice.

La totalité de ces sommes, soit

£ 17.500.000

a été déduite de la dette de guerre que la Roumanie a contracté envers la France.

———

CHAPITRE X

LA POLITIQUE D'ÉTAT DU PÉTROLE

Avant 1895, le règlement (1) qui s'occupait des conditions générales de l'exploitation du pétrole, sur les propriétés de l'Etat, était d'un libéralisme sans bornes, vis-à-vis de toute personne — roumaine ou étrangère — qui voulait rechercher et exploiter le pétrole. Les termes de concession étaient de dix ans et la surface concédée était de 10 hectares au maximum. Le prix, soit 20 lei par hectare, était dérisoire, même à cette époque.

Juridiquement, si le « domaine éminent » du sous-sol appartenait, en principe, à l'Etat, le propriétaire du sol détenait le privilège d'exploiter la mine et pouvait ainsi paralyser le droit du souverain. Toutefois, lorsque le propriétaire n'exploitait pas le gisement, dans un délai déterminé, il perdait ce droit de privilège.

Par la loi de 1895, ce libéralisme s'accentua encore. La durée de la concession — que le concessionnaire fût roumain ou étranger — était de trente ans et la surface accordée de 40 hectares au maximum. En même temps, on permettait aux propriétaires de terrains particuliers de concéder leur privilège —

---

(1) Le règlement sur la recherche et l'exploitation du pétrole a été sanctionné par le décret royal nº 207 du 27 janvier 1893.

qui avait été augmenté et était de soixante-quinze ans — à un tiers.

Conclusion : jusqu'en 1900 les hommes d'Etat roumains ne comprirent pas toute l'importance du pétrole et leur politique fut tout à fait passive, laissant les étrangers libres de mettre cette richesse en valeur, sans leur imposer la participation de facteurs nationaux. Par cette politique désastreuse, on aboutit à la cession par l'Etat et par les particuliers de leurs terrains pétrolifères et cela dans des conditions extrêmement défavorables et sans aucune directive pour défendre leurs intérêts et surtout ceux de l'Economie générale (1).

Ce n'est qu'à partir de 1900 que la conscience d'une politique d'Etat active s'ébauche parmi les dirigeants roumains et c'est surtout à l'occasion du rejet du projet « Standard Disconto » (2) qu'elle s'est affirmée pour la première fois. Elle s'est réalisée en 1924 par la nouvelle loi des mines.

Mais une grande partie des terrains pétrolifères appartenant aux particuliers et à peu près 1.212 hectares sur 1.719, dont l'Etat était le propriétaire, étaient déjà concessionnés sous le régime de l'ancienne loi et, de ce fait, pour quelques dizaines d'années encore, échappent au nouveau régime.

La nouvelle politique d'Etat, en matière de pétrole — comme d'ailleurs pour tous les produits miniers — s'est fondée d'abord sur le principe juridi-

---

(1) Voir la très intéressante conférence tenue par l'inspirateur de la loi des mines de 1924 : M. Vintila I. BRATIANO. *Politica de stat a petrolcului in urma nouiei constitutii si a legei minelor. Bulletin de l'Institut économique roumain* de juin 1927.

(2) Voir pages 91 et suivantes.

que de la nationalisation du sous-sol qui lui appartient.

De ce fait, l'Etat choisissant l'exploiteur, la participation effective des facteurs nationaux, dans toute entreprise pétrolière, est imposée.

Bien entendu, cette nouvelle politique économique, dont le but est de nationaliser l'industrie minière et d'imposer la participation roumaine dans les Conseils d'Administration, ainsi que dans la direction des exploitations, a des ennemis acharnés.

Une campagne formidable a même été dirigée contre l'application de cette loi. Une atmosphère de dénigrement, de menaces, de chantage et de pression financière a été créée par les trusts « Royal Dutch » et « Standard Oil ».

Mais il faut ajouter aussi que la grande majorité des capitalistes étrangers, qui s'intéressent à l'industrie pétrolière roumaine, ne se sont pas prêtés à ces intrigues intéressées et ont décidé de donner tout leur concours à l'application de la loi. Les sociétés contrôlées par eux ont déclaré vouloir se conformer à la loi et être nationalisées. Elles ont demandé à l'Etat des périmètres, qui leur ont été distribués. Donc, le premier pas a été fait et leur nationalisation suivra bientôt.

Les autres capitalistes, c'est-à-dire les trusts « Royal Dutsh Schell » et « Standard Oil et Cᵒ » luttent encore par tous les moyens contre cette loi et, par conséquent, refusent leur concours. Mais c'était tout naturel et on s'y attendait.

Ces trusts ne cherchent pas en Roumanie, par l'intermédiaire de leurs sociétés — Astra Romana et Romana-Américano — un simple placement de capitaux, afin d'obtenir des bénéfices, dans le cadre des intérêts généraux du pays. Ils veulent surtout, subordonner à leurs intérêts, toute la liberté, toute l'initiative et toute l'activité nationale, qui tendent à développer l'industrie pétrolière roumaine. Tous ces efforts ont pour but d'assurer leur suprématie mondiale, de monopoliser l'entière production et d'imposer ensuite leurs prix et leur politique. Cette tendance pouvait être acceptée dans une colonie, mais dans un état libre comme la Roumanie, elle ne pouvait pas convenir.

La loi des mines a indiqué, dans ses grandes lignes la nouvelle orientation économique roumaine, mais elle sera insuffisante et ne donnera pas tous les résultats favorables qu'on attend d'elle, si les dirigeants roumains ne poursuivent pas sans arrêt une politique d'Etat, qui complètera et facilitera l'application intégrale des principes dominants de cette loi, pour arriver à la réalisation des buts envisagés.

Cette politique d'Etat, inspirée et défendue énergiquement par M. Vintila I. Bratiano, qui a conçu et réalisé la loi sur les mines pendant sa présence au ministère des finances, vient d'être exposée magistralement par son inspirateur dans une très intéressante conférence qu'il a tenue en avril 1927 à l'Institut économique roumain.

La nouvelle politique d'Etat poursuit les buts suivants :

1o Le développement d'une activité incessante, afin que l'entier sous-sol soit exploité exclusivement par les sociétés anonymes minières roumaines. Ainsi la collaboration étrangère ne pourra être productive que sous la forme d'une société roumaine, conforme à la nouvelle loi.

. De cette manière, l'indépendance et la nationalisation réelles de l'industrie roumaine du pétrole, absolument nécessaires à l'économie générale, à la défense nationale et au soutien de la politique extérieure de l'Etat roumain, seront réaliséés.

2o L'organisation, en concordance avec cette politique et d'après les normes tracés par la loi sur les mines, du raffinage, du transport et de la distribution intérieure, qui contrôlent et, par conséquent, commandent l'exploitation. Cette organisation est le moyen le plus puissant pour atteindre le but final.

3o Imposer une politique d'exploration intensive, afin que l'on sache quelles sont les réserves et les possibilités de pétrole pour l'avenir. Seule, une connaissance approfondie de ces ressources peut dicter une politique réaliste et économique d'exploitation et permettre de savoir le véritable rôle que la Roumanie doit tenir dans l'économie mondiale du pétrole, et, surtout, celui particulièrement important qu'elle détient, grâce à sa situation géographique en Europe.

4o L'établissement d'une politique d'exportation, dictée par les richesses et les possibilités d'avenir de la Roumanie, en plein accord avec la politique internationale qu'elle suivra, en considérant le pétrole non seulement comme une force de compensation économique dans les relations extérieures, mais surtout comme un véritable point de soutien de la politique extérieure roumaine et de solidarité avec les Etats qui ont besoin de ce produit.

TROISIÈME PARTIE

LE CHARBON

CHAPITRE PREMIER

Le charbon se rencontre sous divers aspects, qui marquent d'ailleurs son âge et sa provenance au point de vue géologique.

En général, le charbon qui remonte à des formations anciennes a plus de qualités que celui qui a été formé à une date plus rapprochée de notre ère. Donc, plus sa formation est récente, moins il est bon.

La qualité d'un charbon réside surtout dans sa capacité calorique. Plus il peut fournir de calories meilleure est sa qualité.

La Roumanie n'est pas très riche en gisements de charbons provenant de formations très anciennes, mais en échange elle possède, dans diverses régions, des quantités assez grandes de charbon provenant de l'époque tertiaire.

L'Anthracite. — Jusqu'aujourd'hui un seul gisement d'anthracite a été découvert à « Schela » — district de Dolj — dans une formation carbonique. Le gisement n'est pas très riche, mais le charbon est d'une très bonne qualité, fournissant 7.500 à 8.000 calories par kilogramme, en moyenne, et contenant plus de 90 p. 100 de carbone.

L'anthracite est un charbon complet, métamorphosé, ayant une couleur noire avec des reflets métalliques. Il est très dur et se présente en blocs.

La Houille. — De même formation et surtout du « Lias » et du « Jurassique », on rencontre plusieurs gisements de « houille » en Roumanie. Les plus importants sont dans le Banat, à Anina, à Doman, à Secul et à Eibenthal-Svinitza et dans la Transylvanie, à Vulcan, près de Brashov.

Ces gisements fournissent un charbon noir, luisant, friable, contenant de 80 à 90 p. 100 de carbone. Sa force calorique varie, en moyenne, de 6.000 à 7.000 calories. La houille extraite du Banat possède une très grande qualité : elle peut être utilisée dans les meilleures conditions pour la production du coke de hauts-fourneaux. Les usines de fer « Reshitza » transforment toute la houille fournie par ses mines, en dehors de ses propres nécessités en force motrice, en coke métallurgique. Ainsi, elle a produit en 1925 plus de 10.000 tonnes de coke. La production de houille de tous ces gisements est la suivante :

Année 1920	. . . .	187.066 tonnes
— 1921	. . . .	209.576 —
— 1922	. . . .	254.335 —
— 1923	. . . .	291.831 —
— 1924	. . . .	297.138 —
— 1925	. . . .	313.572 —
— 1926	. . . .	322.191 —

La production augmente chaque année, mais les ressources ne sont pas importantes. Les réserves apparentes, c'est-à-dire les gisements actuellement en exploitation, sont de 1.500.000 tonnes. Les réserves probables, que l'on estime devoir recouvrir des gisements de houille, sont d'environ 20.000.000 de tonnes (1).

Le Charbon Brun Supérieur. — Les gisements les plus riches et les plus concentrés de charbon brun se sont formés à l'époque tertiaire et sont répandus dans tout le pays, dans l'ancien royaume comme en Transylvanie et dans le Banat. Tous les gisements ne fournissent pas le même charbon. Il varie suivant la formation dont il provient. Les meilleurs charbons, dont les gisements sont aussi les plus riches, se rencontrent dans l'oligocène.

L'épaisseur de la formation carbonifère varie entre 50 centimètres et 60 mètres. Le charbon est brun, contient de nombreuses matières volatiles et sa puissance calorique est de 5.000 à 7.400 calories. Il est appelé « lignite brun supérieur ». Les gise-

---

(1) I. VOITESHTI. *Eléments de géologie générale.*

ments les plus importants sont en Transylvanie, dans le district de Hunedoara, à Petroshani et Lupeni. Les réserves actuelles et probables de charbon brun supérieur sont considérables. Les géologues ont évalué ces réserves à environ 1.500.000.000 de tonnes, pour la seule région « Petroshani-Lonea-Lupeni ».

On rencontre aussi un charbon brun supérieur dans le miocène, à Comanesti-Bacau en Moldavie. Le charbon que ces gisements fournissent est brun, brillant et d'une puissance calorique de 5.500 à 6.000 calories. Il laisse très peu de cendres après la combustion. D'une résistance plus grande aux intempéries que celui de Petroshani, il est aussi plus dur. Quand il provient de couches plus minces, il est assez bitumineux.

A Comanesti, jusqu'aujourd'hui, six couches sont connues, dont l'épaisseur varie entre 50 centimètres et 2 m. 50. Les réserves actuelles et probables dépassent 16.000.000 de tonnes. L'étendue de la zone carbonifère est d'environ 5.000 hectares, mais jusqu'à présent une très petite superficie est exploitée.

On rencontre aussi en Banat et en Transylvanie quelques gisements assez riches de lignite supérieur brun. De formation plus récente que les autres, il provient du pliocène, produit moins de calories et contient davantage d'eau.

Le Lignite. — Les plus grands gisements de charbon en Roumanie sont formés par du lignite. On les rencontre dans le pliocène, dans toute la région sous-carpathique, depuis Varciorova jusqu'au district de Bacau. En Transylvanie et en Bucovine, le lignite se trouve dans le miocène supérieur et dans le pliocène. En général, dans le pliocène sub-carpathique, le lignite se rencontre à de faibles profondeurs, dans des couches dont l'épaisseur varie entre 50 centimètres et 6 mètres. Les gisements de lignite se prolongent des Carpathes jusqu'aux plaines du Danube et de Bessarabie. Plus on s'éloigne des montagnes, plus la profondeur des gisements est grande, sauf en Bessarabie, où la zone carbonifère se trouve presque à la surface du sol. Dans la région de Bucarest les sondages faits dans le Parc Carol ont rencontré le lignite à 300 mètres de profondeur.

Le lignite est un charbon d'une qualité inférieure. Il contient beaucoup d'eau, résiste très peu aux intempéries et sa puissance calorique est de 2.500 à 4.000 calories. Sa contenance en carbone est de 70 p. 100 environ et certains lignites laissent plus de 25 p. 100 de résidus. Les plus importants gisements exploités jusqu'aujourd'hui sont à « Sotanga » et « Gheboeni » district de Dambovitza, à « Poenari » et « Câmpulung » ,district de Muscel et dans la Transylvanie « Chepetz », district de Trei Scaune, et « Edmund » du district de Bihor.

La production totale de lignite inférieur a été, en 1926, de 549.307 tonnes, soit 18,0 p. 100 de la production totale de charbon.

Les réserves visibles et probables de lignite inférieur sont de 650.000 000 de tonnes environ dans l'ancien royaume. Elles dépassent 40.000.000 de

Tableau nº 1. Tableau des principaux gisements de charbon en Roumanie

ESPÈCES DE CHARBONS ET LEUR SITUATION	FORMATION GÉOLOGIQUE	PRODUCTION ANNUELLE EN TONNES			RÉSERVES		Puissance calorique minima
		1924	1925	1926	APPARENTES et probables milliers tonnes	POSSIBLE	
Anthracite de Schela-Gorj	Carbonifère	150			1.000		7.400
Houille de : Baia Nouа, Ebeinthal en Banat	»	42.423	36.789	36.535	4.500	faible	6.700
— Anina-Steierdorf en Banat	Lyas	177.000	181.000	174.100	15.500	»	6.400
— Doman en Banat	Jurassique	19.659	28.060	21.800	3.000	»	6.400
— Cuptoare-Secul en Banat	Carbonifère	14.480	18.380	16.270	2.000	»	6.000
— Vulcan-Brasov en Transylvanie	Jurassique	24.952	31.157	56.256	500	»	6.000
Lignite brun sup. Lupeni-Lonea-Petroshani	Méditerranéen	1.681.786	1.690.219	1.797.163	1.500.000	ass. grand.	6.000
— — Urania-Mehadia en Banat	Sarmatique	22.000	19.740	14.300	1.500	»	6.000
— — Rusca-Montana en Banat	Crétacé supérieur	11.874	15.421	14.385	15.000	réduites	5.000
— — Aghires-Bagara-Tomara en Transylv.	Oligocène	83.192	92.987	95.828	10.000	»	5.000
— — Somes et Salaj en Transylvanie	»	67.563	90.869	94.231	14.000	»	5.000
— — Comanesti-Darmanesti-Bacau	Pliocène anc.	108.164	131.523	135.243	50.000	ass. grand.	5.000
— — Tzebea-Brad en Transylvanie	Sarmatique	38.286	24.888	27.918	72.000	»	4.000
Lignite de Budol-Derna-Edmund en Transylvanie	Dacien	60.566	89.281	59.131	10.000	grandes	3.500
— Capeni-Alta en Transylvanie	Meotien	49.284	71.852	114.950	20.000	»	3.400
— Muscel en Valachie	Dacien	129.505	141.493	143.459	116.000	considér.	3.400
— Calutzi-Bacau en Moldavie	Levantin	22.040	12.802	481	1.600	»	3.400
— Mehedintzi en Valachie	»	725	230		280.000	»	3.400
— Dambovitza en Valachie	Dacien	187.744	181.209	169.410	18.000	»	3.000
— Filipestif de Padure-Prahova en Valachie	»	4.843	11.312	10.502	2.000	»	3.000
— Gorj en Valachie	»	374	2.807		80.000	»	3.000
— Ramnicu-Valcea en Valachie	»		3.698	2.441	150.000	»	2.700
— Imputalta en Bessarabie	»				25.000	réduites	2.500

tonnes en Transylvanie et Bucovine et sont de 25.000.000 de tonnes, environ, en Bessarabie. En totalité, les réserves visibles et probables, connues jusqu'à présent, dépassent 715.000.000 de tonnes. Les réserves possibles sont considérables dans l'ancien royaume et assez grandes en Transylvanie (1).

A la surface du sol on trouve un combustible solide de la plus basse qualité appelé « tourbe ». C'est le charbon dont la formation est la plus récente, il est, du reste, encore en état de formation. Il ne contient que 45 à 63 p. 100 de carbone. A elles seules, — d'après le professeur I. Popesco Voiteshti — les tourbières de Transylvanie contiennent plus de 200.000.000 de mètres cubes de tourbe. Il y a aussi des tourbières importantes à Dorohoi et sur les hauteurs des Carpathes et surtout dans le delta du Danube, dans les plaurs (2) qui forment d'immenses tourbières. Leur superficie dépasse 250.000 hectares.

La tourbe ne présente qu'un intérêt très limité parce qu'elle ne peut pas être utilisée pour la production de l'énergie. En dehors des usages domestiques — chauffage des maisons — la tourbe est employée à la fabrication des engins artificiels.

Nous avons établi le tableau (No 1, pages 182-183), concernant les principaux gisements de charbons en

---

(1) Pour l'évaluation des réserves, nous avons utilisé les études de l'Institut géologique de MM. les professeurs de géologie Sava Atanasiu et Dr I. Popesco-Voiteshti, ainsi que les études de M. le Dr I. Cantuniari (citées par M. Rarincesco dans le problème de l'approvisionnement en énergie de la Roumanie).

(2) Les plaurs sont des îles de roseaux flottantes, qui contiennent un tissu dense et épais du sous-sol végétal.

Analyse des charbons provenant des principaux gisements roumains

ESPÈCES DE CHARBONS	ANALYSE faite par	CALORIES	COMPOSITION CHIMIQUE						
			Carbone %	Eau %	Cendres %	Hydro-gène %	Oxy-gène %	Soufre %	Azote %
Antracite de Schela	Inst. chim. Ind.	7500 /8000	88-34	6.04	1.55	3.74	—	0.33	—
Houille de Baia-Noua	Grittner	6249 /7842	67-77	5-8	15-22	2-3	—	1	—
» Doman	»	7582	75-80	1.4-2.6	8-13	4	4-5	0.4-0.6	1
» » (inférieure)	Schwackhofer	6342	66.71	1.54	22.67	3.62	3.60	0.41	1.86
» Anina	»	6247	66.6	3.83	16.57	4.03	8.43	0.35	0.54
» »	Grittner	5600 /7010	57.7-74	1.60-8.10	16.2-17.7	—	6,2-17	0.50	—
Lignite brun sup. Petroshani	Schwackhofer	6331	66.14	4.35	10.75	4.24	12.41	1.96	1.07
» »	Inst. chimie Ind.	5500 /7500	68.80	4.21	5.73	4.98	13.09	2.13	1.06
» »	»	7079	—	2.55	5.31			3.62	1.89
» Lupeni	Dʳ H. Langheim	6761	68.74	3.30	11.03	5.20	9.84	3.42	1.31
» »	Schwackhofer	5993	60.18	3.12	20.14	4.67	10.58	1.2	—
» » infér.	Ecole Polytechn.	7045	69.18	2.20	18.20	4.80	4.36	3.95	1.60
» » Rusca Montana	Schwackhofer	4831	51.05	17.92	10.10	3.79	15.54	1.16	1.59
» » Corapciu	Inst. chimie Ind.	5300 /5750	56.92	13.76	6.01	3.95	16.61	1.32	—
» » Comanesti	»	3000 /3800	41.96	23.41	13.06	3.18	17.07	0.91	0.78
Lignite de Dambovitza	»	3000 /4200	39.91	34.39	6.57	3,01	14.33	1.50	—
» Muscel	»	4500	35.80	31.00	21.40	—	14.3	1.14	—
» Pralea-Bacau	»	3000 /3500	38.64	21.60	16.30	—	22.21	0.19	—
» Imputzita-Bessarabie	»	4250	49.68	21.59	3.01	3.91	21.62	0.75	0.49
» de Poenari Muscel	»	2243	26.84	48.00	9.74	1.98	12.20	5.03	—
» Valea Copcei Mehedintzi	»	2776	31.32	22.85	19.51	2.52	18.77	2.49	0.86
» Isvorul Anestilor	»	3216	36.78	31.71	10.96	2.91	14.29		
» Filipestii de Padure Prahova	»								

Roumanie, en indiquant la couche géologique d'où ils proviennent, leur production durant les trois dernières années, ainsi que les réserves apparentes et possibles.

Nous avons également établi le tableau (n° 2 p. 185) donnant l'analyse des principaux gisements connus aujourd'hui.

CHAPITRE II

LE CAPITAL

Les sociétés les plus importantes qui exploitent le charbon en Roumanie sont : *Petroshani, Lupeni* et *Creditul Carbonifer*. Toutes les trois sont des sociétés roumaines.

La société anonyme pour l'exploitation des mines de charbon *Petroshani* a été créée en 1921, avec un capital initial de 100.000.000 de lei. En 1922, son capital avait été porté à 280.000.000 de lei et en 1924 à 550.000.000 de lei. En avril 1927, le capital social fût porté à 820.000.000 de lei en attribuant aux détenteurs d'actions d'apport une nouvelle action pour deux anciennes, cela sans opérer aucun versement. Les 540.000 actions nouvelles de 500 lei ont été divisées en deux lots, de 270.000 actions, chacun. Un lot a été prélevé par le groupe hongrois, qui représente les intérêts des anciens propriétaires de l'actif de la société, et l'autre lot a été attribué au groupe roumain. Cette opération a eu comme but de rectifier l'estimation des 38.000.000 de francs suisses, représentant la valeur de l'apport en nature que le groupe hongrois « le Salgo-Commerce » constitua lors de la formation de la société ; apport dont la contre-valeur a été fixée en avril 1927 à 820.000.000 de lei.

Cette société exploite le charbon de huit mines, dont l'étendue est d'environ 16 kilomètres dans la vallée de « Jiul ». Ces mines étaient déjà exploitées, avant la guerre, par les Hongrois. Mais au début de hostilités, la nécessité dans laquelle ils se trouvaient d'avoir, à n'importe quel prix, des combustibles, les poussa à une exploitation excessive, sans aucun souci de préserver les gisements, au grand préjudice des mines. De plus, pendant la retraite roumaine, quand des luttes sanglantes se déroulèrent autour des mines, les armées et leur artillerie causèrent de véritables désastres. C'est à cause de cela que la production, qui était en 1914 de 1.240.000 tonnes, était descendue à 347.420 tonnes en 1919. Mais, l'année suivante, c'est-à-dire en 1920, elle avait augmenté atteignant 508.210 tonnes pour passer à 635.000 tonnes en 1921.

C'est en 1921 que la société « Petroshani » prit en mains l'exploitation des mines et sut leur redonner leur activité d'autrefois.

En 1922, la production était, en effet, déjà de 802.400 tonnes, en 1923 elle atteignait 914.000 tonnes, puis 1.018.680 tonnes en 1924, 1.033.691 tonnes en 1925 et 1.053.150 tonnes en 1926.

Le bénéfice net pour 1924 a été de 118.822.826 lei, soit 21,6 p. 100 du capital, celui de 1925 a été de 138.720.708 lei, c'est-à-dire 25,2 p. 100 et celui de 1926 de 159.502.094 lei soit 29.0 p. 100 du capital.

La société anonyme pour l'exploitation des mines de charbon *Lupeni* fut constituée en 1924, avec un capital de 400.000.000 de lei. Elle acheta toutes les propriétés que possédait en Roumanie l'ancienne société « Urikany » de Budapest.

La société « Lupeni », immédiatement après cet achat, se mit à l'œuvre pour développer la production des mines qu'elle possédait.

La région de Lupeni a, jusqu'à maintenant, six mines, dont cinq sont en activité. Il existe neuf couches de charbon, dont huit sont déjà en exploitation. La couche la plus inférieure connue et appelée « zéro » est située à une profondeur de 400 mètres au-dessous du niveau de la vallée. L'épaisseur de cette couche varie entre 8 et 60 mètres, les autres couches exploitables ont une épaisseur variant entre 1 mètre et 5 m. 50. La distance entre chaque couche est à peu près la même, c'est-à-dire 40 à 60 mètres, en moyenne.

La production, par année, de ces huit couches exploitables, a été la suivante :

En 1919	316.550 tonnes
En 1920	320.995 —
En 1921	345.900 —
En 1922	391.600 —
En 1923	472.400 —
En 1924	503.000 —
En 1925	504.000 —
En 1926	560.000 —

Total pour huit années...... 3.414.445 tonnes

Le bénéfice net de la société « Lupeni » pour 1925 a été de 98.189.994 lei, soit 24,5 p. 100 du capital versé.

En avril 1927 le capital social de la société a été porté de lei 400.000.000 à lei 590.000.000 par une émission des actions nouvelles qui ont été répartisée — sans aucun versement — aux détenteurs d'actions d'apport, en proportion d'une action nouvelle pour deux anciennes.

Cette opération a eu comme but de rectifier l'estimation des 29.600.000 de francs suisses, représentant la valeur de l'apport en nature que la société hongroise « Urikany » constitua lors de la formation de la société. L'ancienne estimation était de lei 380.000.000, et ne pouvait plus à présent justifier la valeur réelle de cet apport, étant donné le change trop bas du « leu ».

La société anonyme *Le Crédit Carbonifère* a été constituée en 1920, avec un capital initial de 45.000.000 de lei. Elle a pris en concession et acheté diverses exploitations rudimentaires qui existaient déjà dans la région de Comanesti-Bacau et, actuellement elle possède dix-sept périmètres en concession, d'une étendue totale de plus de 4.000 hectares. Aussitôt son capital a été augmenté et porté à 55.000.000 de lei, afin de pouvoir faire toutes les installations techniques nécessaires pour une exploitation rationnelle et méthodique.

Jusqu'à présent, six couches de charbon sont connues et exploitées. Le premier gisement se trouve à 75 mètres et son épaisseur est de 50 centimètres. A une profondeur de 100 mètres, on rencontre le second gisement, qui a une épaisseur de 2 m. 50.

La pureté du charbon et les débouchés certains qui lui sont assurés d'avance dans les trois provinces : Moldavie, Bucovine et Bessarabie, qui n'ont pas de combustible en quantité suffisante, garantissent à cette société un avenir brillant.

Cette société a eu depuis 1920, année de sa création, jusqu'en 1926, l'activité suivante :

ANNÉES	PRODUCTION EN TONNES	VALEUR DE LA PRODUCTION EN LEI	BÉNÉFICE NET DE LA SOCIÉTÉ EN LEI
1921	48.512	23.463.147	671.654
1922	61.178	38.643.606	2.883.314
1923	64.600	53.224.144	4.679.627
1924	102.049	89.648.017	7.621.682
1925	119.967	116.753.787	9.162.644
1926	129.044	129.044.000	16.394.904

A cause de l'importance que la région de Comanesti présente tant pour les gisements de charbon que pour le placement de la production, la société « Lupeni » a décidé de commencer, elle aussi, à exploiter le charbon et elle a obtenu, dernièrement, pour cette raison, une concession minière.

Nous avons établi le tableau suivant (page 192), concernant les sociétés minières les plus importantes, qui exploitent le charbon en Roumanie :

Tableau des sociétés minières qui exploitent le charbon.

NUMÉROS	NOM DE LA SOCIÉTÉ	ANNÉE de la fondation	SITUATION FINANCIÈRE			PRODUCTION (en tonnes)	
			CAPITAL initial Lei	CAPITAL en 1926 Lei	BÉNÉFICE net en 1926 Lei	1925	1926
1	Petroshani. — S.A.R.	1921	100.000.000	550.000.000	159.502.094	1.033.691	1.053.150
2	Lupeni. — S.A.R.	1924	400.000.000	400.000.000	115.260.537	504.000	560.000
3	Lonea. — Soc. An. pentru exploat. cărbunelui	1925	180.000.000	180.000.000	2.297.792	—	114.280
4	Industriile Miniere din Banat. S.A.R.	1921	20.000.000	150.000.000	2.176.874	16.294	16.439
5	Mica. — S.A.R.	1920	24.632.000	100.000.000	29.150.000	24.652	27.872
6	Creditul Carbonifer. S.A.	1920	45.000.000	55.000.000	16.828.807	119.967	129.044
7	România Carbonifera. — S.A.	1920	22.000.000	50.000.000	10.127.897	71.762	114.702
8	Lignitul. S.A.	1919	7.000.000	50.000.000	5.797.076	87.300	78.379
9	Valea Jiului de Sus. — S.A.R.	1926	50.000.000	50.000.000	12.079.773	—	59.700
10	Subsolul. S.A.R.	1921	12.000.000	30.000.000	—	12.802	2.860
11	Carbon. S. A.	1920	10.000.000	12.000.000	—	15.758	17.803
12	Miniera. — S.A.	1919	17.517.000	11.000.000	69.626	5.639	5.071
13	Minele de carbuni din Ardeal	1918	5.000.000	6.000.000	1.728.467	74.594	79.451
14	Boteni. — S.A. pentru exploatarea lignitului	1920	5.000.000	5.000.000	19.473	3.275	3.957
15	Minele de carbuni din Baia Noua	1921	3.000.000	3.000.000	1.329.373	36.789	36.535
16	Carbunele. — Soc. Coop. miniera	1921	1.626.000	3.000.000	1.016.990	12.984	14.047
17	Combustibilul. — S.A.	1925	3.000.000	3.000.000	405.033	5.673	7.077
18	Sălătruc. — S.A.R.	1926	2.000.000	2.000.000	33.703	—	10.032
19	Prometheus. — S.A.M	1923	1.000.000	1.000.000	45.881	73.039	34.743
20	Minele de carbuni din Mehadia	1922	225.000	225.000	8.833	19.740	14.300

Nous avons établi aussi un tableau de la production des charbons, par régions historiques, pour la période quinquennale 1922 à 1926 — qui est à la page 196 — La production totale pour la même période quinquennale, la voici :

Transylvanie............	9.833.494 Tonnes............	73.4	%
Ancien royaume........	2.087.286 »	15.6	%
Banat..................	1.474.247 »	11.0	%
Bucovine...............	1.200 »		
Bessarabie	161 »		
Roumanie .. Total......	13.396.388 »	100	%

La plus grande production est fournie par le district de Hunedoara (Transylvanie). Lui seul a produit chaque année, depuis 1919 environ 60 p. 100 de la production totale du pays. — Pour 1926, la production par district a été la suivante :

1. Hunedoara....	1.825.081 tonnes ou	59.8 % de la produc. tot.				
2. Caras	214.916 »	» 7.8 %	»	»	»
3. Dâmbovitza ..	169.410 »	» 5.6 %	»	»	»
4. Muscel........	143.459 »	» 4.7 %	»	»	»
5. Bacâu	135.724 »	» 4.4 %	»	»	»
6. Trei Scaune...	115.050 »	» 3.8 %	»	»	»
7. Bihot........	106.917 »	» 3.5 %	»	»	»
Autres districts ..	342.996 »	» 11.2 %	»	»	»
Total......	3.053.553 »	» 100.0 %	»	»	»

De tous ces districts, seulement Bacau, Muscel et Bihor, ont marqué une augmentation réelle de leur production en rapport avec la production totale du pays. C'est-à-dire que leur quote-part à la production générale est de beaucoup plus grande en 1926 qu'en 1919.

Voici également ci-dessous un tableau sur la production des charbons classés, selon leur

qualité, pendant la période de 1919 à 1926 d'après la statistique minière pour l'année 1926.

Production totale des charbons par qualités pendant les années 1919 à 1926

ESPÈCES DES CHARBONS ET LEUR PROVENANCE	PUISSANCE CALORIQUE	1919		1920		1921		1922		1923		1924		1925		1926	
		Tonnes	%	Tonnes	%	Tonnes	%	Tonnes	%	Tonnes	%	Tonnes	%	Tonnes	%	Tonnes	%
Anthracite																	
1° La mine Schela. District de Gorj	7400–8000	731	0.1	460	0.0	392	0.0	307	0.0	152	0.0	150	0.0				
Houille																	
2° Les mines de Transylvanie et de Banat	5000–7800	204.989	13.1	187.068	11.7	209.576	11.7	254.335	12.0	291.831	11.5	297.138	10.7	313.572	10.7	322.191	10.5
Lignite supérieur																	
3° La région de Pretroshani. Vallée de Jiul	5600–7500	1.027.026	65.9	987.312	62.2	1.148.468	63.6	1.346.802	63.6	1.578.823	62.6	1.681.786	60.0	1.690.219	57.7	1.797.163	58.9
4° Les mines de Comanesti et la mine Urania-Banat	5500–6000	46.403	3.0	43.944	2.8	51.295	2.8	88.702	4.2	90.279	3.6	130.164	4.7	151.263	5.2	149.543	4.9
5° Les mines de Transylvanie. Banat et la mine Pralea	4000–5500	37.921	2.4	45.085	3.9	72.493	4.0	103.138	4.0	151.818	6.0	172.675	6.2	222.086	7.6	235.349	7.7
Lignite																	
6° Les mines de Transylvanie. Banat et Ancien Royaume	2500–4000	242.280	15.5	313.708	19.8	322.463	17.9	322.937	15.3	408.490	17.2	494.458	17.8	551.710	15.8	549.307	18.0
Total		1.559.330	100	1.587.575	100	1.804.687	100	2.116.221	100	2.521.393	100	2.776.371	100	2.928.850	100	3.053.553	100

Production totale de charbon par divisions historiques pendant les années 1922-1927

DIVISIONS HISTORIQUES	ANNÉES									
	PRODUCTION EN TONNES	% DU TOTAL prod.	PRODUCTION EN TONNES	% DU TOTAL prod.	PRODUCTION EN TONNES	% DU TOTAL prod.	PRODUCTION EN TONNES	% DU TOTAL prod,	PRODUCTION EN TONNES	% DU TOTAL prod.
	1922·		1923		1924		1925		1926	
Transylvanie ...	1.545.192	73.02	1.853.144	73.50	2.015.536	72.60	2.126.249	72.60	2.293.373	75.10
Ancien Royaume	303.734	14.35	364.143	14.44	461.244	16.61	490.713	16.75	467.452	15.31
Banat	267.134	12.62	304.106	12.06	299.591	10.79	311.888	10.65	291.528	9.55
Bucovine.......									1.200	0.04
Bessarabie	161	0.01								
Total....	2.116.221	100.00	2.521.393	100.00	2.776.371	100.00	2.928.850	100.00	3.053.553	100.00

CONSOMMATION INTÉRIEURE

Le plus grand consommateur de charbon, en Roumanie, est le service de traction des chemins de fer roumains. Avant la guerre, presque toute la quantité de charbons extraits dans l'ancien royaume était consommée par les chemins de fer. En effet, pendant la période 1885 à 1900, ils ont absorbé toute la production de charbon du pays ; depuis, la consommation n'est plus entièrement faite par eux. En 1925, les chemins de fer ont consommé 97 p. 100 du total de la production, 94 p. 100 en 1908 et 92 p. 100 en 1911. Après la guerre, le coefficient de leur consommation est devenu moins important. En 1924, 69 p. 100 de la production totale. En 1925, ils ont consommé 1.983.368 tonnes, soit 67,7 de la production du pays. Le lignite de qualité inférieure ne suffisant pas au chauffage des locomotives, il a été mélangé aux résidus du pétrole dans une proportion de deux tiers. Ce mélange donne de bons résultats et son prix est relativement plus réduit que celui des autres combustibles.

Ainsi que nous l'avons dit dans un précédent chapitre, lorsque le programme de l'électrification de la Roumanie sera exécuté, les grands centres thermiques générateurs d'énergie seront construits à côté des principales usines de lignite et, de ce fait, ce combustible prendra une importance beaucoup plus grande.

Les autres consommateurs sont les diverses industries roumaines.

Les charbons qui se prêtent à la transformation du coke sont transformés par la société « Reshitza » — par exemple la houille extraite en Banat — ou par les usines de la société « Petroshani ».

Les usines « Reshitza » obtiennent de la houille traitée, entre 70 à 75 p. 100 de coke, ayant un pouvoir calorique de 7.000 calories, 13 p. 100 de cendres, 1,3 p. 100 de soufre et 0,9 p. 100 d'azote. Le coke produit est utilisé dans les hauts-fourneaux de la société.

La société « Petroshani » transforme entre 10 à 12 p. 100 de la production de son lignite supérieur. Elle obtient 45 à 47 p. 100 de coke, 15,7 p. 100 de cendres, 2,6 p. 100 de soufre et 1,5 p. 100 d'azote.

La production des charbons n'étant pas encore suffisante pour donner satisfaction à toutes les demandes de la consommation intérieure, l'importation des charbons et surtout du coke est forcée. Cette importation est moindre aujourd'hui qu'avant la guerre, parce que les mines si riches de Transylvanie et du Banat ont satisfait à la plus grande partie des besoins. En 1913, l'importation des charbons étrangers était, en effet, de 443.644 tonnes, tandis qu'en 1923 elle était seulement de 177.000 tonnes. Depuis lors, à cause du développement de l'industrie roumaine, la consommation s'est accrue et on a dû importer, en 1924, 204.640 tonnes et 325.800 tonnes en 1925.

La Roumanie exporte également une certaine quantité de charbon dans les pays limitrophes, qui n'ont pas ce combustible. Mais cette exportation des charbons roumains diminue de plus en plus.

En effet, en 1923 on exportait 34.321 tonnes, en 1924, 25.820 tonnes et en 1925 seulement 22.171 tonnes.

Cette diminution constante dans l'exportation des charbons roumains et l'importation de plus en plus grande des charbons étrangers sont dues aux nécessités économiques générales, qui ont même dicté un changement assez intéressant dans la politique commerciale roumaine. En effet, l'Etat vient d'accorder aux « charbons polonais » une réduction de 40 p. 100 sur le tarif des chemins de fer roumains, en échange de quelques réductions douanières, accordées par la Pologne aux importations de fruits roumains (1).

Cette réduction importante pour les « charbons polonais » sur le tarif des chemins de fer roumains est due particulièrement au fait que l'industrie des régions du Nord de la Roumanie — Bucovine, Bessarabie et nord de la Moldavie — se trouvait dans une situation extrêmement désavantageuse, à cause du manque de charbon dans ces contrées. De ce fait, l'importation du charbon polonais va augmenter.

Comme, d'une part, les réserves connues de charbon en Roumanie sont assez importantes et, d'autre part, comme la plupart des gisements ne produisent que des charbons d'une qualité inférieure, qu'ils ne peuvent pas être vendus à l'extérieur; qu'ensuite les produits pétrolifères — même

______

(1) La circulaire n° 10255/39827 de la Direction Générale C.F.R. du 20 septembre 1926.

les résidus — peuvent être exportés, nous croyons nécessaire d'insister sur la question d'une politique d'Etat devant résoudre le plus avantageusement possible le problème du combustible.

Comme jusqu'à ce jour ce sont les chemins de fer qui consomment le plus de combustible ; que, d'autre part, ils emploient encore une quantité considérable de pétrole et de bois, au détriment de l'économie générale, et que, de plus, ils sont administrés par l'Etat lui-même, il est très facile à celui-ci d'obliger le service de traction à employer, dorénavant, une quantité plus grande de charbon et surtout de lignite inférieur mélangé avec le mazout. Cette mesure permettrait d'économiser une certaine quantité de charbon supérieur et, particulièrement, le pétrole, qui pourrait être vendu à l'étranger.

L'Administration devrait même faire un programme à la fin de chaque année, des nécessités en combustibles de l'année suivante et commander d'avance les quantités de charbon aux sociétés minières et celles-ci afin de pouvoir remplir leurs obligations devraient, naturellement, développer leur production. Ces commandes devraient être faites par région, afin de diminuer la longueur des transports, ce qui rendrait les combustibles moins cher.

Ces commandes faites, une fois pour toutes, au commencement de l'année, amèneraient plusieurs avantages :

1° La société minière se basant sur les commandes faites par l'Etat pourrait, grâce au crédit qui lui serait fait ou à l'argent qu'elle aurait reçu d'avance, faire les installations nécessaires, lui permettant une exploitation beaucoup plus rationnelle et plus considérable. De ce fait, le prix de revient du charbon serait bien moins élevé.

2º L'Etat ferait une assez grande économie en s'approvisionnant par région suivant la destination du combustible, car l'Etat éviterait ainsi les dépenses supplémentaires qui lui sont imposées, par exemple pour le transport du charbon de Banat jusqu'en Moldavie.

3º Enfin, en règlementant la consommation du charbon, l'emploi des charbons supérieurs ou du pétrole ne serait fait que dans le cas d'absolue nécessité. Le combustible qui resterait disponible pourrait soit être transformé, comme c'est le cas pour la houille en coke si nécessaire à l'industrie métallurgique, ce qui diminuerait l'importation de ces produits, soit être exporté dans l'intérêt général du pays.

CHAPITRE III

LES GAZ NATURELS

Les gaz naturels qui existent en Roumanie en assez grande quantité, constituent pour le pays, grâce à leur qualité calorique qu'on ne rencontre nul part ailleurs, une richesse considérable. Ils représentent le plus idéal générateur d'énergie connu et leur prix de revient est le moins élevé. Logiquement, ils devraient être employés davantage que les autres combustibles, grâce à ces qualités, mais leur découverte en Roumanie est encore trop récente pour que leur usage soit généralisé.

Les gaz naturels sont connus depuis plusieurs siècles en Chine et aux Indes, mais ils n'ont été d'aucune utilité jusqu'en 1822, date à laquelle une ville des Etats-Unis « Fredonia » les a captés pour les employer à l'éclairage de la ville.

Plus tard, la découverte de gisements importants de gaz naturels en Pensylvanie et surtout autour de Pittsbourg a développé leur utilité, en transformant leur pouvoir calorique en force motrice. Depuis, leur emploie comme combustible dans les usines thermiques, s'est généralisé. C'est aux gaz naturels que Pittsbourg doit son industrie et c'est grâce à cette source d'énergie qu'elle a pu prendre une si grande importance. Après Pittsbourg, d'autres villes devinrent des centres industriels très importants, grâce aux riches gisements de gaz qui ont été trouvés autour d'elles.

L'importance des gaz naturels s'est considérablement accrue depuis la constatation des avantages multiples qu'ils présentent en comparaison avec le charbon et le bois, en tant que combustibles.

D'après M. Otto Ott — qui est un spécialiste dans cette matière — le rapport entre ces trois combustibles est le suivant :

Un mètre cube de gaz méthane produit dans une chaudière 10 kgs 400 de vapeur. Un kilogramme de charbon de Petroshani, de la meilleure qualité, donne seulement 5 kgs 500 de vapeur, tandis qu'un kilogramme de bois n'en donne que 3 kgs 600. Donc, un mètre cube de gaz méthane équivaut à 1 kgr. 600 de meilleur charbon de Petroshani et à 2 kgs 800 de bois. Par conséquent si un kilogramme de charbon de Petroshani a une valeur de 1 lei 20 et qu'un kilogramme de bois vaut 0,45 bani, la valeur d'un mètre cube de gaz méthane est de 2 lei 16 par rapport au charbon et de 1 lei 26 par rapport au bois.

Il est non seulement supérieur en pouvoir calorique au charbon et au bois, mais encore son emploi est de beaucoup plus avantageux.

En effet, il ne demande qu'un appareillage très simple, une main-d'œuvre réduite au minimum, ce qui représente une économie très importante, au prix actuel de la main-d'œuvre. De plus, la température de chauffage peut être facilement réglée et surtout le gaz brûle complètement sans produire ni fumée, ni cendres.

La consommation des gaz naturels, après la guerre, est de plus en plus grande, mais en comparaison des possibilités qui lui sont offertes, elle n'est pas si importante comme elle devait être. En 1926, on est arrivé à une consommation de 8 p. 100 seulement du débit naturel de la production, par conséquent, très peu. Voilà, d'ailleurs, la consommation annuelle des gaz naturels depuis 1919 :

ANNÉES	CONSOMMATION ANNUELLE en mètres cubes	POURCENTAGE du débit total annuel
1919	144.242,051	4.5
1920	170.537.689	4,7
1921	180.482.416	5
1922	250.093.998	6.8
1923	287.113.622	7.0
1924	362.318.989	7,8
1925	369.819.723	7.9
1926	376.754.066	8.0

Les gaz naturels comprennent deux espèces de gaz; on rencontre toutes les deux en Roumanie.

1º Les gaz humides qui sont issus des sondes de pétrole, connus sous le nom de « gaz de pétrole »;

2º Les gaz secs qui émanent des gisements propres et qui sont appelés couramment « gaz méthane ».

LES GAZ DE PÉTROLE

Presque tous les gisements pétrolifères roumains contiennent en proportions diverses des gaz naturels, qui sont sous une haute pression en état de dissolution. C'est à cause de ces gaz et de leur pression qu'on rencontre asssez souvent en Roumanie ce qu'on appelle des sondes éruptives de pétrole.

La composition chimique et la qualité de ces gaz varient d'un gisement à l'autre.

La qualité des gaz naturels dépend de leur teneur en méthane ; plus il y en a, meilleurs ils sont. Par exemple, les gaz de sonde de Bordeni contiennent du méthane pour 90 p. 100 de leur volume, les gaz de Bustenari 85 p. 100, ceux de Moreni, beaucoup moins, environ 64 p. 100.

Le pouvoir calorique de ces gaz est aussi très variable, parce qu'il dépend ou de leur qualité ou de la quantité d'air plus ou moins grande qu'ils contiennent. Il est de 4.000 calories en général par mètre cube, mais dépasse parfois 8.500 calories comme c'est le cas des gaz de pétrole de Bustenari.

Avant leur captation, qui est très récente, ces gaz, à cause de leurs éruptions considérables, couvraient les régions pétrolifères d'une brume épaisse provoquant assez fréquemment de grands incendies, qui étaient de véritables désastres. Aujourd'hui, ces incendies sont beaucoup plus rares.

Le captage de ces gaz a commencé vers 1908, mais ce n'est que vers 1910 qu'une sérieuse utilisation en a été faite. C'est la société « Steaua Romana » qui a commencé à employer le gaz de pétrole comme combustible dans sa raffinerie, en réalisant une très grande économie sur sa propre consommation de pétrole brut, qui est de plus de 12 p. 100. Dans le courant de la même année, trois autres sociétés suivirent son exemple.

L'emploi du gaz de pétrole permet une exploitation plus rationnelle du pétrole. En effet, en 1911, on est arrivé déjà, en employant le gaz de pétrole pour le chauffage des raffineries â remplacer 34.400 tonnes de mazout, d'une valeur de 1.200.000 lei or. En 1912, le gaz remplace 103.700 tonnes de mazout, d'une valeur de 4.417.800 lei or.

La consommation du gaz de pétrole s'est accrue rapidement avant la guerre, mais elle a subi une importante diminution pendant les hostilités. Depuis la paix, elle augmente sans cesse chaque année.

ANNÉES	QUANTITÉS en m³	VALEUR en lei or	ANNÉES	QUANTITÉS en m³	VALEUR en lei or
1907	60.000	1.020	1920	61.000.000	30.000.000
1908	248.200	4.219	1921	90.000.000	45.000.000
1909	1.407.000	23.919	1922	95.000.000	47.500.000
1910	32.700.000	555.900	1923	101.000.000	50.500.000
1911	69.945.000	1.200.000	1924	146.373.000	73.176.000
1912	209.385.000	4.147.000	1925	144.742.000	72.521.180
1919	48.000.000	14.000.000	1926	134.712.305	67.356.152

Il est à remarquer que sur la quantité totale de gaz captés en 1925, soit : 144.742.000 mètres cubes, 128.630.000 mètres cubes ont été employés à la production de force motrice dans les diverses exploitations de pétrole, ainsi que dans les usines thermo-électriques de Câmpina et de Floresti, tandis que, seulement, 16.112.000 mètres cubes ont servi au chauffage et à l'éclairage.

Le débit total et quotidien des gaz de pétrole peut être évalué à plus de 5.000.000 de mètres cubes, ce qui fait un débit annuel d'environ 2 milliards de mètres cubes. Des calculs sont faits sur la base qu'une sonde de pétrole produit en moyenne 5.000 mètres cubes par jour (1).

Nous sommes donc loin aujourd'hui des possibilités de consommation que cette source d'énergie nous offre. A peine 8 p. 100 du débit journalier est capté et consommé.

Il est bien dommage que tous ces gaz ne soient pas encore utilisés, car grâce à leur puissance calorique, ils peuvent satisfaire aux exigences, en ce qui concerne les combustibles, de toutes les raffineries qui sont situées dans le district de Prahova, des grandes usines thermo-électriques de Câmpina, Sinaia et Floresti et de toutes les industries des environs de Ploesti et Bucarest.

Nous croyons intéressant de souligner que la puissance calorique de 2 milliards de mètres cubes de gaz représente environ une économie de 1 000.000 de tonnes de combustible tel que le mazout.

---

(1) Ing. I. DINU. *La richesse minière de la Roumanie*, paru dans la *Correspondance Economique Roumaine* n° 5, 1924, p. 16.

Dès que tous ces gaz seront dégazolinés — ce n'est qu'en 1925 qu'on a commencé, dans des usines spécialement construites à cet effet, à récupérer la gazoline des gaz de pétrole — on pourra aussi électrifier les réseaux de chemins de fer des régions environnantes par le courant produit par des usines thermiques, qui se serviront des gaz comme combustible.

En tenant compte du débit considérable des gaz, de la possibilité de les amener jusqu'aux lieux de consommation, ou de les transformer en courant électrique et en considérant qu'à la sonde de pétrole le coût de production du gaz est estimé à zéro, « ... on peut facilement conclure qu'il sera beaucoup plus profitable à l'Etat de commander, à la place des locomotives qui brûlent du bois, du charbon et du pétrole par quantités énormes, en un temps où, chaque année, des centaines de millions de la fortune nationale s'envolent sous forme de gaz non utilisés, des machines électriques construites et disposées en vue de ces transports et qui puiseraient leur énergie dans le courant fourni par des usines alimentées par le gaz. » (1)

De plus, les gaz de sonde présentent des avantages considérables dans l'extraction du pétrole, comme les expériences récentes l'ont prouvé aux Etats-Unis.

Par exemple : l'exploitation du pétrole par la méthode du gaz-lift.

-----

(1) G. DAMASCHIN. *Le problème du combustible et la politique d'Etat. Correspondance Economique Roumaine* n° 2, 1926, p. 18.

Dès que les gaz de sonde ont été captés en quantités assez importantes, on peut les utiliser d'une manière très avantageuse en les introduisant, par la colonne d'une sonde, dans les gisements pétrolifères, où ils font pression sur le niveau du pétrole, dont le sable est imbibé.

De ce fait, le pétrole étant mélangé avec le gaz est plus léger et monte à la surface beaucoup plus facilement.

Des expériences faites par M. S. Schaw (1), qui a employé cette méthode pour quatorze sondes, ont donné des résultats très intéressants : la production journalière a passé de 6.500 barils à 13.487 barils, ce qui fait une augmentation de 110 p. 100.

Au fur et à mesure que les gaz montent avec le pétrole, ils sont captés une seconde fois, passent dans les usines de dégazolinage et sont de nouveau introduits dans les sondes. Quand ces gaz entrent en contact avec le sable pétrolifère, ils se mélangent avec les vapeurs de gazoline et activent ainsi l'exploitation du pétrole. Ainsi, un cycle a été constitué.

A la suite des expériences faites par Neil Williams (2) dans douze sondes en Osage County, on est arrivé à augmenter la production de la gazoline de 26 p. 100 et celle du pétrole de 39 p. 100.

Comme, d'une part, il est établi aujourd'hui que d'un gisement pétrolifère on ne peut extraire, au moyen de sondages classiques, qu'une quantité

---

(1) *The petroleum Times*, n° 410 de 1926, p. 922.
(2) *The Oil and Gas Journal*, octobre 1926, p. 32.

14

représentant 15 à 20 p. 100 de la totalité du pétrole contenu dans le sable, d'autre part, comme les terrains pétrolifères de Roumanie sont extrêmement riches en gaz naturels, il est facile de se rendre compte du grand avantage qu'on peut retirer en employant la méthode du gaz-lift pour l'extraction du pétrole, surtout en ce qui concerne les sondes dont la production a diminué ou dont la quantité de pétrole pouvant être extraite par les moyens naturels est épuisée. Ainsi, on arrivera à extraire une quantité appréciable de pétrole, considérée jusqu'à ces derniers temps comme perdue et ensuite les gaz fourniront davantage de gazoline, qui est un produit très important, comme nous l'avons déjà dit.

LE GAZ MÉTHANE.

Dans l'ancien royaume, surtout à Aricesti et Boldesti-Prahova, on trouve des gisements propres de gaz naturels. Le gisement d'Aricesti a été rencontré à une profondeur de 700 mètres, par une sonde d'exploration appartenant à la société Romana-Americano, en 1924. L'éruption a été tellement forte que la sonde fut en grande partie détruite. La quantité de sable qui a été projeté par la force des gaz aux alentours de la sonde a été évaluée à plus de 45.000 mètres cubes. En 1925, cette sonde a fourni 11.000.000 mètres cubes.

Pendant l'année 1926, l'usine électrique de Flo-

resti a consommé 7.787.000 mètres cubes des gaz
naturels d'Aricesti. Ces gaz contiennent 95 p. 100
de méthane, 2 p. 100 d'air et 3 p. 100 de bioxyde
de carbone ; le pouvoir calorique est de 7.800 calories par mètre cube.

Un mètre cube de gaz d'Aricesti nécessite pour la
combustion 10 mètres cubes d'air, la température
de combustion dans le foyer étant de 1.700 degrés.
Les gaz brûlent sans flamme apparente (1).

A Boldesti, en 1923, la même société a rencontré
un très riche gisement de gaz naturels à une profondeur de 450 mètres. Le débit annuel est d'environ
14.000.000 de mètres cubes. On trouve également
des gaz naturels en d'autres endroits comme à
Valcea. Mais la région où l'on trouve des gaz naturels issus de gisements propres est, par excellence,
la Transylvanie.

En effet, à Sarmashel — 60 kilomètres environ
à l'est de Cluj, ville importante de Transylvanie —
des gisements importants de gaz méthane ont été
découverts en 1908, par hasard : c'est en cherchant
du sel de potasse que les sondages effectués ont
rencontré le gaz. Le gaz se trouve dans l'intérieur
du bassin qui est au centre de la Transylvanie,
imbibant les sables et les grès des « dômes » formés
par les axes dans les anticlinaux, qui sillonnent ce
bassin du nord-ouest vers le sud-est. La pression
dans ces dépôts de gaz méthane est de 26 à 42 atmos-

____

(1) Ing. I. DINULESCO. *Instalatia de ars gaze a centralei termo-electrice
Floresti*, Bucuresti, 1927.

phères. Les « dômes » qui sont situés au centre de la région reconnue productive contiennent des quantités considérables de gaz méthane à une certaine profondeur et si isolés qu'ils ne peuvent pas fuir. Les dômes qui sont situés à la périphérie de cette région contiennent du gaz méthane en plus petite quantité, qui, n'étant pas assez isolé, s'échappe dans l'air par des fissures.

L'évaluation définitive de la quantité de gaz méthane qui peut exister dans le sous-sol de toute cette région n'a pas encore été faite.

Cependant plusieurs experts se sont occupés de cette question mais leurs avis diffèrent.

D'abord, deux américains, le géologue Frederich G. Klaffe et l'Ingénieur Allen S. Miller, ont estimé, en 1913, qu'en Transylvanie, il existait trente-six « dômes » ou « cantons » sur une superficie productive de 515 kmq. 500. D'après les sondages faits à Sarmashel, ils ont estimé que chaque kilomètre carré contenait 140.000.000 de mètres cubes de gaz méthane. C'est-à-dire que sur toute la superficie productive la quantité de ce gaz était d'environ 72 milliards de mètres cubes.

Mais, ces estimations ont été trouvées très inférieures à la réalité.

En effet, le Dr Lesco, en faisant lui-même une nouvelle mesuration des dépôts de gaz de Sarmashel, ayant servi de base aux calculs des américains, et en tenant compte des quantités de gaz méthane exploité depuis 1914, estime que les mêmes couches, qui ont fait jusqu'à présent l'objet des sondages, contiennent encore 3.557.000.000 de mètres cubes de gaz, tandis que l'estimation américaine n'était que de 2.210.000.000.

Le « canton » gazogène de Sarmashel, par suite de sa situation à la périphérie de la région productive, est, de ce fait, un des moins riches en dépôts de méthane et l'estimation qui a été faite sur la base de ce « canton » ne peut pas être exacte. Du moins, est-ce l'affirmation de la plupart des géologues.

Parmi ceux-ci, le professeur Popesco-Voiteshti estime que la quantité de gaz méthane contenue dans certains « cantons » est au moins cinq fois plus grande que celle indiquée par les américains.

Mais toutes ces estimations ont été faites d'après des sondages ayant atteint seulement 300 mètres de profondeur et comme on sait que tous les gisements de méthane se trouvent dans le « sarmatique » qui a une épaisseur de plus de 800 mètres ; qu'à Sarmashel le gaz méthane a été rencontré à une profondeur relativement faible et qu'il doit provenir de couches beaucoup plus profondes, nous pensons qu'elles ne peuvent pas être véritables.

Les gaz naturels de Transylvanie sont les plus riches du monde entier en hydrocarbures ; en effet, ils contiennent de 97 à 99,25 p. 100 de méthane.

Voici un tableau des gaz naturels produits dans différents pays et leur qualité :

PROVENANCE	TENEUR EN MÉTHANE
1 — Transylvanie-Roumanie..........	97 à 99,25 %
2 — Pays de Galles...............	80 à 98 %
3 — Allemagne..................	68 à 97 %
4 — Italie	67 à 78 %
5 — Galicie....................	65 à 88 %
6 — Etats-Unis.................	54 à 99 %
7 — Caucase...................	52 à 97 %

La teneur élevée en méthane du gaz de Transylvanie a une importance considérable, surtout quand il s'agit du gaz naturel, matière première pour l'industrie chimique. Grâce à cette teneur élevée en méthane, les gaz naturels de Transylvanie ont la puissance calorique la plus grande de tous les gaz naturels du monde et viennent immédiatement après l'acétylène, s'il s'agit des autres gaz industriels :

Acétylène, 13.800 calories ;
Gaz naturel de Transylvanie, 9.500 calories.

Les terrains gazeux de Transylvanie ont une superficie d'environ 10.000 kilomètres carrés (1). — la prospection n'a été bien faite que sur 515 kilomètres carrés — mais jusqu'en 1926 les sondages exécutés dans la région productive se sont limités

______

(1) Professeur Dr I.-N. ANGELESCO. *L'accroissement de la production*, Bucarest 1924, p. 12.

à quelques localités seulement qui, dans l'ordre d'importance, sont les suivantes :

Sarmashel : district de Cluj, 14 sondes productives ;

Saras : district de Tarnava-Mica, 13 sondes productives ;

Basna : district de Tarnava-Mica, 8 sondes productives ;

Copsha Mica : district de Tarnava-Mare, 3 sondes productives.

Il y a encore quelques localités de moindre importance ;

Sincai et Ugra dans le district de Mures ;

Moinesti dans le district de Turda ;

Sacel dans le district de Maramuresh.

Des sondages ont été faits aussi en dehors de la région productive mais n'ont donné aucun résultat jusqu'à présent.

Le prix du forage par mètre pour le gaz méthane est à peu près la moitié du prix du forage pour le pétrole. En 1923, le prix d'un mètre foré était d'environ 6.000 lei. Comme, en général, le gaz méthane se trouve à une profondeur moins grande que le pétrole, le coût d'une sonde à gaz est donc beaucoup moins élevé que celui d'une sonde à pétrole.

La profondeur des sondes varie d'un puits à un autre, comme on peut le voir dans le tableau suivant (page 216) des principaux forages.

D'après ce tableau, on se rend compte facilement qu'en dehors du gisement de Bazna-Tarnava-Mica, où la zone gazogène est rencontrée plus près de la surface de la terre, la zone de méthane, dans les

deux autres gisements, est en relation étroite avec
la profondeur où il se trouve. La sonde qui sera
forée plus profondément donnera un débit de gaz
plus grand. C'est pour cela que nous inclinons à
croire que les couches plus profondes, qui n'ont pas
encore été explorées, doivent recéler des quantités
plus abondantes de gaz.

LOCALITÉS	N° DE LA SONDE	ANNÉE DE FORAGE	PROFONDEUR EN MÈTRES	DÉBIT QUOTIDIEN en M^3 en 1924	PRESSION ATMOSPHÉRIQUE
Sarmashel-Cluj......	2	1909	302	864.000	28.5
— —	16	1922	299	700.000	23.1
— —	7	1912	226	200.000	22.0
— —	11	1913	204	200.000	22.5
Bazna-Tarnava-Mica .	8	1923	250	536.400	34.0
— — —	5	1917	195	234.600	24.5
— — —	7	1920	188	311.000	24.7
Saras-Tarnava-Mica .	8	1917	286	268.000	27.2
— — —	7	1917	278	201.800	27.0

La consommation du gaz augmente chaque année,
mais elle est encore infime, à l'heure actuelle, par
rapport au débit annuel des sondes qui sont déjà
en exploitation.

L'exploitation est faite aujourd'hui : par l'Etat, par une ancienne société hongroise à laquelle l'Etat a concédé des terrains productifs et des sondes déjà forées et, depuis peu de temps, par une société roumaine qui exploite un terrain à Sacel en Maramuresh.

Avant la guerre, en 1911, le gouvernement hongrois décréta que tous les gisements de gaz naturels se trouvant en Transylvanie appartenaient à l'Etat, qui en détenait le monopole. Le gouvernement nomma une commission qui était spécialement chargée d'étudier le problème du méthane et l'approvisionnement des diverses villes et industries. Cette commission élabora même un projet pour l'approvisionnement en gaz méthane de la capitale hongroise. La construction d'une grande conduite d'une longueur de 400 kilomètres environ fut projetée pour transporter 300.000 mètres cubes de gaz par jour à Budapest. Mais le commencement de la guerre empêcha l'exécution de ce projet grandiose.

Comme, pendant la guerre, la Hongrie devait économiser le plus possible ses réserves de charbon et de pétrole, le gouvernement hongrois donna la concession d'une étendue de 211 kilomètres carrés des terrains productifs de gaz méthane, pour qu'il l'exploite, à un consortium constitué par plusieurs banques hongroises et la Deutsche Bank (1). L'Etat lui-même était intéressé dans ce consortium et par-

---

(1) Ing. C.-J. Motas. *Problemele Industriale din Transilvania*, paru dans les *Annales Statistiques et Economiques*, 1919.

ticipait au capital social de la société anonyme créée en 1915, en vue de cette exploitation, pour 4.000.000 de couronnes.

Cette société prit le nom de « l'Ungarische-Erdgas-Gesellschaft » — connue plus tard sous ces initiales « U.E.G. » — et entra tout de suite en activité par des forages qu'elle exécuta à Saros — 10 sondes — et à Bazna — 2 sondes. En même temps, elle construisit deux conduites à gaz, l'une ayant une longueur de 12 kilomètres et un diamètre de 400 millimètres, qui allait de Saros à Dicio-San-Martin, et l'autre d'une longueur de 6 kms 500 et d'un diamètre de 143 millimètres, qui allait de Bazna à Medias.

Mais comme pour tous ces travaux le capital initial n'était pas suffisant, il fut augmenté en 1916 de 7 millions de couronnes.

En 1919, quand le gouvernement roumain mit la société anonyme « U.E.G. » sous séquestre, son capital était composé de 27.000 actions de 1.000 couronnes-or, qui étaient ainsi réparties (1) :

4.000 actions appartenant à l'Etat hongrois ;
12.250 actions appartenant au groupe allemand ;
8.250 actions appartenant aux banques hongroises ;
2.500 actions appartenant aux banques autrichiennes.

Au lendemain de la paix mondiale, l'Etat roumain prit possession de tous les anciens droits de l'Etat hongrois. La Société « U.E.G. » fut mise sous l'administration de l'Etat roumain, qui nomma un

---

(1) G.-G. ROMMENHOELLER. Œuvre citée, p. 410.

administrateur-sequestre. Les anciens actionnaires furent représentés dans le Conseil d'Administration, conformément à la loi spéciale. Comme cette société était contrôlée par la Deutsche Bank, elle devra être nationalisée d'un jour à l'autre.

Jusqu'à présent, le plan établi par l'ancienne commission hongroise pour l'organisation de l'approvisionnement de l'industrie et des villes en gaz et qui a été exécuté dans une grande mesure par « l'U.E.G. » n'a pas été changé, sauf en ce qui concerne le débit et la consommation qui ont augmenté.

On distingue d'abord trois centres productifs, classés ci-dessous par ordre d'importance :

1. Le centre productif de Sarmashel, exploité par l'Etat, qui donna les quantités suivantes de gaz méthane :

1919 — 46.426.451	mètres cubes, soit	48.3 %	de la consom. totale	
1920 — 59.674.429	» » »	54.5 %	» »	» »
1921 — 60.954.476	» » »	67.3 %	» »	» »
1922 — 89.989.685	» » »	58.0 %	» »	» »
1923 — 109.302.513	» » »	58.8 %	» »	» »
1924 — 118.092.815	» » »	55.9 %	» »	» »
1925 — 121.852.098	» » »	54.1 %	» »	» »
1926 — 126.181.124	» » »	52.1 %	» »	» »

2. Le centre productif de Saros exploité par « l'U.E.G. », a donné depuis 1923 :

1923 — 49.223.530	mètres cubes, soit	26.5 %	de la consom. totale	
1924 — 61.129.025	» » »	28.3 %	» »	» »
1925 — 65.654.742	» » »	29.2 %	» »	» »
1926 — 77.189.479	» » »	31.9 %	» »	» »

3. Le centre productif de Bazna, exploité par la même société, donnant les quantités suivantes :

1923 —	27.504.385 mètres cubes, soit	14.7 %	de la consom. totale
1924 —	36.442.485 » » »	16.7 %	» » » »
1925 —	37.270.524 » » »	16.7 %	» » » »
1926 —	38.371.158 » » »	16.0 %	» » » »

1º La région de Sarmashel envoie par une conduite, qui est la plus importante conduite à gaz de Roumanie, le méthane jusqu'à Uioara, en passant par Turda. Cette conduite, construite en 1911 par la société « Prima Societate Ardeleana pentru conducta de gaz » (1) se trouve actuellement sous le contrôle direct de l'Etat. Elle a une longueur de 73 kms 500 et son diamètre varie ; jusqu'à Turda, sur une distance de 51 kilomètres, elle a un diamètre de 250 millimètres ; puis de Turda à Uioara, sur une distance de 22 kms 500, il est seulement de 150 millimètres. Le débit théorique de cette conduite est de 300.000 mètres cubes par jour, mais grâce à deux compresseurs, dont l'un est installé à Sarmashel et l'autre à Turda, son débit peut être porté jusqu'à 500.000 mètres cubes.

Grâce à cette conduite qui approvisionne en méthane les villes de Turda et d'Uioara, une grande activité industrielle a pu naître et se développer.

Nous indiquons ci-dessous quelques industries et usines qui font une grande consommation de gaz méthane (2) :

---

(1) O.-C. TASLAUANU. *Un programme économique.* Cluj 1924, p. 17.

(2) Voir Ing. BLANKENBERG. *Le gaz méthane en Transylvanie,* paru dans la *Correspondance Economique Roumaine* nº 3 de 1924, p. 19 et suiv.

La plus importante est la fabrique de ciment de Turda qui a utilisé :

1919 — 19.960.589 mètres cubes de gaz méthane
1920 — 24.966.711   —   —
1921 — 20.760.417   —   —
1922 — 26.078.685   —   —
1923 — 31.009.718   —   —

Puis, les usines chimiques Solvay de Turda, qui ont consommé :

1919 — 2.471.104 mètres cubes de gaz méthane ;
1910 — 2.160.157   —   —
1921 — 4.152.992   —   —
1922 — 12.456.212   —   —
1923 — 17.028.824   —   —

Du fait qu'après la guerre le facteur « combustible » devint, de plus en plus, d'une importance capitale pour les industries, il était naturel qu'autour de Turda, où on peut utiliser le méthane dans des conditions extrêmement favorables, plusieurs industries se soient créées et qu'elles aient eu un grand développement, notamment à cause des avantages considérables représentés par la qualité et le prix de revient très bas du méthane comme générateur d'énergie. Parmi ces industries, nous remarquons :

L'industrie du fil de fer, la plus importante dans son genre en Roumanie, qui a été créée en 1920 et qui a consommé :

1921 — 1.363.741 mètres cubes de gaz méthane ;
1922 — 6.224.291   —   —
1923 — 5.867.877   —   —

La verrerie « Turda », créée en 1922, qui a employé, après un an d'existence, 8.100.000 mètres cubes de gaz méthane.

Elle donne un exemple frappant de l'influence énorme que commence à prendre le gaz méthane dans les nouvelles industries (1).

L'industrie du verre, qui s'est développée grâce à ce générateur d'énergie, a produit en 1924 des marchandises d'une valeur d'environ un milliard de lei, ce qui en a réduit considérablement l'importation, car avant le développement de cette industrie en Roumanie, elles devaient être achetées à l'étranger.

Ensuite, une foule d'autres petites entreprises doivent surtout leur existence au gaz méthane ;

2º La région de Saros approvisionne la ville de Dicio-San-Martin par une conduite d'une longueur de 12 kilomètres et d'un diamètre de 400 millimètres. Cette conduite peut atteindre un débit d'environ 2 millions de mètres cubes par jour.

A Dicio-San-Martin le méthane est employé surtout dans la grande usine « Le Nitrogène » et dans d'autres industries plus modestes. Le « Nitrogène » a consommé, en 1924, environ 50 millions de mètres cubes de gaz méthane.

3º La troisième région, celle de Bazna, approvisionne en énergie la ville de Mediash qui, grâce à ce

---

(1) Dr Stefan Chicos. *Groupement territorial de quelques industries en Roumanie. Les Annales Économiques et Statistiques*, nº 5 et 6 de 1926, p. 45.

combustible très économique, est devenue un véri-table centre industriel.

En moins de trois années une dizaine de fabriques et d'usines se sont créées à Mediash. Quelques-unes d'entr'elles, comme la manufacture de cotonnade, la fabrique de lampes à incandescence et la fabrique de machines à écrire, sont les premières de ce genre construites en Roumanie. Dix de ces entreprises ont pris un si grand développement qu'en moins de deux ans, c'est-à-dire entre 1922 et 1924, elles sont arrivées à consommer dix fois plus de gaz mé-thane (1).

Les prix fixés par l'Etat pour le gaz méthane dif-fèrent selon l'emploi qu'on en fait. Ces prix varient aussi d'une région à une autre.

Voici les prix fixés par mètre cube pour les gaz qui sont distribués par le réseau de distribution :

GAZ MÉTHANE EMPLOYÉ	TURDA	DICIO SAN-MARTIN	MEDIASH
	Lei	Lei	Lei
Gaz pour la grande et moyenne industrie.....	0,63	0,63	0,69
Gaz pour la petite industrie	0,69	0,65	0,72
Gaz pour les usages domestiques	0,79	0,79	0,84

Il est donc facile de se rendre compte de la pro-tection que l'Etat accorde à la grande industrie.

---

(1) Dr Stefan Chroos. O. citée.

En ce qui concerne le gaz distribué par la conduite principale, les prix varient selon les conditions des contrats que l'Etat a passé avec les entreprises, en voici quelques-uns :

Fabrique de « Nitrogène », 0 lei 22 par mètre cube ;

Usine Solvay de Uioara, 0 lei 37 par mètre cube ;

Usine de Turda, 0 lei 22 par mètre cube ;

Fabrique de ciment de Turda, 1 lei par mètre cube, etc...

Le gaz méthane a de multiples utilisations.

Il sert à l'éclairage des villes, au chauffage des maisons, puis, dans une plus grande mesure, comme force motrice et, enfin, on a commencé à l'employer comme matière première dans les industries.

Voici d'ailleurs quelques applications du gaz méthane dans l'industrie chimique, qui pourront être mises en valeur en Roumanie :

La production du noir de fumée pour la fabrication de l'encre de l'imprimerie ;

La fabrication du chloroforme. En Roumanie une installation a déjà été faite dans ce but ;

Le chlor-méthyle, qui est employé dans l'industrie frigorifique ;

Les dérivés chloriques du méthane, qui sont employés en grande quantité dans l'industrie de la laine ;

L'alcool méthylique, puis des substances chimiques plus ou moins importantes.

Du fait qu'on peut isoler facilement le carbone du méthane, on peut obtenir du graphite qui sert à la fabrication des électrodes en charbon, employés

dans l'industrie électrochimique ou électrométallur-
gique.

De toutes ces utilisations, la plus importante est
celle du gaz méthane comme combustible.

A ce sujet, il est à remarquer que le gaz méthane
est le combustible idéal pour les fours Martin. Donc,
son utilisation dans l'industrie métallurgique roumaine donne à celle-ci un avantage considérable sur
les industries similaires étrangères, qui doivent
employer le coke, dont le prix de revient est beaucoup plus élevé.

En dehors de ces multiples emplois du gaz méthane, qui sont pour la plupart mis en valeur d'une
manière insignifiante jusqu'à ce jour, nous insistons, ainsi que nous l'avons déjà fait pour le gaz
de pétrole, sur l'importance capitale que présente
le gaz méthane pour l'électrification des réseaux de
chemins de fer de Transylvanie — surtout dans les
régions où il n'y a pas de chutes d'eau — ce qui
changerait, d'un jour à l'autre, l'aspect économique
de cette riche province. D'autre part, cela permettrait de faire des économies considérables de
combustibles plus coûteux, comme le pétrole, le
charbon et le bois, qui sont employés aujourd'hui pour
la traction et qui, demain, pourraient être exportés.

D'ailleurs l'Etat a déjà fait étudier cette importante question par ses organes administratifs, qui
élaborent en ce moment un plan d'électrification
générale du pays, où il sera tenu compte notamment de l'existence du gaz méthane pour fixer les
centrales électriques, de manière à ce que ce générateur d'énergie puisse être employé.

En même temps, l'Etat poursuit depuis quelques années la réalisation d'un projet grandiose pour faciliter la création des industries roumaines, nécessaires à l'économie nationale, dans les meilleures conditions économiques possibles.

Ces industries seront, bien entendu, les plus avantagées par l'Etat, de toutes les manières, afin qu'elles puissent arriver à un maximum de développement.

Nous nous rendons compte que cette politique industrielle a été mise en exécution par les dirigeants de l'Etat, particulièrement en ce qui concerne la courbe des prix, qui a été fixée pour les usages industriels du gaz méthane (1).

Si cette nouvelle politique est continuée — comme nous l'espérons — on arrivera à constituer de véritables centres industriels groupés autour de cette source d'énergie et, grâce aux avantages considérables que ce combustible présente, les produits seront meilleur marché et leur écoulement sera plus facile. Par cela même, toutes les autres industries similaires seront handicapées et disparaîtront du fait qu'elles seront mal placées.

D'autre part, grâce au contrôle effectif qu'il

----

(1) Nous croyons qu'il est très intéressant de remarquer que l'Etat accorde des prix extrêmement bas, par mètre cube de gaz méthane employé dans les industries considérées comme étant absolument nécessaires à la Défense nationale ou à l'Economie nationale. Puis, les industries qui veulent changer leur combustible — le charbon en gaz — sont aussi très avantagées. Une industrie qui, jusqu'à ce jour, aura consommé du charbon ou du pétrole, si elle veut adopter dorénavant comme combustible le gaz méthane, l'obtiendra à un prix beaucoup moins élevé que si, par exemple, elle avait été, dès le début, installée pour le chauffage au gaz.

exerce sur le gaz méthane, l'Etat peut empêcher à
à jamais la spéculation de certains trusts ou cartels,
car il a la possibilité de créer dans cette région des
industries pouvant les concurrencer avantageusement, à cause de leur prix de revient moins élevé.

CHAPITRE IV

LES MINERAIS

Les produits miniers de la Nouvelle Roumanie sont extrêmement variés et quelques-uns existent en quantité considérable.

Avant la guerre, on estimait déjà que l'ancien royaume était un pays heureux, grâce à ses richesses minières. Mais, depuis la réunion de toutes les provinces roumaines, qui ont apporté au patrimoine commun — surtout la Transylvanie et le Banat — un sous-sol extrêmement riche en combustibles et minerais variés, on peut considérer la Grande Roumanie comme un des pays les mieux dotés en produits miniers. Cependant, toutes ces richesses n'ont pas encore été mises en valeur et, de ce fait, la production des minerais est encore très réduite et leur exportation ne se fait qu'en quantité très réduite.

L'AMBRE

L'ambre est la résine secrétée par les arbres des forêts qui couvraient jadis les îles et les rivages de la mer oligocène de l'Europe centrale et orientale (1). L'ambre roumain, surtout l'ambre de Buzau est

____

(1) Voir Dr G. Murgoci. *Les ambres roumains* paru dans la *Correspondance Economique*, 1924.

de beaucoup supérieur en beauté à tous les ambres connus ; il est le plus recherché et le plus rare. Contrairement à l'ambre de Dantzig, qui est formé presqu'à la surface de la terre, l'ambre roumain ne se trouve qu'à des profondeurs plus grandes, ce qui rend son exploitation plus difficile.

Il est, en général, soluble à 6° dans l'alcool, 16° dans l'éther et 10° dans le chloroforme. Distillé, il donne jusqu'à 5 p. 100 d'acide succinique. Voici, d'après le Dr Murgoci, quelle est la composition chimique des ambres roumains les plus connus, en comparaison avec l'ambre de Dantzig :

ESPÈCES	C	H	O	S	CENDRES
Ambre de Dantzig (moyenne de plus. analyses)	78.63	10.48	10.47	0.42	
Ambre jaune de Buzau (moyenne de plus. analyses).	79.92	10.19	8.19	1.21	0.49
Ambre brûlé de Buzau	81.64	9.65	7.56	1.15	
Ambre noir de Buzau (Roma-nite)	83.29	10.77	4.45	0.93	0.56
Almashite I. Ambre vert de Piatra	82.15	10.94	2.57	0.33	3.51
Almashite II. Ambre noir de Piatra	79.45	10.23	3.00	1.40	5.52
Muntenite d'Olaneshti	85.42	11.46	2.55	0.54	0.03

L'ambre roumain présente des crevasses par où se sont infiltrées des matières étrangères brunes, foncées ou noires, donnant au polissage de très beaux et curieux dessins. Quand ces crevasses sont pures, leur reflet donne encore plus de beauté à l'ambre. La richesse et la variété des coloris — à peu près deux cents nuances — ont valu, à juste titre, une grande célébrité à l'ambre roumain.

Les régions les plus importantes où l'ambre se rencontre le plus facilement sont : la vallée de la Zambroia, la vallée du Moshoiu, la vallée d'Ana, la région de Corbu, la région de Coltzi, la région de Ruginoasa où l'ambre se trouve en gros morceaux surtout sur le cours du Bozior et presque dans tous les ravins de la Bâsca-Chiojdenilor et de ses affluents. Toutes ces régions donnent l'ambre dit « l'ambre de Buzau ».

Dans le district de Piatra on rencontre aussi de l'ambre très beau d'une nuance verte qu'on ne trouve nulle part ailleurs, ainsi qu'un ambre noir qui est très friable. L'ambre vert de Piatra peut être facilement travaillé et il est plus dur que celui de Buzau. On le trouve dans la vallée de Negoesti, à « Valea Epei » et dans la vallée d'Almas.

Il existe aussi de l'ambre à Olaneshti en Muntenie (1), mais en trop petits morceaux — ayant au maximum 10 centimètres de longueur et 3 centimètres d'épaisseur — pour pouvoir être travaillé, d'ailleurs il éclate très facilement. C'est pour cette raison qu'il est moins recherché.

L'ambre roumain est parfois extrait naturellement par les sources d'eau qui le remontent à la surface. Mais son extraction se fait, en général, à

---

(1) Cet ambre a été étudié par les Dr C.-I. Istrati et Mihailesco, qui l'ont appelé la « Muntenite ».

l'aide de puits qu'on creuse dans les couches d'argile. Ces puits sont carrés, de 3 à 4 mètres de largeur et d'une profondeur d'une dizaine de mètres environ — parfois elle dépasse 15 mètres.

Dans les régions riches, quand la couche à succin est atteinte, on trouve parfois jusqu'à 2 kilogrammes et demi d'ambre par mètre carré, mais, en général, la moyenne est d'un kilogramme. L'ambre est trouvé dans ces couches, soit en « nids », soit en « morceaux » fissurés par la dislocation de ces couches. Quant on le trouve en « nids », il y a toujours un plus gros morceau, qui peut peser jusqu'à 4 kilogrammes, appelé « poule » et plusieurs autres petits morceaux appelés « poussins » (1).

Avant la guerre, plusieurs petites entreprises exploitèrent l'ambre en Roumanie, mais à cause de l'insuffisance de leurs capitaux, ces exploitations laissèrent beaucoup à désirer. Depuis la guerre, la société « Ambra » a entrepris une exploitation plus rationnelle et méthodique de l'ambre dans la région de Coltzi où elle possède une concession de 700 hectares.

La valeur d'un kilogramme d'ambre, de très bonne qualité, est de 5.000 à 10.000 francs, suivant les variétés. L'ambre le plus cher est celui qu'on appelle « sidef » (nacre), qui peut être travaillé pour faire des porte-cigarettes et autres objets de luxe.

La production roumaine en 1923 était de 67 kilogrammes; en 1924, de 130 kilogrammes, seulement

____

(1) Le laboratoire géologique de Bucarest possède une « poule » pesant 3 kgs 204 ayant coûté avant la guerre 3.000 francs, mais il existe encore de plus gros morceaux.

pour la société « Ambra ». Bien entendu, la production totale est plus importante ; mais elle ne peut pas être estimée à cause des moyens tout à fait primitifs d'exploitation, qui ne permettent pas de faire une statistique exacte. Nous croyons qu'une exploitation de l'ambre roumain faite à l'aide de moyens suffisants donnerait de gros bénéfices.

L'OR ET L'ARGENT

Les plus importants filons de métaux nobles se trouvent en Transylvanie, du fait que les éruptions volcaniques, pendant la période tertiaire, se sont concentrées autour du plateau transylvain et qu'elles ont contribué, ensuite, par leurs canaux d'éruption et de dislocation à la minéralisation de ces filons.

Etant donné que les minerais aurifères en Roumanie, contiennent, en outre, toujours de l'argent, et comme ces deux métaux nobles sont intimement liés l'un à l'autre au point de vue de l'exploitation, nous les avons réunis dans le même chapitre.

L'exploitation des métaux nobles se fait, en Roumanie, depuis les temps les plus reculés (1).

Hérodote, le grand historien, nous dit que le roi Darius, pendant qu'il luttait contre les Scythes — vers 513 avant J.-C. — avait rencontré sur les rives du Marish — rivière de Transylvanie s'appelant aujourd'hui Muresh — des Agathirses, qui portaient des bijoux faits en or trouvé dans les gîtes d'alluvions.

------

(1) Voir les *Forces Economiques*. Œuvre citée où nous avons emprunté les dates qui vont suivre.

Plus tard, les Romains, après la conquête de la Dacie, commencèrent une exploitation systématique et intensive de l'or. Les traces de cette exploitation subsistent encore, comme des bas-reliefs de Mercure, le dieu protecteur des mines, des mortiers en pierre revêtus d'inscriptions latines et d'autres outils de mineurs de ce temps, qui ont été découverts dans plusieurs anciennes galeries percées par les romains. Ces galeries atteignaient parfois une profondeur de 300 mètres, profondeur assez grande pour l'époque. Bien entendu, comme ils ne connaissaient pas l'amalgamation, ils n'exploitaient que les filons d'or natif, laissant improductifs ceux qui par leur composition demandaient un travail de séparation assez difficile.

Afin de nous rendre compte de l'importance de l'exploitation romaine, il faut ajouter qu'ils avaient une administration centrale à Žlatna (Apelum), qui était dirigée par un régisseur « Procurator aurarius ». Un sous-régisseur résidait à Baia-de-Crish. L'administration disposait d'un personnel très nombreux, composé surtout d'esclaves.

Les plus grandes exploitations étaient faites autour de Barza et de Ruda, au centre de la Transylvanie. Dans le Banat l'exploitation intensive qu'ils pratiquèrent amena l'épuisement presque complet des filons d'or natif.

Après la retraite de l'empereur Aurelien, l'exploitation des métaux nobles fut presqu'entièrement abandonnée pendant plus de mille ans, à cause des invasions des barbares, mais vers l'année 1300 cette exploitation recommença, grâce à la découverte, faite par un berger, d'un filon d'or pur, près d'une petite rivière.

Vers 1553, l'exploitation devint plus importante, on arriva même à creuser un puits de 700 mètres à Dealul Crucei — 162 mètres au-dessous du niveau de la rivière voisine, le « Zazer ».

Plus tard, vers 1760, l'exploitation s'intensifia. De l'or fut extrait à Valea Morei, à Valea Arsului, à Musariu et dans d'autres localités, dans le Maramuresh et au nord de la Transylvanie.

Les mines du centre de la Transylvanie étant plus riches, l'exploitation y fut toujours très active, tandis que celles de Maramuresh ne produisant pas le même gain, l'exploitation, après quelque temps, en fut suspendue. De ce fait, ces mines furent inondées. Dernièrement on a travaillé à les remettre en état, mais il n'a pas été possible d'arriver à la profondeur atteinte au moyen âge.

Parmi les mines les plus importantes, celle de *Valea Roshie* présente de très intéressants travaux, qui ont été faits au moyen âge : une galerie principale ayant dépassé même 3 kilomètres de longueur et des tailles atteignant parfois 2.000 mètres. Ces mines exploitées par l'Etat hongrois, entre 1838 et 1850, lui donnèrent de très gros bénéfices. Plus tard, l'Etat hongrois s'associa avec des particuliers et les travaux s'intensifièrent. De riches filons nouveaux furent découverts. Puis l'Etat laissa pendant une vingtaine d'années la licence complète aux particuliers. Au commencement du xixe siècle, l'Etat hongrois reprit le monopole de l'exploitation.

A *Barza Ruda*, autre mine célèbre, l'Etat hongrois, vers 1864, fit des installations tellement importantes que cette mine était la plus moderne du monde.

Une autre mine est à signaler, c'est celle de *Sacaramb*, qui fut ouverte vers 1747. Très riche en or, elle appartenait à la maison des Habsbourg qui tirait de très gros revenus de son exploitation. Plus tard, quand la production de l'or diminua, la mine fut vendue à un consortium, mais la maison impériale d'Autriche garda encore la moitié des actions. Quand la production baissa à nouveau, cette mine fut vendue à l'Etat hongrois. Depuis 1900, elle ne donne plus aucun bénéfice.

Au début, l'exploitation des mines d'or était très productive, mais elles le sont moins au fur et à mesure de leur exploitation. L'or pur est devenu de plus en plus rare et les frais d'exploitation, particulièrement la main-d'œuvre, beaucoup plus élevés.

A cause de cela, l'Etat hongrois avait installé dans les mines des broyeurs et un outillage mécanique pour extraire l'or des minerais complexes, qui, jusqu'alors, n'étaient pas exploités. Ces installations qui, à cette époque, étaient les plus perfectionnées du monde, ne sont plus maintenant au niveau du progrès technique, raison pour laquelle elles n'ont donné dernièrement, aucun bénéfice.

La plupart des entreprises particulières, qui n'avaient pas de capitaux suffisants pour faire des installations modernes, durent abandonner leurs mines.

Après la guerre, l'Etat roumain se substitua à l'Etat hongrois et aux anciens propriétaires hongrois — qui optèrent pour la Hongrie — dans tous leurs droits.

En Roumanie, on distingue actuellement trois régions minières où l'exploitation de l'or et de l'argent est importante :

1º La première région se trouve autour des mines de la *Baia Mare*, qui appartiennent à l'Etat. L'or et l'argent s'y rencontrent sous la forme d'un minerai sulfureux, très complexe, ayant comme éléments principaux : la pyrite aurifère, la chalcopyrite et la sulf-antimoniure d'argent. Parfois on y rencontre de l'or natif.

Les mines les plus importantes dans cette région sont les suivantes :

a) Les mines de *Valea Roshie* où sont creusées quatre galeries principales pour l'exploitation de onze filons, qui ont une longueur variant entre 600 mètres et 3.500 mètres et une grosseur de quelques centimètres jusqu'à 6 mètres. En moyenne, ces filons donnent 11 grammes d'or et 35 grammes d'argent par tonne de minerai extrait (1).

b) Les mines de *Dealul Crucei* et de la *Baia Spriei* qui renferment cinq filons donnant, en moyenne, une quantité de 10 grammes d'or et de 38 grammes d'argent par tonne de minerai extrait.

c) Les mines de *Baiulz*, à une distance de 40 kilomètres de « Baia Spriei », renferment 18 filons

---

(1) Voir Dr G. CIORICEANU. *Exploatarea metalelor pretioase in România* paru dans « *Buletinul Institutului Economic Romanesc* », 10 décembre 1924.

produisant, en moyenne, 20 grammes d'or et 150 grammes d'argent par tonne de minerai extrait. Les minerais de ces mines sont également très riches en plomb et donnent plus de 50 kilogrammes de plomb et, à peu près, 6 kilogrammes de cuivre par tonne de minerai.

d) Enfin les mines de *Rota Ana* qui ont en exploitation deux filons donnant, en moyenne, 30 grammes d'or, 50 grammes d'argent, 40 kilogrammes de plomb, et 2 kilogrammes de cuivre par tonne de minerai extrait.

Environ 2.600 ouvriers — 85 p. 100 sont roumains — travaillent dans les mines de cette région.

Les deux grandes usines appartenant à l'Etat sont situées dans cette première région, l'une à *Strâmbu* — district de Somesh — et l'autre à *Firiza-de-Jos* — district de Satmar. La production de ces deux usines a été la suivante depuis 1923 jusqu'à 1926 :

	OR FIN		ARGENT FIN		CUIVRE	PLOMB	ANTIMOINE
	Kgrs	Grs	Kgrs	Grs	Kgrs	Kgrs	Kgrs
1923	203	181	1.890	985	40.663	402.443	
1924	167	699	1.643	925	36.770	426.659	6.459
1925	185	378	1.948	276	39.237	488.823	7.280
1926	239	899	2.178	613	32.006	655.384	—

2º La seconde région est située autour de l'usine

métalo-chimique de « *Zlatna* », qui appartient à l'Etat.

Tout autour de Zlatna et d'Abrud on rencontre une multitude de mines et d'installations primitives appartenant aux paysans et aux particuliers, qui recherchent les minerais d'or et d'argent, sans aucune méthode, et surtout sans les moyens techniques nécessaires pour exploiter ces minerais en grande quantité et avantageusement.

La plus importante mine appartient à l'Etat et s'appelle *Sfanta Cruce* près du Rosia Montana.

Toutes les mines de cette région emploient, environ, 500 ouvriers et fonctionnaires.

3° La troisième région, située autour des localités « Brad » et « Sacaramb », est la plus importante et la plus riche d'Europe en minerais d'or et d'argent. Dans cette région on a trouvé de très grandes pépites d'or natif, pesant jusqu'à 85 kilogrammes.

Les mines les plus importantes sont celles de *Ruda,* qui appartiennent à la société « Mica ». Elles sont au nombre de cinq, toutes situées sur la colline de Barza. Chaque mine a plusieurs étages d'exploitation. Le premier gisement a été rencontré à 280 mètres au-dessous du sommet de la colline, le gisement le plus profond se trouve à 530 mètres.

La production totale de ces mines était, en 1925, de 824 kilogrammes d'or et de 311 kilogrammes d'argent. En 1926, cette production avait fortement augmenté et était de 1.047 kilogrammes d'or et 572 kilogrammes d'argent.

Les mines de Ruda sont pourvues d'installations les plus modernes. A ce point de vue, elles sont considérées comme étant les plus intéressantes du monde entier, après celles de Californie.

Toutes ont appartenu à la société « Ruda 12 Apôtres » qui était commanditée par la société allemande « Harkortische Bergwerke Akhiengesellschaft in Gotha », dont le siège était à Berlin. Après la guerre, toutes les propriétés et les installations que cette société possédait en Roumanie furent achetées par la société roumaine « Mica ».

L'étendue des concessions que la société « Mica » possède aujourd'hui est de 1.610 hectares.

Les réserves de minerais que ces mines renferment, d'après les études et les calculs faits par les experts, tant pour les réserves apparentes que pour les réserves probables, sont les suivantes :

RÉSERVES APPARENTES

Valea Morei ..	100.000 tonnes à 4 gr. d'or fin	=	400 kgs d'or		
Barza	120.000	»	» 5 »	» » =	600 » »
Musariu	500.000	»	» 12 »	» » =	6.000 » »
Bradisor	180.000	»	» 7 »	» » =	1.200 » »
Total	900.000	»	» »	» » =	8.260 » »

RÉSERVES PROBABLES

Valea Morei..	300.000 tonnes à 4 gr. d'or fin	=	1.200 kgs d'or		
Barza........	120.000	»	» 5 »	» » =	600 » »
Musariu......	710.000	»	» 10 »	» » =	7.100 » »
Bradisor.....	1.000.000	»	» 9 »	» » =	9.000 » »
Total.......	2.130.000	»			17.900 » »

En dehors de ces mines, la société « Mica » possède encore des concessions à Stanija, où les réserves

apparentes sont de 10.000 tonnes à 8 grammes d'or
fin par tonne ; puis des concessions à Baitza et
Cainel, où les réserves apparentes dépassent 35.000
tonnes à 6 grammes d'or fin par tonne.

Les réserves probables ne peuvent pas être pré-
cisées, mais elles peuvent s'élever à plusieurs millions de tonnes.

La production de toutes les mines que possède
aujourd'hui la société « Mica » a été, en moyenne
quinquennale, la suivante :

```
1555 kilog., en moyenne par année, pour la période 1900-1904
1715    »    »    »    »    »    »    »    »    1905-1909
1825    »    »    »    »    »    »    »    »    1910-1914
 868    »    »    »    »    »    »    »    »    1915-1919
1169    »    »    »    »    »    »    »    »    1920-1924
```

L'augmentation de la production de ces mines
a été constante durant la période d'avant-guerre.
Cette production, qui était de 1825 kilogrammes,
en moyenne, pour les cinq dernières années d'avant-
guerre, baissait de la moitié pendant les hostilités
et représentait exactement 47,5 p. 100 de ce qu'elle
était durant la période quinquennale précédente.
Depuis la paix mondiale la production des métaux
nobles recommence à augmenter et on espère que,
d'ici peu, elle dépassera même le maximum atteint
avant la guerre, étant donné la richesse en or et en
argent des mines que la société « Mica » possède et
surtout l'importance des capitaux qu'elle vient
d'investir.

Voici d'ailleurs le tableau suivant sur la production de cette société, pendant les années 1921
à 1924 inclus, d'après la statistique publiée par sa
direction.

| ANNÉES | BROYAGE DANS LES BOCARDS. TONNES | OR BRUT | | | | TOTAL Kgs | QUANTITÉ EN GRAMMES D'OR FIN par tonnes de minerai extrait |
		DES BOCARDS Kgs	NATIF Kgs	DES DÉBRIS métalliques Kgs	DE LA Cyanuration Kgs		
1921	71.536	386	658	—	—	1.044	14.6
1922	99.422	501	810	32	—	1.343	13.5
1923	109.506	529	703	23	—	1.255	11.5
1924	108.335	509	705	75	18	1.308	12.1

Dans cette région centrale se trouvent également les mines de Sacaramb appartenant à l'Etat, situées à une vingtaine de kilomètres de Brad et qui donnaient, immédiatement après la guerre, une production annuelle de 20 kilogrammes d'or (en 1921). Depuis 1922 l'exploitation de cette mine est suspendue.

Plus de 2.000 ouvriers, presque tous roumains, travaillent dans les mines d'or de cette région. Les usines qui transforment les minerais ont un personnel composé de 200 ouvriers, une trentaine de fonctionnaires et employés et une vingtaine d'ingénieurs.

On trouve aussi de l'or natif à Gemenea — district de Dambovitza — ainsi qu'à Valea lui Stan — district de Râmnicul Valcea sur les rives du Lotru, où il existe une petite exploitation.

La production totale de l'or et de l'argent obtenus par la transformation des minerais, durant ces dernières années, a été la suivante :

En kilogrammes

	1920	1921	1922	1923	1924	1925	1926	TOTAL 7 ans.
Or....	707	1.104	1.337	1.342	1.311	1.245	1.731	8.777
Argent	2.135	2.872	1.954	2.341	2.246	2.382	2.914	16.844

En dehors de l'or obtenu dans les usines par la transformation des minerais, il y a aussi une production assez importante d'or natif, qui n'est pas comprise dans les chiffres donnés ci-dessus.

Jusqu'aujourd'hui, on connaît en Roumanie plus de mille endroits où il y a des minerais d'or et d'argent, mais, faute de capitaux, très peu de gisements sont exploités et, de plus, tous les gisements en exploitation, ne sont pas pourvus d'installations techniques permettant d'obtenir le rendement qu'on peut attendre d'eux. Lorsque toutes ces exploitations posséderont un outillage moderne et qu'elles auront des capitaux suffisants pour exploiter les minerais, sans donner lieu aux pertes sensibles qu'on ressent aujourd'hui, à cause de la manière primitive dont les gisements sont mis en valeur, la production de l'or et de l'argent en Roumanie pourra facilement arriver à 10.000 kilogrammes par an.

La réserve possible, de l'or et de l'argent en

Roumanie, d'après les géologues roumains et étrangers, est considérable, étant donné que dans la zone montagneuse de Transylvanie, particulièrement, presque toutes les pyrites qu'on y rencontre sont, plus ou moins, aurifères.

Les minerais des métaux nobles ne peuvent pas être exploités sans autorisation et la production de l'or et de l'argent doit être vendue, conformément à la loi sur les mines, sur la base des prix mondiaux et par l'intermédiaire de l'office créé à cet effet, à la Banque nationale de Roumanie. Toute la quantité d'or et d'argent produite sert à former les réserves métalliques nécessaires à la Banque roumaine d'émission.

LE CUIVRE

La Roumanie possède des gisements assèz importants de cuivre dans la « Dobroudgea », dans le « Banat » et dans la « Transylvanie ».

Les gisements de Dobroudgea sont les plus importants. Les chalcopyrites d'*Allan Tépé* — district de Tulcea — contiennent, en moyenne, de 3 à 5 p. 100 de cuivre, de 40 à 45 p. 100 de fer et de 40 à 45 p. 100 de soufre. Ces gisements ne sont exploités que depuis trois années. Cette exploitation est faite par la société le « Crédit Minier », qui a plusieurs concessions sur des terrains appartenant à l'Etat. En 1924, la production de ces concessions n'a été que de 38 tonnes, d'une valeur de 42.000 lei. En 1925, elle était de 540 tonnes, d'une valeur de 414.000

lei et en 1926 elle monte à 740 tonnes, d'une valeur de 435.200 lei.

En Transylvanie, on rencontre le cuivre dans les monts métallifères à *Trimpoila*, puis dans le district de Ciuc à *San Dominic*, où la société anonyme « Phœnix » possède une concession de 238 hectares, ayant donné en 1926 une production de 21.900 tonnes de minerais de cuivre d'une valeur de 1.120.292 lei.

La production totale du cuivre obtenu par la transformation des minerais, en Roumanie, a été la suivante :

ANNÉES	PRODUCTION EN KGR	VALEUR EN LEI
1922	110.523	4.973.535
1923	70.813	2.873.752
1924	89.635	4.658.048
1925	132.661	7.448.796
1926	189.184	9.675.334

Il existe plusieurs autres localités où on rencontre le cuivre, mais où il n'est pas exploité par suite du manque de capitaux ou de moyens de communication. Entr'autres à *Baia de Arama* (Bain de Cuivre) — district de Mehedintzi — dont le nom même indique qu'il existe dans cette contrée des gisements de cuivre.

LES PYRITES

Presque toutes les pyrites qu'on rencontre en Roumanie, dans la zone des montagnes, contiennent principalement du fer et du soufre, du cuivre en plus petite quantité, et, plus ou moins, d'or et d'argent.

Si les pyrites contiennent du cuivre en quantité suffisante pour déterminer une exploitation avantageuse, les installations sont aménagées dans ce but ; il en est de même pour tous les autres minerais. Ce qui n'empêche pas la récupération des autres corps, existant dans les pyrites en plus petite quantité, qui seront alors considérés comme des sous-produits.

Parmi les gisements de pyrites, les plus importants sont ceux de Maramuresch, qui contiennent de 40 à 45 p. 100 de fer, 37 à 45 p. 100 de soufre et 0,7 à 2,5 p. 100 de cuivre.

Ensuite les pyrites de Banat qui contiennent de l'or et de l'argent en petite quantité. Puis les gisements de *Rodna-Veche*, appartenant à l'Etat et à la société anonyme « Pyrit », qui ont produit, en 1925 : 16.500 tonnes de minerais et en 1926 : 29.679 tonnes en valeur de 23.568.620 lei. Puis les gisements de *Ilba* et de *Borsha*.

La production totale des pyrites en Roumanie, depuis 1922, a été la suivante :

ANNÉES	PRODUCTION EN TONNES	VALEUR EN LEI
1922	20.381	12.042.315
1923	25.512	13.212.970
1924	32.657	19.046.052
1925	26.983	16.687.698
1926	42.039	28.628.080

Parmi les sociétés qui exploitent les pyrites, les plus importantes sont : le « Crédit Minier » et « Pyrit ».

La société le « Crédit Minier » possède de grandes concessions d'une étendue de 126 hectares à *Ilba* dans le district de Satmar. Elle en a extrait en 1926 une quantité de 10.700 tonnes de minerais de pyrite.

LE MANGANÈSE

Les principales mines de manganèse sont situées à *Delinesti* dans le district de Caras. Elles appartiennent à la société des usines de fer « Reshitza », qui a des concessions d'une étendue de 230 hectares. Le minerai qu'on y extrait contient, en moyenne, 26 p. 100 de superoxyde de manganèse. La société « Reshitza » a extrait en 1925 plus de 4.000 tonnes de minerais du *Delinesti*, d'une valeur de 4.300.000 lei.

Dans le district de Suceava, à *Brosteni*, on a rencontré des gisements importants, qui ne sont pas encore exploités, renfermant de 30 à 75 p. 100 de bi-oxyde de manganèse.

En Bucovine, dans le district de Câmpulung, à *Iacobeni* et *Vatra Dornei*, de riches gissements de manganèse sont exploités par l'administration des mines de *Iacobeni*.

Les autres gisements de manganèse, comme ceux de *Mashea* — district de Somesh, qui donnèrent, en 1923, plus de 3.500 tonnes de minerais, ou de *Pârnesti* — district d'Arad — ne sont plus en exploitation.

La production des minerais de manganèse en Roumanie, depuis 1922, a été la suivante :

ANNEES	PRODUCTION EN TONNES	VALEUR EN LEI
1922	5.392	2.133.257
1923	12.511	5.661.324
1924	6.482	5.040.032
1925	5.368	4.660.782
1926	8.353	5.466.439

LE CHROME

Jusqu'à présent, le minerai de chrome n'a été trouvé en Roumanie qu'à *Dubova*, district de Severin, dans le Banat. L'exploitation de ce minerai a été suspendue, faute de capitaux.

Pendant la guerre, les Allemands exploitèrent ce minerai pour leurs besoins. Cette exploitation fut continuée après la guerre, tant qu'elle ne demanda d'autres installations que celles laissées par les Allemands. La production était en 1922 de 30 tonnes et en 1923 de 60 tonnes. Puis, l'exploitation cessa. Le minerai renferme de 20 à 25 p. 100 de chrome.

LA BAUXITE

La découverte de gisements considérables de bauxite dans les montagnes de « Bihor » a été faite en 1905. Mais ces gisements n'ont été exploités que pendant la guerre, quand l'aluminium était si recherché pour la fabrication des munitions et des produits chimiques.

La teneur en aluminium de la bauxite est de 50 à 70 p. 100 (1).

Pendant la guerre la bauxite était exploitée par deux sociétés. L'une était la « Société anonyme hongroise de la Bauxite », qui n'était que la succursale de la grande société austro-allemande : la « Société anonyme de l'Industrie de l'Aluminium », propriétaire de fabriques importantes à Gastein, en Autriche, à Rheinfelde, dans le duché de Bade et Neuhausen, en Suisse. L'autre était la « Société anonyme des Mines et de l'Industrie » créée par la « Banque austro-hongroise Hittel ». Cette dernière société mit en exploitation les gisements de *Isvor* et de *Fata Oarsa* d'où, en 1918, on retira 70 à 80 tonnes de bauxite par jour. Depuis le traité de paix, toutes ces usines font partie du patrimoine

______

(1) PUSCARIU et MOTAS. *Les gisements de bauxite dans les montagnes de Bihor*, publié dans les *Annales des Mines*, 1920, Bucarest.

national. Les capitaux roumains ayant fait défaut pour faire face à toutes les dépenses nécessaires à la réorganisation de l'exploitation et, notamment, à des moyens de communication, la production de ces mines diminua pour cesser complètement vers 1924.

Dernièrement, deux sociétés roumaines : «Bauxita» et « Aluminia » prirent possession de l'actif des anciennes sociétés et recommencèrent l'exploitation de ces mines.

L'importance économique de l'aluminium devient de plus en plus considérable et la bauxite est le principal minerai fournissant l'aluminium. Il est donc facile de se rendre compte que la Roumanie, qui possède d'immenses gisements de bauxite, détient de ce fait une véritable richesse. Il ne reste qu'à l'exploiter pour que la Roumanie devienne, plus tard, un des plus grands fournisseurs d'aluminium du monde.

La bauxite roumaine se rencontre sous deux formes :

1º La bauxite blanche, dont la composition, d'après l'Institut de Chimie, est la suivante :

$$Al_2O_3 \ldots\ldots\ldots\ldots\ 65\ \%$$
$$SiO_2 \ldots\ldots\ldots\ldots\ 7\ \%$$
$$Fe_2O_3 \ldots\ldots\ldots\ldots\ 10\ \%$$
$$H_2O \ldots\ldots\ldots\ldots\ 14\ \%$$
$$TiO_2 \ldots\ldots\ldots\ldots\ 4\ \%$$

2° La bauxite rouge, qui donne à l'analyse chimique :

$Al_2 O_3$ .... 56 %
$Si O_2$ .... 3 %
$Fe_2 O_3$ .... 26 %
$H_2 O$ .... 11 %
$Ti O_2$ .... 4 %

Les gisements de bauxite de « Bihor » n'ont pas encore été évalués, même approximativement, mais, d'après les experts, ils sont les plus considérables du monde. Des sondages plus scientifiques ont été faits dans une localité et là, seulement, les réserves visibles des gisements sont estimés à plus de 6.000.000 de tonnes et les réserves probables à plus de 20.000.000 de tonnes.

Bien entendu, quand l'énergie des chutes d'eau sera utilisée, une grande industrie de l'aluminium prendra naissance dans cette région, et la Roumanie deviendra le fournisseur des fabriques d'aluminium de l'Europe centrale et orientale.

LE PLOMB ET L'ANTIMOINE

La Roumanie ne possède pas de riches gisements de minerais de plomb et d'antimoine. Les seuls gisements connus sont situés dans le district de Hunedoara à *Almashul* et dans le district de Severin à *Bulza*, mais ils ne sont pas exploités. La teneur en plomb de ces minerais est de 40 p. 100. Malgré cela, une certaine quantité de plomb et d'antimoine

est recueillie dans les fonderies qui traitent les minerais d'or et d'argent.

La production totale de plomb et d'antimoine
obtenue à la transformation des divers minerais
est la suivante :

ANNEES	PRODUCTION EN KGR	VALEUR EN LEI
1922	229.613	4.362.647
1923	402.433	9.798.477
1924	433.118	14.397.781
1925	496.417	19.331.000
1926	655.380	26.797.444

LE ZINC

Il existe de petits gisements de minerais de zinc
à *Cârlibaba* en Bucovine. Leur teneur en zinc
est de 42 p. 100 et ils contiennent aussi jusqu'à
7 p. 100 de plomb. Ces gisements ne sont pas exploités.

LE MERCURE

Des minerais de mercure ont été trouvés à *Valea
Dosului* dans le district d'Alba, sous la forme de
cinabre accompagné de pyrite.

Ce gisement est exploité depuis 1924 par la société
anonyme « Aurifera », qui possède une concession
de 81 hectares et une usine sur la concession même.

Pendant l'année 1925 cette société a extrait 4.273 tonnes de minerais, dont elle a traité seulement 3.100 tonnes. Il en a été retiré 3.257 kilogrammes de mercure d'une valeur de 1.302.800 lei. En 1926, cette société a retiré du minerai extrait : 2.026 kilogrammes de mercure d'une valeur de 709.100 lei.

LA PHOSPHORITE

A Lincautzi, sur les rives de Pruth, dans le nord de la Bessarabie, on a trouvé dernièrement des phosphorites, qui n'ont pas encore été bien étudiées.

LE MICA

La Roumanie possède des gisements assez importants de mica dans la vallée du Lotru à *Voineasa*. D'après les experts, ces gisements sont les plus grands du monde entier et le mica qu'ils renferment est plus pur et de plus grande valeur que le mica des Indes. Ces gisements appartiennent à la société minière « Mica ». Mais comme ces gisements sont situés dans de hautes montagnes inaccessibles aux chemins de fer et que les prix mondiaux du mica sont en baisse, on n'a pas encore voulu risquer les gros capitaux nécessaires à l'installation d'un grand funiculaire, qui doit avoir, en tout, plus de 12 kilomètres de longueur, ainsi qu'à la création de routes sur une longueur de plus de 40 kilomètres. Lorsque, sur le marché mondial, le prix du mica sera suffisamment élevé pour couvrir toutes ces dépenses, la Roumanie aura ainsi un nouvel élément d'exportation à son actif.

L'ASPHALTE

On trouve l'asphalte en Roumanie sous deux formes : soit sous celle d'une roche argilo-silicieuse, tel qu'à *Matitza-Pacuretzi»* — district de Prahova — dans le voisinage immédiat du pétrole ; soit sous celle d'une roche silicieuse, comme on le rencontre à *Derna-Tatarash* — district de Bihor — sans être relié aux nappes pétrolifères.

La roche argilo-silicieuse imprégnéé d'asphalte de Matitza contient une assez forte quantité de bitume, allant jusqu'à 30 p. 100, ce qui rend l'exploitation très facile. Dans la partie sud des gisements principaux, la couche d'asphalte est très calcaireuse et l'ensemble forme une matière idéale pour le pavage des rues. Dernièrement, on a essayé l'emploi de ce calcaire-asphalteux pour paver plusieurs rues et les résultats ont été favorables, en ce qui concerne la résistance. Comme le dépôt de ce calcaire imprégné d'asphalte est assez grand, pour paver toutes les villes principales de Roumanie, on se rend compte facilement de l'importance qu'il présente.

L'épaisseur totale de toutes les couches d'asphalte, dans cette région, est d'environ 40 mètres.

La roche silicieuse de Derna-Bihor contient environ 15 p. 100 de bitume.

Le gisement est assez important. La réserve probable dépasse 4.000.000 de tonnes.

L'étendue de toutes les concessions d'asphalte était, au 1er janvier 1926, de 862 hectares. La pro-

duction totale de l'asphalte en Roumanie est la
suivante :

ANNÉES	PRODUCTION EN TONNES	VALEUR EN LEI
1922	13.016	5.290.228
1923	21.967	7.688.067
1924	19.731	4.917.308
1925	15.709	3.936.600
1926	24.891	6.222.650

CHAPITRE V

LE FER

En Roumanie, les principaux gisements de mine-rais de fer sont situés à l'intérieur de l'arc carpa-thique. Les qualités et la composition de ces gise-ments sont diverses. Nous les avons groupés par région afin de les mieux connaître.

Les régions les plus riches en minerais de fer sont : *Ghelar*, en Transylvanie ; *Dognecea*, dans le Banat ; *Odorhei* et *Câmpulung*, en Bucovine.

1º Les gisements de *Ghelar*, appartiennent à l'Etat et à la société anonyme « Titan, Nadrag, Calan », qui possède une concession de 140 hectares.

Le gisement principal s'étend sur une longueur de 40 kilomètres et une largeur de 100 à 150 mètres.

Le minerai qu'on rencontre à la surface de la terre s'appelle « limonite » et contient 45 à 50 p. 100 de fer. La « sidérite » est le minerai qu'on rencontre dans les couches plus profondes, elle contient 37 à 40 p. 100 de fer.

L'exploitation de ces gisements remonte à des temps très anciens. Elle était assez importante, pen-dant la domination romaine, particulièrement là où les minerais étaient à la surface du sol.

Au xixe siècle les Hongrois firent de grandes

installations et ouvrirent de nombreuses galeries. L'exploitation était faite par l'Etat qui retira 244.000 tonnes de minerais rien que dans cette région. Pendant la guerre et notamment immédiatement après, la production diminua de plus en plus. En 1920 elle était seulement de 27.000 tonnes. Depuis la production a augmenté, comme on peut le voir ci-dessous :

En 1923	56.921	tonnes
En 1924	60.442	—
En 1925	61.000	—
En 1926	57.363	—

Aujourd'hui, dans cette région, c'est l'exploitation faite par l'Etat qui donne la plus grande production, les usines « Titan » viennent ensuite.

2º La région de *Dognecea* dans le Banat, appartient à la société des usines de fer « Reschitza ». Les minerais qu'on en extrait — de la « magnetite » et de « l'hématite » — renferment de 56 à 58 p. 100 de fer, 0,64 à 0,75 p. 100 de manganèse, 0,06 à 0,12 p. 100 de soufre et 0,04 à 0,07 p. 100 de phosphore.

On a également trouvé dans cette région les vestiges d'une exploitation romaine, dont le bon état des galeries permet, encore à notre époque, l'exploitation des minerais.

Les Hongrois du moyen âge ont laissé aussi des traces de leur exploitation, abandonnée d'ailleurs pendant l'occupation turque. Plus tard, vers 1718, les Hongrois construisirent une usine métallurgique, qui fut détruite pendant la guerre de 1739.

Vers la fin du XVIIIe siècle, grâce à plusieurs usines métallurgiques, la région de Banat devint un centre industriel important.

Maintenant, les gisements les plus importants appartiennent à la société « Reschitza », qui détient plusieurs concessions, d'une étendue totale de plus de 700 hectares. Tout le minerai extrait par elle est transformé et utilisé dans ses usines.

3º Il existe aussi un gisement important de minerais de fer à *Lueta* dans le district de Odorhei. Il n'est pas encore bien étudié et on ne connaît pas exactement ses réserves.

L'épaisseur des couches de la surface est de 2 à 6 mètres. Il renferme du carbonate, du silicate de fer, de la limonite et de l'hématite, contenant de 25 à 55 p. 100 de fer.

4º En Bucovine, à *Iacobeni*, on trouve aussi des gisements de magnétite contenant de 40 à 45 p. 100 de fer ; dans la région de *Fundul Moldovei*, il y a des gisements d'hématite renfermant 44 p. 100 de fer, de la limonite et de la sidérite qui contient jusqu'à 70 p. 100 de fer.

Tous les gisements de cette région appartiennent à l'administration des mines « Iacobeni », qui ne les exploite pas encore.

Les minerais de fer sont travaillés soit dans les usines de l'Etat, soit dans les usines particulières. Il y a actuellement, en Roumanie, sept usines sidérurgiques et deux usines mécano-sidérurgiques.

Dans le département de Hunedoara, l'Etat

possède « les Usines de fer de Hunedoara » et « les Usines de fer de Cugir ».

« Les Usines de fer de Hunedoara » ont cinq hauts-fourneaux, dont la capacité de production n'est pas égale. La puissance de production quotidienne des trois premiers est de 50 tonnes de fonte chacun ; le quatrième peut produire journellement 100 tonnes et le cinquième 150, mais d'habitude quatre hauts-fourneaux, seulement, fonctionnent. En outre, elles ont à *Gavasdhia* un haut-fourneau, qui peut produire jusqu'à 30 tonnes de fonte par jour.

Elle ont construit, pour leurs besoins, une ligne de chemin de fer d'une longueur de 16 kilomètres et dont l'écartement est de 76 centimètres ; il sert au transport des minerais de fer des mines de *Ghelar* aux usines.

Avant la guerre et même pendant les hostilités, la quantité de fonte produite par ces usines était assez importante, mais depuis, elle a beaucoup diminué. Nous avons établi un tableau de cette production par moyenne quinquennale, pour une trentaine d'années :

74.891 tonnes de fonte, en moy., par an, pour la période 1896-1900
73.230 » » » » » » » » » » 1901-1905
77.954 » » » » » » » » » » 1906-1910
71.625 » » » » » » » » » » 1911-1915
41.699 » » » » » » » » » » 1916-1920
15.363 » » » » » » » » » » 1921-1925

C'est en 1920 que la plus petite production de fonte a été enregistrée : 1.208 tonnes, soit moins de 17 p. 100 de la dernière moyenne de production annuelle d'avant-guerre. Depuis 1920, la production de ces usines tend à augmenter, comme on peut le voir ci-dessous :

1920	1.208 tonnes	
1921	13.707	—
1922	12.705	—
1923	14.581	—
1924	17.293	—
1925	18.498	—
1926	15.623	—

Aujourd'hui, leur capacité de production de fonte brute dépasse 150.000 tonnes.

2° « Les Usines de Cugir » disposent d'une usine de laminage et d'une aciérie à creusets, où est traitée une partie de la fonte produite par les usines de Hunedoara. Ces usines ont été construites il y a environ cent ans et leurs installations assez anciennes ne correspondent plus aux exigences techniques. Leur production totale d'acier peut atteindre annuellement 5.700 tonnes.

Parmi les usines et fonderies particulières, la plus importante est « Reschitza », qui dispose de trois hauts-fourneaux, dont deux à « Reschitza » et un à « Anina », d'une capacité de production totale et journalière de 450 tonnes de fer brut, soit environ 160.000 tonnes par an.

La création de ces usines remonte au xviiie siècle (1). En 1769 fut commencée la construction

(1) MIHALIK. *Passé et présent de Reschitza*, 1896.

de deux hauts-fourneaux, de la laminerie de fer en barre, de l'atelier de polissage, de la scierie et de deux tuileries. En 1771, les deux hauts-fourneaux destinés à la chauffe à charbon de bois furent achevés et les usines commencèrent à fonctionner.

A cause du système de chauffage la production de fer était minime. En 1846, ces hauts-fourneaux furent transformés en vue de la chauffe au coke. On utilisait le coke obtenu à la transformation de la houille de « Doman » et de « Secul ».

Ces usines furent en partie détruites pendant la révolution de 1849. Plus tard, elles furent restaurées et on perfectionna les installations afin de pouvoir construire du matériel de chemin de fer.

Les chemins de fer hongrois ayant fait d'importantes commandes, ces usines furent agrandies et leur production augmenta sensiblement.

Pendant la guerre mondiale, on fit de nouveaux agrandissements afin de produire, en grande quantité, le matériel de guerre nécessaire aux armées austro-hongroises.

Jusqu'à la paix, « Reschitza » appartenait à la « Société privilégiée des chemins de fer austro-hongrois ». Depuis, elle est devenue société anonyme roumaine et a pris le nom de « Société anonyme des Aciéries et Domaines de Reshitza ». Elle a été nationalisée en 1923 et maintenant son capital est, en grande partie, roumain, ainsi que sa direction.

Parmi les capitaux étrangers investis dans cette société, nous devons mentionner le consortium anglais « Vickers », de Londres, dont le siège social est à Bucarest.

En 1920, le capital de la « Reschitza » était de 125 millions de lei. En 1923, le capital a été porté à 185 millions de lei, puis, en 1924, à 250 millions de lei. Enfin, pendant l'année 1926, le capital fût porté à 750 milllons de lei.

En dehors de toutes les installations modernes nécessaires à une grande usine métallurgique — notamment cinq fours « Siemens-Martin » d'un rendement journalier de 400 tonnes — la société « Reschitza » possède une fabrique d'obus, une usine pour la fabrication des machines agricoles et la réparation des wagons, à «Bocsa »; puis « Reschitza », une fabrique de locomotives, terminée en 1922, dont la possibilité de production est de 1200 locomotives par an, mais, faute de commandes, son rendement n'est que de 20 p. 100. Pour cette raison, une partie des grands ateliers a été transformée en usines d'électromoteurs.

Elle possède également, à «Anina », une fabrique de vis; à « Nadrag » : une fabrique de poêles en émail et une fabrique de poêles en tôle et en fonte — et une multitude d'ateliers.

Le nombre des ouvriers et employés dépasse 20.000.

La société « Reschitza » est également propriétaire de grands domaines et de forêts —. 76.000 hectares de hêtres, chênes et sapins — et de deux usines de distillation de bois.

Les usines et ateliers sont desservis par un réseau de chemin de fer très étendu.

La société possède aussi une usine hydraulique de 28.200 CV, ayant un rendement annuel de 75.000.000 de kilowatts-heure. Une ligne électrique à haute tension est établie entre « Anina » et « Reschitza », sur une longueur de 24 kilomètres, qui sert au transport de l'énergie électrique.

L'INDUSTRIE MÉTALLURGIQUE

La Roumanie, avant la guerre, était considérée, à juste titre, comme un pays éminemment agricole, bien qu'elle aït réussi à se créer un embryon d'industrie qui lui permettait d'exporter, à côté des céréales — sa principale richesse, certains articles industriels, comme : le pétrole raffiné, les farines, le bois, le sucre, etc...

Comme elle ne possédait ni mines de fer en exploitation, ni coke, il n'y avait pas d'industrie métallurgique proprement dite, mais seulement une industrie mécanique.

Cette industrie, d'après l'Ingénieur I. Gigurtu (1), consistait en :

1º Fabriques de machines, ateliers mécaniques et fonderies ;

2º Fabriques de clous, vis et rivets ;

3º Fabriques de meubles et de poêles en fer ;

4º Ateliers de ferblanterie et d'ornements.

Dans la première catégorie, rentraient en 1914 trente-six fabriques représentant un capital total de 14.644.000 lei or et une force motrice de 2.854 CV. La valeur des matières premières employées était — la même année — de 10.076.000 lei or, et la valeur

____

(1) Voir Ing. I. GIGURTU. *Industria metalico-metalurgică*, Craiova 1915.

de leurs produits était de 20.251.000 lei or. Les sociétés les plus importantes qui s'occupaient de la fabrication des machines étaient, à cette époque : la société « Vulcan » et la société « Fernic », qui possédait un chantier naval à « Galatz ».

Dans la seconde catégorie, il y avait onze usines pour la fabrication du fil de fer, des clous, des aiguilles et agrafes — disposant d'un capital total de 6.697.000 lei or et employant des matières premières pour une valeur de 8.377.000 lei or. La production de ces usines, en 1914, satisfaisait la consommation intérieure.

La troisième catégorie, de beaucoup moins importante, ne disposait que d'un capital de 1.392.000 lei or et la valeur des matières premières employées était seulement, de 714.000 lei or.

Enfin, la quatrième catégorie comprenait huit fabriques, disposant d'un capital de 4.176.000 lei or et employant des matières premières d'une valeur de 4.457.000 lei or. La plupart de leurs produits étaient destinés aux besoins de l'industrie pétrolifère.

Depuis la guerre, grâce à l'apport des nouvelles provinces, l'industrie métallurgique, en Roumanie, est plus importante et produit une bonne partie du fer dont le pays a besoin.

En effet, en 1925, il existait en Roumanie 508 usines, disposant d'un capital de 161.459.000 lei or, d'une force motrice de 84.594 CV et de 37.154 ouvriers.

La valeur totale des matières premières employées était de 2.788.903.000 lei et celle des produits fabriqués était de 6.024.871.000 lei.

Comme en 1925 l'importation de tous les produits métallurgiques s'élevait à 4.029.624.151 lei, il résulte que la consommation intérieure était d'environ 10 milliards de lei, dont 60 p. 100 revenaient à l'industrie métallurgique roumaine.

De plus, la Roumanie peut exporter des produits métallurgiques. Le montant de cette exportation était de 211.273.000 lei, rien que pour 1925.

Chaque année cette industrie se développe, suivant la progression indiquée ci-dessous :

En 1922, valeur de la production métallurgique : 2.682.586.000 Lei
» 1923,   »   » »   »   »   4.497.555.000 »
» 1924,   »   » »   »   »   4.944.438.000 »
» 1925,   »   » »   »   »   6.024.871.000 »

En l'espace de trois ans, la valeur de la production métallurgique a doublé — exactement 225 p. 100 — elle se développe donc suivant un rythme très accéléré.

Non seulement il a été enregistré une augmentation de plus en plus forte de la valeur de la production, mais aussi la production brute a marqué le même progrès, comme on peut le voir dans le tableau suivant :

ANNÉES	FONTE Tonnes	FER et ACIER brut Tonnes	PRODUITS semi-fabriqués et produits laminés, Tonnes
1922	30.210	67.852	74.679
1923	51.644	82.424	90.095
1924	58.241	86.686	100.545
1925	64.013	100.638	120.068

Tandis qu'en 1925 la production de la fonte dépassait la consommation du pays, et celle du fer et de
l'acier brut couvrait, à peu près, les besoins inté-
rieurs, la fabrication des produits semi-fabriqués et
des produits laminés n'atteignait que la moitié de
la consommation intérieure — exactement 55 p. 100
— comme on peut le voir dans le tableau ci-dessous :

PRODUITS DIVERS	CONSOMMATION intérieure en tonnes	PRODUCTION nationale en tonnes	POURCENTAGE de la consommation.
Fonte	60.000	64.013	105 %
Fer et acier	110.000	100.638	91 %
Semi-fabriqués et produits laminés	219.000	120.068	55 %

Nous croyons aussi intéressant de faire connaître
les principaux produits de cette industrie et d'en
donner ci-dessous la liste par ordre de valeur, ce qui
indiquera, en principe, vers quels groupes de produits l'industrie métallurgique roumaine dirige le
gros de ses efforts :

Valeur de la production en 1925.

1º Mécano-sidérurgie .... 1.152.161.000 lei
2º Ateliers mécaniques de réparation .... 1.030.003.000 —
3º Fil de fer .... 636.140.000 —
4º Machines .... 534.004.000 —
5º Articles en toile .... 529.093.000 —

A reporter .... 3.881.401.000 —

Report.............	3.881.401.000 lei
6º Véhicules	509.376.000 —
7º Constructions métalliques	391.004.000 —
8º Forges pour la fonte	309.567.000 —
9º Produits galvanisés................	249.130.000 —
10º Meubles en métal	195.683.000 —
11º Appareils et outils de sondage	121.736.000 —
12º Chantiers navals	107.759.000 —
13º Forges pour métaux divers	71.537.000
14º Tuyaux et divers produits en plomb ..	45.587.000 —
15º Divers articles en métal	39.358.000 —
16º Appareils et instruments	32.419.000 —
17º Articles en cuivre	26.754.000 —
18º Produits en métaux précieux	22.650.000 —
19º Métaux étirés et laminés	16.622.000 —
20º Appareils d'orthopédie et installations sanitaires........................	3.838.000 —
	6.024.421.000 —

LE PROBLÈME DU FER

Les gouvernements roumains, qui se sont succédés depuis la guerre, ont cherché, par tous les moyens, à encourager et développer l'industrie roumaine, en général, et l'industrie métallurgique, en particulier.

La loi de 1925, pour l'encouragement de l'industrie, a été la base de tous ces efforts pour créer une industrie nationale de plus en plus importante.

Cette loi qui donnait à toutes les entreprises industrielles des avantages considérables autorise l'Etat à :

1º Céder à prix réduit une superficie allant jusqu'au maximum de 5 hectares de terrains ruraux, appartenant à l'Etat, aux districts ou aux communes ;

2º Exempter des droits de douane établis sur les machines et les accessoires nécessaires à leurs installations ;

3º Réduire sur les tarifs de transport à l'intérieur du pays — de 20 à 40 p. 100 suivant la nature des entreprises et des produits transportés.

4º Accorder une déduction de 5 p. 100 sur la concurrence étrangère dans toutes les licitations publiques, et divers autres avantages moins importants (1).

Croyant que ces mesures ne sont pas suffisantes, l'Etat, pour protéger davantage l'industrie métallurgique, l'a mise à l'abri par un tarif protectionniste.

Cette politique d'Etat, en ce qui concerne la protection à outrance de l'industrie métallurgique nationale, n'a eu aucun résultat favorable pour l'économie nationale, tout au contraire, elle n'a fait que nuire aux intérêts du producteur et du consommateur.

En effet, l'industrie métallurgique roumaine ne peut être qu'une industrie artificielle parasite. En Roumanie, toutes les réserves de minerais de fer connues jusqu'aujourd'hui ne dépassent pas 35 millions de tonnes, donc pénurie presque complète du fer. Le charbon, susceptible d'être transformé en coke, n'existe pas en grande quantité.

Par conséquent, les matières premières faisant

---

(1) En échange de tous ces avantages, l'Etat exige de ces entreprises industrielles qu'à la fin de la première période d'encouragement, qui dure de sept à dix ans, le personnel à leur service soit composé d'au moins 75 p. 100 de Roumains.

défaut, nous ne voyons pas pour quel motif économique vouloir développer une industrie métallurgique trop importante, en considération des possibilités d'approvisionnement au lendemain de la paix.

Il est certain que si, aujourd'hui, on voulait satisfaire tous les besoins de la grande Roumanie en produits métallurgiques avec du minerai de fer roumain, en moins de dix ans toutes les réserves roumaines seraient épuisées. Donc, dans l'intérêt de la Défense nationale, qui exige quelques ménagements dans la consommation de ces réserves, il faudrait modérer cette ambition de développer à l'excès une industrie qui ne pourra pas être viable, à cause même de son développement.

De plus, le tarif douanier, en ce qui concerne les produits métallurgiques, est tellement protectionniste que toute l'économie nationale en souffre. Pour nous en rendre compte, il suffit d'ajouter que la Roumanie, se trouvant au lendemain de la paix avec tout son outillage agricole dans un mauvais état, tel qu'il était à refaire complètement, la première mesure qui s'imposait était de le compléter et l'Etat devait en faciliter autant que possible l'achat dans les meilleures conditions, étant donné qu'après la réforme agraire les acheteurs étaient représentés par la grande masse des paysans.

Au lieu de cela, l'Etat, pour protéger l'industrie métallurgique nationale, impose des taxes douanières très élevées qui frappent les éléments absolument nécessaires à la production de la richesse essentielle que sont les céréales. Résultat : élévation du coût de production sans assurance, en même temps, dans la même mesure, des prix de ces récoltes et déséquilibre économique évident.

Pour voir combien l'industrie métallurgique est, en Roumanie, un parasite, nous donnons ici les taxes douanières que l'Etat a dû imposer pour la sauvegarder et que nous avons puisées dans l'ouvrage récent de M. Halunga (1).

« Tous les produits métallurgiques qui représentent dans l'industrie nationale les outils de production, ainsi que tous les produits semi-fabriqués (comme les tiges d'acier non taillées ou autres) sont soumis à des taxes douanières qui ne dépassent pas 20 p. 100 de leur valeur. Nous notons spécialement ici les charrues, bêches, piques et les outils nécessaires aux ouvriers. »

« Tous les autres produits métallurgiques qui peuvent être fabriqués dans le pays sont soumis à des droits d'environ 30 p. 100 de leur valeur » (1).

Il est dit, d'autre part, dans cet ouvrage :

« En outre, on protège encore par une taxe de 40 à 50 p. 100 de leur valeur, certains articles de base comme le fer laminé, le fil de fer et autres articles de grande production » (2).

Nous croyons fermement et c'est pour cela que nous insistons tant, que toutes ces taxes exagérées n'ont donné que de très fragiles assises à l'industrie métallurgique et qu'elles ont grevé, d'autre part, l'industrie agricole d'un lourd fardeau. On peut même

(1) Al. HALUNGA. *L'évolution et la révision récente du tarif douanier en Roumanie*, p. 271, Paris, Dalloz 1928. Thèse.
(2) *Ibid.*

dire que c'est une des causes ayant retardé le développement d'une industrie agricole plus rationnelle.

Mais si nous critiquons une industrie métallurgique de grande envergure, nous affirmons, en même temps, que notre désir n'est pas de la voir disparaître, mais qu'elle doit se contenter d'un rôle beaucoup plus modeste et, encore, à condition qu'elle se transforme. Nous comprenons par cela une autre utilisation d'énergie : électricité ou gaz méthane afin d'arriver à dégrever la Roumanie du lourd impôt qu'elle paie à l'étranger par l'importation du coke.

Cette industrie, une fois transformée, doit se borner à produire les articles qui donnent un maximum d'industrialisation et les produits nécessaires à la Défense nationale.

D'après M. Manoïlescu (1) la cote d'industrialisation varie avec les produits et elle peut se résumer ainsi :

Machines agricoles .... 72 %
Parties de machines .... 55 %
Construction de ponts .... 53,5 %
Pièces forgées simples .... 36 %

Etant donné que la Roumanie a besoin surtout de machines agricoles, il est évident que l'industrie métallurgique roumaine doit se concentrer seulement sur leur fabrication.

Quant aux produits intéressant la Défense nationale, il est hors de doute que l'industrie roumaine doit se préparer en temps de paix à faire face à tout danger.

---

(1) Voir Mihail MANOILESCU. *Importanta si perspectivile industriei in noua Românie.* Bucarest 1921.

CHAPITRE VI

LE SEL

Depuis les temps les plus reculés les Carpathes roumaines ont été réputées pour leur richesse en sel. En effet, dans toute la Roumanie, tout le long des chaînes de montagnes, du Banat jusqu'en Bucovine, en passant par la Transylvanie et Maramuresh, on rencontre de nombreux et puissants massifs de sel, ainsi qu'une multitude de sources et lacs salés.

Les géologues ont divisé ces gisements de sel en deux groupes importants : le principal est celui qui suit le versant extérieur de l'arc carpathéen et qui se continue même au delà des frontières roumaines en Galicie, jusqu'aux salines fameuses de « Wieliczka ». Ce groupe comprend les massifs de sel de Bucovine et les célèbres salines de Moldavie et Muntenie. Le second groupe est situé sur l'autre versant de l'arc carpathéen — versant intérieur des Carpathes. Il est formé par les puissants massifs de sel du Maramuresh et de Transylvanie.

Les gisements de sel de ces deux groupes se rencontrent soit en couches, soit en massifs ayant des formes variées. Quelques-uns de ces massifs sont à fleur du sol, constituant de véritables montagnes de sel gemme qui se présente alors en énormes blocs compacts. Il est, en général, très pur et de très bonne qualité et contient de 98 à 99 p. 100 de chlorure de sodium. Dans le même massif on trouve du sel de diverses qualités : noir, gris ou blanc, fin ou granulé.

Le régime du sel roumain (1). — Hérodote apporte le premier témoignage historique de l'existence des gisements de sel dans ces régions, qui étaient peuplées jadis par les Agathyrses, les Scythes et les Daces. Ces peuplades exploitaient déjà, dans ces temps éloignés, le sel des principaux massifs de Moldavie, de Muntenie et de Transylvanie, pour leurs propres besoins. Plus tard, quand la domination romaine s'étendit sur la Dacie, l'exploitation du sel fut affermée et des « conductores salinarum » furent nommés pour extraire le sel en quantité suffisante pour faire face à tous les besoins de la population, ainsi que pour être vendu dans les pays voisins, comme la Panonie — pays situé sur la rive droite de la Theiss — ou la Moessie.

Pendant toute leur domination les Romains firent un commerce très actif du sel. Son exploitation était, durant cette période, un privilège du prince régnant.

Quand la population dacco-romaine fut obligée, à cause des invasions barbares, de se réfugier dans

---

(1) Voir N. IORGA. *Istoria comertului Românesc.* Bucuresti ; Const. BROSTEANU. *Salinele noastre. Exploatarea salinelor si monopolul sàrci la Romani si Români.* Bucuresti 1901 ; et Gr. G. TOCILESCU. *Industria sàrci in România.* Bucuresti.

les montagnes, ce produit ne fut extrait que par ceux qui se trouvaient près des mines. Pendant ce temps, chacun pouvait l'exploiter et l'échanger contre d'autres produits, sans aucune réserve.

Après la constitution des principautés, son exploitation était également libre et le propriétaire de la surface était, en même temps, propriétaire de tous les gisements que renfermait le sol. Quand l'exploitation n'était pas faite par le propriétaire lui-même, il avait droit à une redevance de la part des exploitants.

Plus tard, quand les princes de Moldavie et de Valachie eurent renforcé leur pouvoir sur les principautés, ils prirent à leur compte l'exploitation des gisements de sel sur toute l'étendue du domaine princier. Cette exploitation, dans les deux principautés, était faite soit en régie, soit par affermage. En général, les princes accordaient une dîme aux propriétaires du sol, qui devaient l'exploiter et étaient obligés de le vendre aux prix fixés par l'administration des salines, établie par les princes. Pendant toute cette période, seuls les propriétaires de la surface pouvaient faire le commerce du sel dans toute la Roumanie, sauf à Bucarest, où la vente se faisait dans des locaux spéciaux appartenant au prince. Donc, à Bucarest, le commerce du sel constituait un monopole imposé par le prince. En même temps, l'administration des salines valaque apportait, périodiquement, à la résidence du prince, les recettes des mines de sel et un tribut appelé « l'impôt du sel » était prélevé sur elles.

En Moldavie, sous le règne de Vasile Lupu, en 1610, l'impôt sur le sel, fixé d'après celui de Valachie, était versé à la liste civile de la femme du prince.

Les princes Moldaves firent venir, pour augmenter la production, de nombreux ouvriers hongrois, qui se fixèrent, pour la plupart, dans le district de Bacau, et où leurs descendants forment, actuellement, une importante colonie.

Lorsqu'un gisement se trouvait dans une localité située en dehors du domaine princier, le propriétaire du sol pouvait extraire, pour ses propres besoins et ceux de sa famille, jusqu'à la dixième partie de la quantité totale du stock de sel, sans avoir à verser de dîme au prince. Le principe de la propriété était donc respecté en partie.

Ces privilèges, établis par le prince, sur l'exploitation et le commerce du sel, durèrent jusqu'en 1812, époque à laquelle tous les revenus provenant de ce commerce passèrent des mains des princes au patrimoine de l'Etat. En 1862, le prince Couza institua le monopole du sel, l'Etat seul ayant le droit d'exploiter et de vendre ce produit. Jusqu'en 1881, la régie du sel était un organisme indépendant, à partir de cette date, il fut attaché à la Direction générale du monopole d'Etat, constituant ainsi la « Regia Monopolurilor Statului » — « Régie des monopoles d'Etat ». Après la guerre, la régie étendit son monopole dans toutes les provinces réunies.

En ce qui concerne ce régime, il y eut, à peu près, en Transylvanie comme en Bucovine, la même évolution. La seule différence est qu'en Bucovine, le droit d'exploitation qui appartenait à la Couronne autrichienne, devint la propriété de l'Etat en 1835 et que cet événement ne survint en Transylvanie qu'en 1854.

En Bessarabie, soit sous le régime Moldave, soit pendant l'occupation russe, l'exploitation et la vente du sel était un monopole qui fut institué en 1806.

L'EXPLOITATION

La Roumanie possède, actuellement, environ 90 massifs de sel, dont 60 sont considérables ; plus de 12 lacs et 1.000 sources salées, où le sel peut être exploité par évaporation naturelle.

Quelques-uns seulement de ces massifs sont aujourd'hui en exploitation et cette exploitation doit, parfois, être ralentie pour ne pas augmenter les stocks exagérément.

Dans l'ancien royaume, trois massifs seulement sont en exploitation, d'ailleurs ce sont les plus importants, deux sont en Muntenie : un dans le district de Prahova à « Slanic » et l'autre dans le district de Valcea à « Ocnele-Mari » ; le troisième se trouve en Moldavie, à « Târgu-Ocna », dans le district de Bacau.

Les réserves visibles de ces trois massifs situés dans l'ancien royaume sont, d'après l'étude faite par M. l'Ingénieur T. Tanasesco (1), d'environ 4 milliards de mètres cubes, ce qui représente plus

---

(1) Ing. T. TANASESCO. *Statistique de la production minière en Roumanie*, p. 258. Bucarest.

de 8 milliards de tonnes de sel. Les réserves possibles sont incommensurables. D'ailleurs, des experts étrangers ont également insisté sur cette formidable richesse minière, dans des termes dignes d'être soulignés. Par exemple, M. le Dr Freiherr von Brackel écrit :

« Les gisements existant dans diverses parties « de la Roumanie et, en particulier, au pied des « Carpathes, sont tellement considérables que s'il « s'agissait même d'approvisionner en sel le monde « entier, c'est à peine si on pourrait entrevoir leur « épuisement » (1).

En Bucovine, un seul massif est en exploitation, à « Cacica » — district de Suceava. Ce massif renferme du sel de très bonne qualité. Presque tout le sel extrait est un sel de luxe.

Actuellement, en Transylvanie et en Maramuresh, sept massifs de sel, seulement, sont en exploitation. Les voici dans l'ordre d'importance :

« Uioara », dans le district d'Alba ;

« Ocna Dejului », dans le district de Somesh ;

« Ocna Sugatag » et « Cosciu », en Maramuresh ;

« Paraid », dans le district de Odorhei ;

« Turda », dans le district de Turda ;

« Ocna Sibiului », dans le district de Sibiu.

De tous ces massifs, le plus considérable est celui de « Uioara ». Il mesure 900 mètres de longueur et 550 mètres de largeur. L'épaisseur connue jusqu'à présent dépasse 200 mètres. On a trouvé dans ce

______

(1) Dr Freiherr von BRACKEL, *Rumaniens staatkredit in deutscher Beleunchtung.* Munich, 1902, p. 576.

massif de nombreuses galeries creusées par les romains.

Un autre massif, celui de « Cosciu », est exploité depuis les temps les plus anciens. L'emplacement de la mine de sel est à une altitude de 350 mètres. L'exploitation systématique de ce gisement a commencé vers 1675. Depuis, 21 puits ont été forés et leur profondeur varie entre 43 et 138 mètres. L'épaisseur de ce massif est beaucoup plus grande, mais les travaux sont difficiles à cause des éboulements.

C'est dans cette mine que des études approfondies ont été faites pour constater la teneur en iode du sel roumain (1). Ces études nous paraissant intéressantes, nous en donnons ci-dessous les conclusions :

« 1º La teneur en iode du sel d'un même massif n'est pas constante. Elle varie avec l'aspect, la structure et l'horizon. »

« 2º La teneur en iode du sel noir et surtout du sel « tigre » est beaucoup plus grande que celle du sel blanc ou gris (de cent à mille fois plus grande). Généralement, plus un sel est terreux et riche en gypse, plus la teneur en iode augmente. Seuls, ces derniers contiennent des quantités d'iode dépassant un milligramme par kilogramme de sel ».

« 3º La teneur en iode des sels les plus riches ne dépasse, nulle part, la teneur qu'on devait attendre d'une eau-mère marine fortement concentrée à plusieurs reprises, puis évaporée à sec. »

----

(1) Dan RADULESCO et Victor GEORGESCO. *Sur la teneur en iode du sel des mines de sel roumain.* Paru dans les *Annales des Mines*, 1927.

« 4º Il n'y a pas de massif de sel roumain, en exploitation, qui soit complètement dépourvu d'iode. »

La Régie des monopoles d'Etat emploie pour l'extraction du sel, dans certaines mines, des ouvriers libres ; dans d'autres salines, des forçats. Les ouvriers peuvent atteindre une production journalière de 1.500 kilogrammes. On emploie aussi, dans certaines mines, pour l'extraction du sel, des machines qui commencent à donner des résultats favorables, c'est-à-dire qu'une machine, actionnée par un ouvrier, extrait jusqu'à 4.000 kilogrammes de sel par jour.

Jadis, le mode d'exploitation des salines de l'ancien royaume était tout à fait différent de celui qui est pratiqué actuellement. Il consistait dans le creusement de chambres s'élargissant au fur et à mesure de l'avance réalisée. On établissait la communication avec la surface au moyen de puits.

Quand la largeur de ces chambres atteignait une cinquantaine de mètres, la coupe continuait seulement dans le sens vertical.

Dans les mines de Transylvanie, depuis longtemps, on pratiquait la méthode des « galeries », d'ailleurs introduite en 1846 dans les salines d' « Ocnele-Mari » par un ingénieur autrichien Carl Foïth (1). Cette méthode consiste dans le percement de galeries soutenues, de place en place, par des piliers ou des colonnes taillés dans le massif même.

------

(1) M. Stefan CHIOOS. *Bogatiile Miniere ale Romániei.* Bucuresti. — Flora DIANU. *Salinele Române.* Bucuresti.

Cette nouvelle méthode a été introduite aussi, en 1870, à « Târgul-Ocna » et à « Slanic ».

Le sel gemme étant, en général, très pur, est donné à la consommation tel quel.

Le sel terreux, qui contient peu d'impuretés, est employé à la fabrication de briquettes de sel, pour le bétail, pesant 5 à 10 kilogrammes, ou il est dissout pour servir à la fabrication de la soude.

Le sel terreux, qui contient beaucoup d'impuretés, est jeté dans les puits abandonnés.

Les blocs de sel destinés à l'industrie sont expédiés en vrac. Ceux qui doivent être broyés sont dirigés vers les moulins mécaniques que presque chaque mine possède. En même temps que le sel est broyé, il est aussi trié suivant les qualités.

Le rendement d'un ouvrier, par journée de huit heures, est de 4.000 kilogrammes au broyage du sel de luxe et de 5.600 kilogrammes au broyage du sel de cuisine et de celui qui est destiné à l'industrie alimentaire. Ces deux dernières qualités sont emballées en sacs de 50 kilogrammes chacun. Le sel de luxe est livré en caisses de 50 kilogrammes par paquets de 2 kilogrammes chacun.

Nous donnons ci-dessous un tableau sur la production du sel dans les diverses contrées.

DÉNOMINATION ET SITUATION DES MINES	QUANTITÉ EN TONNES					
	ANNÉES					
	1921	1922	1923	1924	1925	1926
ANCIEN ROYAUME						
1° Slanic-Prahova....................	50.814	62.426	73.822	69.708	81.322	88.220
2° Targu-Ocna-Bacau................	40.282	35.643	46.032	43.613	42.925	51.652
3° Ocnele Mari-Valcea	26.301	31.074	33.528	36.602	35.099	36.068
	117.397	129.143	153.382	149.923	159.346	175.940
TRANSYLVANIE						
4° Uiora-Alba	40.688	62.780	68.938	74.781	79.553	74.510
5° Ocna-Dejului-Somesh	21.775	39.941	37.755	24.452	48.707	52.862
6° Ocna-Sugatag-Maramuresh.........	5.083	18.643	13.390	16.011	12.352	9.862
7° Cosciu	15.991	6.410	9.637	15.667	8.233	6.755
8° Paraid-Odorhei	10.945	8.158	5.977	8.579	9.833	9.732
9° Turda-Turda	2.320	3.964	7.731	6.483	6.979	6.552
10° Ocna Sibiului-Sibiu	2.984	11.584	1.907	1.515	1.953	2.143
BUCOVINE						
11° Cacica-Suceava	15.635	6.410	9.637	5.350	3.400	5.706
Total général	232.818	285.212	306.612	302.761	330.356	344.062

La valeur de la totalité du sel extrait pendant les dernières années est la suivante :

1922.... 285.212 tonnes d'une valeur de 171.127.200 Lei
1923.... 306.612 » » » » 222.449.505 »
1924.... 302.761 » » » » 264.798.903 »
1925.... 330.356 » » » » 271.357.463 »
1926.... 344.062 » » » » 280.280.465 »

En ce qui concerne la Bessarabie, avant et pendant la guerre, les Russes ont extrait du sel des lacs salés, dont les plus importants sont les lacs « Hadj », « Ibrahim » et « Sagani ».

Aujourd'hui, ils ne sont plus exploités, d'une part, parce qu'à la réunion de la Bessarabie à la mère patrie, les lacs étaient inondés et les installations complètement détruites par les russes ; et d'autre part, parce que la Roumanie est suffisamment riche en sel gemme pour ne pas avoir besoin de refaire les installations nécessaires à l'extraction du sel de ces lacs.

CONSOMMATION ET EXPORTATION

Comme, en Roumanie, l'extraction du sel dépasse les besoins de la consommation intérieure, on a pensé depuis longtemps à trouver des marchés extérieurs pour exporter ce produit en grande quantité.

« Même immédiatement après la constitution des principautés — écrit le prince Cantemir — le sel était déjà un article d'exportation et on en a la preuve par un document daté de 1373, dans lequel le roi Louis de Hongrie ordonne à ses agents d'arrêter à la frontière le sel provenant des territoires occupés par les deux principautés de Moldavie et de Muntenie » (1).

Plus tard, l'exportation de grandes quantités de sel de Muntenie se dirigea vers les pays voisins, comme la Turquie, la Bulgarie, la Serbie, la Bosnie, etc... par « Bechet », « Oltenitza », « Braila » et « Gura-Ialomitzei » (2).

Au cours du xviiie siècle, l'exportation était tellement importante que seulement 18 p. 100 du sel extrait dans les salines de Muntenie, étaient destinés à la consommation intérieure, le reste — c'est-à-dire 82 p. 100 — était vendu aux pays voisins.

Mais, comme la concurrence autrichienne se faisait sentir à cette époque, les princes roumains, pour maintenir l'exportation à tout prix et conserver les marchés extérieurs déjà conquis et même pour en gagner d'autres, pratiquèrent le « dumping ». Cela fit perdre du terrain au sel autrichien, dans tous les pays où les princes roumains envoyèrent leur sel et surtout en Serbie. Déjà, en 1816, l'exportation du sel autrichien était réduite de 50 p. 100, en se basant sur ce qu'elle était à la fin du xviiie siècle. Plus tard, en 1837, après l'accord que le prince valaque Alexandre Ghyca conclut avec le prince serbe Milos Obrenovici, par lequel le prince roumain s'engageait à envoyer en Serbie 30.000.000 d'ocques (3)

---

(1) Prince Demetrius CANTEMIR. *Descriptio moldaviae*, 1716, T. II, p. 26.

(2) Ch. DE PEYSSONEL. *Traité sur le commerce de la Mer Noire*, 1787, T. II, pages 190 et suiv.

(3) Ancienne mesure de poids valant à peu près 1 kgr. 300.

de sel au prix de 8 sfantzi (7 francs) les 100 ocques, l'exportation du sel autrichien cessa complètement pour ne recommencer qu'en 1851 (1).

L'exportation du sel roumain donnait de gros bénéfices aux princes roumains. Thibault Lefèbre (2) indique que la valeur du sel valaque exporté seulement en Serbie, en 1850, était de 1.754.542 francs — somme assez grande pour l'époque. De même, Ubicini estime que la valeur du sel exporté en Serbie dépassait, pour les deux années 1853 et 1854, la somme de 2.000.000 de francs (3).

Les princes moldaves envoyaient le sel des salines de Moldavie particulièrement en Pologne, par Radautzi ; en Russie, par Sculeni ou Leorda, et en Turquie, par Galatz. Dans plusieurs accords ou traités, il est question de certaines quantités de sel que les princes moldaves s'engagent à envoyer à ces pays, soit au prix de l'intérieur, soit à un prix inférieur à celui fixé en Moldavie.

Vers la fin du xixe siècle, à cause de l'augmentation de la consommation intérieure, le rapport entre celle-ci et l'exportation n'était plus le même. Actuellement, c'est la consommation intérieure qui dépasse l'exportation. En 1914, l'ancien royaume n'exportait plus que 30 p. 100 du total du sel extrait. Après la guerre, la Roumanie exportait encore moins, par rapport à la totalité du sel extrait. Ainsi, en 1919, l'exportation du sel ne représentait que 8,5 p. 100

(1) St. Chicos. O. citée.

(2) Thibault Lefèbre. *Etudes diplomatiques et économiques sur la Valaquie.* Paris 1856, p. 273.

(3) Ubicini. *Les provinces d'origine roumaine,* Paris 1855, p. 7.

de la production totale du sel. En 1920, elle était de 9 p. 100 ; en 1921, elle tombait à 3 p. 100, pour remonter, en 1922, à 8 p. 100. Mais, en 1923, cette exportation augmentait sensiblement et atteignait 23 p. 100. Elle se dirige actuellement vers les pays suivants : la Yougoslavie, la Bulgarie, la Hongrie et la Tchécoslovaquie.

Dans le pays, la vente en gros du sel se fait par l'intermédiaire des dépôts de la régie ou directement aux salines. La vente au détail est complètement libre, mais ne peut pas dépasser un certain prix fixé par la régie.

Au début de 1927, les prix officiels étaient les suivants :

	Aux salines	Aux dépôts
Les 100 kgs de sel en bloc..............	Lei : 85	Lei : 100
» » » » » » de cuisine........	» 110	» 125
» » » » » » pour l'indus. alim.	» 85	» 100
» » » » » » pour le bétail	» 75	» 75
» » » » » » de luxe	» 235	» 250

La consommation, en 1926, était d'environ 11 kilogrammes par habitant.

Les réserves de sel de la Grande Roumanie étant inépuisables, au moins pour quelques milliers d'années, nous nous demandons pourquoi l'Etat, qui a seul le droit d'exploiter cette richesse, ne fait pas tout ce qui est possible pour augmenter la production annuelle et pour exporter des quantités plus grandes de sel. La régie roumaine prétend que sur les marchés européens le sel roumain se trouve handicapé par la concurrence étrangère et que les autres marchés ne donneront aucun bénéfice à l'exportateur.

En analysant tant soit peu cet argument, on se rend immédiatement compte qu'il est exagéré.

Même sur les marchés importateurs de l'Europe, il y a une place assez facile à conquérir, étant donné que l'extraction du sel gemme, en Roumanie, se fait à un prix beaucoup moins élevé que partout ailleurs — la main-d'œuvre étant beaucoup moins chère — et que le change roumain actuel est assez bas pour couvrir tous les frais de transport.

D'autre part, sur les autres marchés, comme le nord de l'Afrique, l'Asie Mineure, la Perse, on pourra toujours concurrencer avec succès les autres exportateurs, grâce aux réserves inépuisables de la Roumanie, qui peut facilement écouler des quantités immenses de sel à des prix plus bas que les autres pays.

C'est pour ces raisons que nous pensons que la Roumanie doit faire tous les sacrifices nécessaires pour conquérir tous les marchés importateurs de son voisinage et vendre son sel dans tous les pays importateurs.

De cette manière seulement, la régie roumaine pourra augmenter son exploitation.

Ainsi, au lieu de n'exporter que quelques milliers de wagons de sel à un prix assez élevé, elle retirera les mêmes bénéfices de la vente de quelques dizaines de mille wagons qu'elle exportera demain à un prix moins élevé. Si les bénéfices sont les mêmes, le résultat sera tout à fait autre, car grâce à cette exploitation de grande envergure, elle arrivera à conquérir tous les marchés extérieurs et les sacrifices du début seront rapidement compensés.

CHAPITRE VII

PERSONNEL EMPLOYÉ DANS LES ENTREPRISES MINIÈRES.

Le développement de l'industrie minière étant de plus en plus important, le personnel devient chaque année plus nombreux. En quatre ans, de 1921 à 1925, il a augmenté de 24 p. 100. Il est presqu'entièrement — plus de 99 p. 100 — composé de roumains.

Le plus fort pourcentage, par district, est détenu par « Hunedoara » — Transylvanie — centre de l'industrie minière en Roumanie : 23.411 personnes étaient employées, en 1925, dans les mines ou l'industrie minière, ce qui donne, par rapport au nombre total du personnel, un pourcentage de 40,8 p. 100.

Par divisions historiques, c'est en Transylvanie qu'est enregistré le plus grand nombre d'employés, soit un pourcentage de 65,1 p. 100, puis vient le Banat : 17,8 p. 100 et, au troisième rang l'ancien royaume : 15,5 p. 100.

Afin de se rendre compte de l'augmentation

annuelle du personnel, nous donnons un tableau général pour les dernières années (voir aux pages 288 et 289).

Etant donné l'importance que peut présenter la question des accidents du personnel employé soit dans l'industrie pétrolière, soit dans l'industrie minière, nous avons établi un tableau général depuis 1921 jusqu'en 1926.

Accidents survenus dans les exploitations du pétrole des mines et carrières depuis 1921-1926.

ANNÉES	NOMBRE TOTAL du personnel employé dans les exploitations pétrolifères, mines et carrières.	ACCIDENTS DES PERSONNES QUI ONT CAUSÉ :						TOTAL DES	
		l'invalidité temporaire.		l'invalidité permanente.		la mort		accidents.	
		Nombres absolus.	°/₀ du total du personnel employé.	Nombres absolus.	°/₀ du total du personnel employé.	Nombres absolus.	°/₀ du total du personnel employé.	Nombres absolus.	°/₀ du total du personnel employé.
1921	62.989	787	1.25	81	0.13	59	0.09	927	1.46
1922	69.529	919	1.32	72	0.10	136	0.19	1.127	1.61
1923	78.481	937	1.19	109	0.14	64	0.08	1.110	1.41
1924	83.684	1.005	1.20	81	0.09	100	0.12	1.186	1.41
1925	88.903	1.253	1.41	115	0.13	69	0,08	1.437	1.62
1926	92.498	1.771	1.91	76	0.08	89	0.09	1.936	2.09

Le personnel employé dans les exploitations minières pendant les années 1921-1926

EMPLOI DU PERSONNEL	1921			1922			1923		
	Roumains	Etrangers	TOTAL	Roumains	Etrangers	TOTAL	Roumains	Etrangers	TOTAL
I									
Personnel technique									
1° Ingén. et chefs d'exploit.	308	37	345	261	42	303	219	46	265
2° Maîtres mineurs chefs	145	8	153	179	8	187	303	7	310
3° Maîtres mineurs et aides	1.512	38	1.550	1.638	27	1.665	2.025	36	2.061
4° Mineurs	12.886	233	13.119	13.160	137	13.297	14.670	143	14.813
5° Autres ouvriers spécialisés	745		745	900	2	902	1.168	1	1.169
6° Maîtres d'ateliers	635	15	650	509	11	520	342	16	358
7° Ouvriers dans les ateliers	4.156	37	4.193	4.099	40	4.139	4.747	49	4.796
8° Journaliers	21.137	385	21.522	21.612	117	21.729	24.597	81	24.678
Total	41.524	753	42.277	42.358	384	42.742	48.071	379	48.450
II									
Personnel administratif									
1° Employés des bureaux	537	11	548	574	14	588	709	14	723
2° Employés divers	723	15	738	817	14	831	910	14	924
3° Domestiques et gardiens	532	5	537	1.853	5	1.858	2.024	10	2.034
Total	1.792	31	1.823	3.244	33	3.277	3.043	38	3.081
Total général	43.316	784	44.100	45.602	417	46.019	51.714	417	52.131

EMPLOI DU PERSONNEL	1924			1925			1926		
	Roumains	Etrangers	TOTAL	Roumains	Etrangers	TOTAL	Roumains	Etrangers	TOTAL
I									
Personnel technique									
1° Ingén. et chefs d'exploit.	262	52	314	347	44	391	380	47	427
2° Maîtres mineurs chefs	362	6	368	236	13	249	257	12	269
3° Maîtres mineurs et aides	1.797	25	1.822	2.010	49	2.059	1.881	37	1.918
4° Mineurs	15.790	118	15.908	15.532	129	15.661	16.538	179	16.717
5° Autres ouvriers spécialisés	1.205	5	1.210	1.240	11	1.251	1.165	12	1.177
6° Maîtres d'ateliers	463	18	481	429	20	449	395	15	410
7° Ouvriers dans les ateliers	4.601	80	4.681	5.365	56	5.421	4.743	25	4.768
8° Journaliers	26.227	90	26.317	28.426	86	28.512	30.945	118	31.063
Total	50.707	394	51.101	53.585	408	53.993	56.304	445	56.749
II									
Personnel administratif									
1° Employés des bureaux	907	14	921	950	12	962	1.126	19	1.145
2° Employés divers	863	36	899	1.055	17	1.072	1.007	22	1.029
3° Domestiques et gardiens	1.190	9	1.199	1.287	15	1.302	1.247	5	1.252
Total	2.960	59	3.019	3.292	44	3.336	3.380	46	3.426
Total général	53.667	453	54.120	56.877	452	57.329	59.684	491	60.175

CHAPITRE VIII

LES SOURCES MINÉRALES

La Roumanie est, d'après nous, le pays le plus riche d'Europe en eaux minérales autant par leur diversité que par leur grand nombre.

La composition chimique de toutes ces sources minérales est tellement variée qu'il est à peu près impossible d'en faire une juste classification. Cependant, on peut les diviser en deux grands groupes, d'après la nature des deux gisements d'où elles prennent leurs qualités minérales : le pétrole et le sel gemme. Le premier groupe comprend les *eaux iodurées* et le second les *eaux chlorurées sodiques*.

Les *eaux iodurées* se rencontrent autour des régions pétrolifères. Quelques-unes de ces sources ont même été découvertes, par hasard, en creusant des puits de pétrole, comme les sources de « Vulcana », dont les eaux sont les plus riches en iode de toute l'Europe, ou la fameuse source de « Govora ».

Les *eaux chlorurées sodiques*, au contraire, se rencontrent dans tout le pays sous différentes formes et diverses qualités.

En dehors de ces deux grandes catégories, la Roumanie possède encore de nombreuses sources d'eaux minérales. Une intéressante remarque est à faire en ce qui concerne les plus importantes, c'est que leur stabilité est constante : les analyses chimiques renouvelées ont donné des résultats semblables à celles faites il y a quatre-vingts ans, ce qui prouve que la source et le trajet de ces eaux n'ont pas changé.

Certaines de ces eaux minérales étaient connues au temps de la domination romaine. Autour d'elles les Romains organisèrent de véritables thermes, dont il existe encore, actuellement, des vestiges. Les plus célèbres, dans l'antiquité, étaient les « Bains d'Hercule », où, pendant la saison, les thermes étaient recherchés par les aristocrates et les légionnaires, qui venaient « ad aquas Herculi sacras ad Mediam ».

Mais toutes les installations faites, sous la domination romaine, autour de ces sources minérales, ont été détruites par les invasions barbares. Ce n'est que très tard que les anciens thermes ont repris leur activité bienfaisante.

Aujourd'hui, en dehors de toutes les sources minérales connues déjà depuis des siècles, il y a en Roumanie un grand nombre d'autres sources découvertes au cours du XIXe siècle et même au début du XXe siècle.

Nous donnerons un aperçu des plus importantes de ces sources (1) :

____

(1) Nous nous sommes servis, pour les indications thérapeutiques et les données scientifiques : médicales et chimiques, des publications faites par la Société Roumaine Scientifique d'Hydrologie Médicale et de Climatologie.

LES EAUX THERMALES MINÉRALES

Baile Herculane. — « Les Bains d'Hercule » sont situés dans le Banat, non loin de « Mehadia », à une altitude de 168 mètres. Ils appartiennent à l'Etat. Les bains sont entourés de hautes montagnes couvertes de forêts séculaires et la température y est très douce.

Il y a neuf sources thermales ; les trois sources suivantes sont les plus intéressantes :

La source *Regina Maria*, source artésienne captée à 274 mètres, ayant une température constante de 54° C.

La source *Hygea*, qui a une température de 46° C.

Et la source *Hercule*, qui a une température variable à cause des infiltrations d'eau de pluie.

L'eau thermale est claire et limpide, elle contient des sulfates précipités d'une densité de 1.0021 et 1.0048. La radioactivité, mesurée en 1921, est à peu près la même que celle des eaux de Vichy et du Mont-Dore (1). Elle contient du chlorure de sodium, des sulfates, des silicates, du brome et de l'iode.

Ces eaux sont recommandées pour les rhumatismes chroniques, la sclérose, la goutte, l'obésité, la syphilis. Les eaux salines sont recommandées pour l'anémie, le lymphatisme, les maladies du tube digestif, la congestion du foie, etc...

---

(1) LOISEL et MICHAILESCO. *Sur la radioactivité des « Baile Herculane ».*

Il y a encore les eaux thermales des bains de l'Episcopie — *Baile Episcopiei* — qui sont légèrement chlorurées et sulfatées, ainsi que celles de *Felix* et *Moneasa*, toutes les trois en Crisiana, en Transylvanie.

Puis celles de *Georgiu*, qui sont carbo-calcaires et ferrugineuses. Ces eaux étaient également connues au temps de la domination romaine. Ces sources sont situées en Transylvanie, ainsi que celles de *Vata*, *Toplitza* et *Calan*, qui sont de moindre importance.

En Muntenie, il existe cinq sources d'eau thermale, mais elles ne sont pas exploitées.

EAUX SALÉES CONCENTRÉES ET BOUES

Sur le littoral de la Mer-Noire, on rencontre plusieurs lacs fameux par leurs eaux chlorurées bromurées sodiques concentrées magnésiennes, dont les boues sont thérapeutiques. Les plus importants sont les lacs *Tekirghiol* — district de Constantza — et le lac *Budachi*, en Bessarabie.

Le lac *Tekirghiol*, très connu dans toute l'Europe orientale, attire chaque année des milliers de visiteurs, suivant le traitement des bains et de la boue, qui donne des résultats magnifiques.

L'eau est très salée, amère, d'une densité très élevée : 1.0552 à 15ºC. Elle dégage une forte odeur d'hydrogène sulfuré. L'analyse d'un litre d'eau donne : 55.3972 de chlorure de sodium, 2.0046 de potassium, 4.4689 de magnésium et d'ammonium, puis du bromure de magnésium : 0,1357, du sulfate de magnésium : 8.1497, puis du calcium, des oxydes de fer et d'aluminium, de l'anhydride carbonique en liberté et des traces d'hydrogène sulfuré. Par conséquent, l'eau est quatre fois plus salée que l'eau de mer et contient une forte quantité de brome (1). Les poissons ne peuvent pas vivre dans cette eau.

Une couche de boue assez épaisse recouvre le fond de ces lacs. Ces boues sont uniques au monde. Elles ne sont pas encore classées parmi les autres boues connues.

Leur couleur est noir verdâtre, elles sont onctueuses et dégagent une forte odeur d'hydrogène sulfuré.

Leur origine est végétale (algues), animale (protozoaires, petits crustacés, insectes, vers) et minérale. D'après le chimiste M. Georgesco, 1.000 parties de boues séchées ont environ : 62 parties de chlorure de sodium, 9 de magnésium, 2 de calcium, 26 de sulfate de magnésium, 4 de carbonate de calcium, 11 de sulfate de calcium, 442 de silice, 85 d'oxyde d'aluminium, 8 de fer, 7 de sulfure de fer, 69 de sels insolubles de calcium, 12 de magnésium, 5 de simili-graisses, 4 de résine et 225 de substances organiques.

Les bains de lac et de boues sont indiqués pour le traitement des maladies suivantes : maladies de la nutrition, lymphatisme, rachitisme, tuberculose osseuse, lumbago, névralgies, sciatiques, goutte, obésité, syphilis, paralysie, etc...

---

(1) Dr SALIGNI. *Le lac Tikerghiol.* Bucarest.

Le lac de *Budachi* et sa boue produisent les mêmes effets.

Il existe aussi d'autres lacs comme : *Tuzla* en Bessarabie, le *Lacul Sarat*, *Balta Alba* et *Amara* en Muntenie, dans le bassin du Danube. Leur emploi thérapeutique est à peu près le même qu'à « Tekirghiol ». Ces lacs appartiennent à l'Etat, qui a pris dernièrement toutes les mesures nécessaires pour la conservation de leurs boues, tellement recherchées à cause de leur efficacité curative et thérapeutique.

En dehors de cette catégorie de lacs situés sur le littoral de la Mer-Noire ou dans le bassin du Danube, on rencontre beaucoup d'autres lacs, de bassins et de marais, dans la zone des montagnes, en liaison directe avec les salines et ayant une composition chlorurée sodique concentrée.

Parmi ces eaux chlorurées sodiques, les plus importantes sont : *Sovata* en Transylvanie, où il existe plusieurs lacs possédant des établissements de bains modernes ; *Ocna Mureshului* et *Ocna Sibiului* en Transylvanie, qui appartiennent à l'Etat ; puis *Slanicul Prahovei* et *Ocnele Mari* en Muntenie ; *Oglinzi* et *Balzatesti* en Moldavie, qui sont assez recherchées et qui appartiennent à des particuliers ayant fait des installations de bains plus ou moins modernes.

LES EAUX CHLORURÉES SODIQUES
NON CONCENTRÉES

Les eaux chlorurées sodiques non concentrées sont situées dans la zone montagneuse. Les plus importantes sont celles de *Govora, Càlimanesti-Càciulata, Olànesti* et *Sarata-Monteoru.*

1º Les sources de *Govora* se divisent en deux catégories : l'une est iodée, l'autre est sulfureuse.

La source iodée est très recherchée pour ses qualités thérapeutiques, dues surtout au degré d'ionisation qui est très accentué. Les installations de bains sont très modernes et assez luxueuses.

Ces eaux sont d'une efficacité exceptionnelle, spécialement dans les cas de rhumatismes et de syphilis. Il est à remarquer qu'au début du traitement les douleurs des vieux rhumatismes se réveillent et s'accentuent, pour disparaître ensuite complètement.

Govora, tant par la qualité de ses sources minérales que par les installations modernes dont elle est pourvue, est une des stations balnéaires les plus élégantes et les plus fréquentées de Roumanie.

2º Les eaux minérales de *Càlimanesti* sont connues depuis le commencement du xixe siècle : la première analyse a été faite en 1830. Leur débit est énorme. Trente-deux de ces sources donnent plus de 200.000 litres d'eau par jour.

La plus intéressante, la source nº 5, a une température de 7º3 C. Son odeur est légèrement sulfureuse et son goût salé. Elle présente une minéralisation totale de 19,2 p. 1.000 et renferme : du chlorure de sodium, du chlorure de potassium, du chlorure de magnésium, du chlorure de calcium, du sulfate de magnésium, de l'iodure et du bromure de sodium, puis des carbonates de magnésium, du silice, du sulfhydrate de calcium et de l'hydrogène sulfuré. C'est, par conséquent, une eau thermale très sulfureuse. Elle est plus riche en soufre que les eaux d'Aix-la-Chapelle, Aix-les-Bains et Baile Herculane.

A l'Exposition de Bruxelles de 1898, on a constaté qu'elle est une des meilleures eaux purgatives d'Europe.

Les eaux de *Càlimanesti* sont très recherchées pour le traitement des rhumatismes, de la syphilis, la scrofule et l'artério-sclérose. Les installations sont modernes et la station est très belle.

La source *Càciulata* a été découverte il y a une cinquantaine d'années par les moines d'un monastère des environs. D'une température de 11ºC, d'un débit de 320 litres d'eau par heure et ayant une odeur sulfureuse, elle est une des meilleures sources minérales. Sa radioactivité dépasse celle des eaux de Vichy et de Frantzensbad.

L'eau minérale de Càciulata est d'une efficacité incomparable dans les cas d'inflammation interne, de maladies du foie, de goutte, de néphrites, etc...

Les sources minérales de Govora et de Càlimanesti-Càciulàta appartiennent à l'Etat, qui les a louées à la société roumaine « Govora-Càlimanesti-Càciulata ». Cette société a fait toutes les installations nécessaires, a construit de grands hôtels luxueux a aménagé des parcs et de beaux jardins. Enfin, toutes ces stations sont, à tous les points de vue, semblables aux meilleures villes balnéaires et climatiques occidentales.

Les sources minérales d'*Olànesti* sont très nombreuses. Mais seulement vingt-quatre d'entr' elles ont été examinées et analysées. Leur composition est infiniment variée. Depuis qu'elles ont été découvertes — en 1830 — jusqu'en 1921, date à laquelle les dernières analyses ont été faites, leur composition chimique n'a pas changé. Quelques sources contiennent une grande quantité de chlorure de sodium (la source n° 1 : 12 p. 100) les autres une quantité moindre. Toutes contiennent de l'iode, en quantité variable (la source n° 20 : 47 milligrammes par litre).

Les indications thérapeutiques sont les mêmes que celles de « Govora-Càlimànesti-Càciulata ».

La station appartient à la « Banque Marmorosch Blank », qui a installé des bains, construit un casino, deux hôtels, etc...

Les sources minérales de *Sarata Monteoru* ont été découvertes en faisant des recherches de pétrole. Leur ancien propriétaire — Monteoru — grâce à sa fortune, put construire un établissement de bains tout à fait moderne et deux grands hôtels. La localité se transforma donc, en peu de temps, en une véritable ville d'eau. A une distance de 15 kilomètres de « Buzau », cette station est très recherchée, ses sources étant très efficaces.

Seules, quatorze d'entr'elles ont été analysées et aménagées. Le Dr Istrati, dans son rapport d'analyse, dit que ces eaux sont meilleures que celles de « La Motte et Salies », de « Kreuznach » (Allemagne) — et de « Hall » (Autriche).

Les indications thérapeutiques sont les mêmes que celles de « Govora-Càlimanesti-Càciulata ». La station appartient aujourd'hui au Dr Angelescu.

A *Bazna*, en Transylvanie, il y a une autre station, dont les installations sont modernes et qui appartient à l'Eglise évangélique locale. Les sources d'eaux minérales sont au nombre de dix.

Il y a également, en exploitation, d'autres stations de sources minérales de même catégorie, mais elles sont moins importantes, soit parce que leurs eaux sont moins efficaces, soit parce que leurs installations sont tout à fait primitives.

En Moldavie, il y a lés sources de *Nastasachi*, tout près de Tg-Ocna, puis celles de *Vizantea*, sur le mont « Vrancea » à 540 mètres d'altitude, celles de *Mànastirea-Neamtzu* et de *Sarata* -Bacau.

En Muntenie, à *Vulcana*, on trouve des sources minérales très riches en iode — 10 litres d'eau contiennent 1.860 d'iode pur. D'après le chimiste L. Bernath, elles sont les plus iodurées d'Europe.

Mais, malheureusement, ces sources appartiennent

à plusieurs petits propriétaires, qui n'ont pas encore réussi à s'entendre pour transformer cette localité en ville d'eau.

Puis à *Bughea*, à 3 kilomètres de Câmpulung », à une altitude de 610 mètres ; à *Busteni*, qui est une des plus belles stations climatiques de Roumanie et qui est placée à 880 mètres d'altitude ; à *Bobocii*, tout près de « Mizil » ; à *Jitia*, à 47 kilomètres de « Râmnicul-Sarat » ; à *Secelu*, en Oltenie.

En Transylvanie, les sources d'eau minérale de *Cohalm* sont situées à 450 mètres d'altitude et celles de *Rodbav* à 477 mètres. Toutes les deux sont d'intérêt local.

Il existe aussi d'autres sources minérales de même ordre qui ne sont pas encore exploitées. Leur nombre est très élevé. Seulement, dans l'ancien royaume, le Dr Saabner-Tuduri (1) a trouvé des sources minérales dans 172 localités. Parmi elles on peut citer les sources de *Meledic* — district de Buzau — et de *Poiana-Màrului* — district de Râmnicul-Sarat. Toutes les deux sont extrêmement intéressantes à cause de la qualité minérale des eaux. Malheureusement, les moyens de communication faisant défaut, ces sources ne sont pas exploitées.

EAUX ALCALINES

Ces eaux, à cause des variétés qui sont dues à la prédominance de certains composés, sont divisées en cinq catégories.

____

(1) Voir D^r Al. SAABNER-TUDURI. *Apele minerale si statiunile climaterice ale României.* Bucuresti, 1900.

1º *Eaux alcalines chloruro-sodiques.*

Slanicul-Moldovei nommée à juste titre « la perle de la Moldova » est célèbre à cause de la beauté de la nature qui l'environne, de la qualité et de la variété de ses nombreuses sources, de son confort et de l'affluence considérable des visiteurs. Cette station est située à 530 mètres d'altitude.

Détruite par la guerre, au cours des années 1916 à 1918, elle est presqu'entièrement restaurée et d'ici peu, elle pourra rivaliser avec les plus fameuses stations mondiales.

A Slanic, dix-sept sources sont bien étudiées et aménagées. Pour prouver leur exceptionnelle valeur, nous donnons, d'après le Professeur Dr Sumuleanu, l'analyse des principales sources :

EN GRAMMES POUR 1000 GRAMMES D'EAU				
SOURCE	RÉSIDU en sulfates	CHLORURE de sodium	Bicarbonate de sodium	ACIDE carbonique total	ACIDE carbonique en liberté
Nº I	8.25	4.53	2.21	4.63	2.15
Nº VIII	9.25	5.46	2.69	3.00	1.68
Nº X........	10.98	6.10	3.10	3.81	1.77
Nº I *bis*	12.73	6.80	3.72	4.44	2.00
Nº III	15.83	8.83	4.38	4.93	2.06
Nº XI	16.82	9.34	4.29	4.49	1.59
Nº XII	19.86	10.92	5.56	5.49	1.82
Nº VI	21.23	11.08	5.85	5.39	1.42
Nº XIII	22.83	13.19	6.17	5.79	1.98

L'eau des sources Nos 1, 3, 6 et 8 est destinée à la boisson et celle des sources Nos 2, 4, 5 et 7 alimente les bains.

L'établissement de bains, qui a été restauré complètement ces dernières années, est un des plus modernes d'Europe. L'ancienne hydrothérapie a été remplacée par un grand institut très luxueux; d'autre part, des installations ont été faites, afin de pouvoir suivre tous les traitements qui constituent les indications thérapeutiques de cette station et qui sont les suivantes : affections du tube digestif et de ses annexes, maladies du foie, de la rate, des voies urinaires et des reins, scrofulose, rhumatisme, maladies de l'appareil respiratoire, maladies chroniques de la peau.

L'eau de la source n° 3, prise à raison de 3 à 5 verres, à un intervalle d'un quart d'heure, excite la muqueuse intestinale et devient purgative sans provoquer de coliques (1).

Beaucoup de malades du tube digestif, qui ont suivi le traitement à Karlsbad, Marienbad, Kissigen et Vichy, n'ont été guéris qu'à Slanicul-Moldovei (2).

La station appartient à l'Ephorie des Hôpitaux Sf. Spiridon de Iassy, qui a construit les principaux édifices, un beau casino, un parc superbe, etc... de grands et luxueux hôtels sont également construits sur le versant de magnifiques montagnes couvertes

----

(1) Dr ARONOVICI. *Etude sur les eaux minérales de Slanicul-Moldovei.* Iassy.

(2) G. ROMMENHOELLER. Œuvre citée, p. 425.

de forêts séculaires et de sapins, qui entourent la station.

Les autres sources alcalines de cette catégorie sont toutes situées en Transylvanie, autour des localités suivantes : *Sângeorgiul Românese,* district de Nasaud; à *Bixad* et à *Maria,* au nord de la Transylvanie, à *Malnash* tout près de Sf Gheorghe ; à *Zizin,* 14 kilomètres de Brasov ; à *Stoicenii,* à *Carpatia,* à *Odorhei,* à *Cacon Iacobeni,* à *Bodoc,* à *Repat* et à *Anies.*

D'après le Dr Saabner-Tuduri, 25 localités, dans l'ancien royaume, possèdent des sources d'eau alcaline inutilisées.

2º *Eaux alcalines carbogazeuses fortes.*

Vatra Dornei est une très belle localité placée à 802 mètres d'altitude, au confluent des rivières « Dorna » et « Bistritza », qui possède de très riches et nombreuses sources minérales.

Les principales sources captées sont : la source « Unirea » qui est, d'après le professeur Ludwig, la plus riche en bicarbonate de fer parmi les sources ferrugineuses et qui est destinée à la consommation, et les sources de l'Est et de l'Ouest qui, étant très riches en acide carbonique, alimentent les bains. Puis les sources suivantes :

a) « Poiana Negrei », qui a un débit en vingt-quatre heures de 10.000 litres d'eau diététique de beaucoup supérieure à celle de « Giesshübler », elle contient du bicarbonate de sodium 5.693, de litium 0,008, de calcium 11.565, de magnésium 2.554, de fer 0.400 et acide carbonique libre 23.969 (professeur Dr Ludwig).

b) La source « Carmen Sylva » à Sarul Dornei, qui donne 18.000 litres d'eau minérale par jour, elle est connue depuis 1787 (1). C'est la plus célèbre source arsenicale. L'analyse faite par le laboratoire de chimie de l'Académie de Médecine de Paris, en 1894, a donné : arseniate de sodium 0,0034 0 /00, carbonates multiples 0′0003 (de litium) 0,3894 (de sodium), chlorure de calcium 0,0641, silice 0,1210, etc..., acide carbonique libre 1.8784. Cette eau a un très bon goût et, d'après l'analyse du Dr Babes, c'est elle qui contient le moins de microbes de toutes les eaux minérales.

En dehors de ces diverses sources, toutes très intéressantes, *Vatra Dornei* possède aussi des boues végétales, dont la qualité et la quantité sont uniques. C'est un produit naturel formé au cours des siècles, sur presque toute l'étendue de la vallée de « Dorna », en quantité si grande qu'elle est presque inépuisable. Le professeur Ludwig dit dans son étude que cette boue contient 7,5 p. 100 de baume-résine, quantité qui n'a été rencontrée jusqu'à présent dans aucune boue végétale connue. Ces boues, pour servir, doivent être pulvérisées et oxydées à l'air. Elles sont extrêmement curatives.

La station *Vatra Dornei* a deux grands établissements balnéaires : le plus grand « Regina Maria »

____

(1) Dr Richard HAQUET. *Neutse physikalische politische reise in den iaren 1788 und 1789 durch die dacishen und sarmatischen oder nordlichen karpaten.*

possède des cabines de bains d'acide carbonique et de boues chaudes, deux sections d'hydrothérapie, un institut de mécanothérapie, d'électrothérapie, etc... Il a été restauré d'une manière tout à fait moderne et son confort est luxueux.

Les indications thérapeutiques des bains d'eau carbogazeuses sont les suivantes : maladies du cœur et des artères, anémie, chlorose, affections nerveuses chroniques, etc... Les bains de boues sont extraordinairement curatifs, en ce qui concerne les maladies de femmes et les rhumatismes. Pour toutes ces maladies, la station « Vatra Dornei » a un avantage exceptionnel sur toutes les autres stations mondiales, grâce à la possibilité du traitement mixte : eaux carbogazeuses et boues.

Il existe des sources d'eau minérale de la même catégorie à *Buzias* en Banat, où des établissements de bains très modernes sont installés ; à *Borsec* en Transylvanie, fameuse station thermale qui, avant la guerre, était le lieu de rendez-vous des magnats hongrois ; grâce à son grand débit — 60.000 litres d'eau par jour — elle faisait un commerce intense de bouteilles d'eau diététique. Cette station a été détruite pendant la guerre, mais on la restaure. Puis à *Covasna* en Transylvanie, où on rencontre, à côté des sources minérales, des veines d'acide carbonique tout à fait en liberté. Chaque puits ou excavation peut être facilement transformé en cabine de bains gazeux.

3º *Eaux alcalines ferrugineuses.*

En dehors de quelques stations déjà citées dans les autres catégories d'eau minérale, comme « Vatra Dornei », « Slanicul Moldovei », etc... il y a aussi des sources d'eau alcaline ferrugineuse à côté de sources d'eau carbogazeuse. Dans certaines localités les sources ferrugineuses constituent la principale ou unique richesse.

La plus importante est *Tusnad* en Transylvanie, à une altitude de 656 mètres. Les installations sont modernes et la station est aménagée confortablement. Sept sources sont en exploitation, dont trois pour la consommation et les quatre autres pour l'alimentation des établissements de bains.

Les indications thérapeutiques, par cure interne, sont les suivantes : anémie, scrofulose, chlorose, catarrhes gastro-intestinaux et respiratoires, tuberculose — seulement pendant le stade d'induration — et maladies de cœur.

Les autres stations d'eau ferrugineuse sont toutes en Transylvanie : *Vâlcele* à quelques kilomètres de « Feldioara » ; *Fidelis* près de « Mercurea Ciucului » ; *Homorod, Valea Vinului, Corond, Jigodin, Tinca, Suligul* et *Soimuzul.*

4º *Eaux amères purgatives.*

En Roumanie, on trouve des sources d'eaux amères assez importantes, mais qui n'ont pas pris un grand développement à cause de la concurrence étrangère. Depuis la guerre, on donne beaucoup plus d'attention à ces sources.

La principale source est située tout près de Iassy, à *Breazu*. L'eau est très peu amère et d'un goût agréable, elle ne provoque pas de coliques et est très purgative. L'analyse, faite par le Dr Konya, donne pour un litre d'eau : sulfate de sodium 9.9645, de magnésium 4,9815, de calcium 1,1731, de potassium 0,5193, chlorure de sodium 0,6843, carbonate de sodium 1,2043, de fer 0,0141, acide silicique 0,0086, acide carbonique libre 0,2687.

Le commerce de cette eau en bouteilles prend de plus en plus d'importance.

Les autres sources sont : *Mircea* et *Cozia* en Moldavie et *Ivanda* en Banat.

De tout cet exposé on peut tirer une conclusion extrêmement favorable pour le pays.

La Roumanie possède de nombreuses sources minérales de composition très variée et dont les qualités sont, pour la plupart, exceptionnelles.

Leur seul défaut, dans l'ensemble, est qu'elles n'ont pas été aménagées pour devenir de véritables villes d'eau et localités balnéaires mondiales comme elles le méritent. Cependant, nous avons vu que, pour quelques-unes, des efforts ont été déjà faits dans ce sens. Espérons que, prochainement, les étrangers se rendront compte des qualités curatives de ces sources minérales et qu'elles pourront devenir une véritable ressource économique pour la Roumanie.

LES CARRIÈRES

La Roumanie possède de nombreuses carrières, dont quelques-unes sont en exploitation depuis plusieurs siècles.

Les plus anciennes sont celles de Dobroudgea d'où ont été extraites les pierres nécessaires à la construction du fameux monument d' « Adam-Klissi » (Trapaeum Traiani). Les bas-reliefs de ce monument sont très bien conservés et prouvent la qualité supérieure de la pierre des carrières dobrogiennes.

La carrière de *Albesti*, dans le district de Muscel, est également renommée. Elle renferme une pierre calcaire nummulitique, d'une résistance supérieure. Toutes les sculptures et frises, si bien conservées, qui décorent l'église épiscopale de « Courtea d'Argès » bâtie en 1520, ont été faites dans les pierres calcaires d'Albesti.

Parmi les plus récentes, il faut citer la carrière de *Gura Vàiei*, dans le district de Mehedintzi, découverte en 1881, et dont l'importance commerciale est grande, par suite de la richesse et de la qualité de la pierre qu'on y extrait. Un très grand nombre de travaux importants ont été exécutés avec cette pierre dans l'ancien royaume.

Puis les carrières de granit du district de Tulcea, dont la pierre peut rivaliser avec le granit écossais ou celui de Saint-Raphaël. L'exploitation de ces carrières est tout à fait moderne. Des trains Decauville transportent tout le granit extrait jusqu'au Danube, où il est chargé dans les cargos.

Il existe aussi en Roumanie plusieurs carrières de marbre, mais, à cause de certaines difficultés, le marbre n'est pas exploité sur une grande échelle, comme il est à désirer. On trouve du marbre blanc à *Turnu Rosu*, à *Dorna*, à *Brebu* ; du marbre noir et rouge dans le district de Tulcea ; du marbre moucheté à *Mateias* -Muscel ; du marbre coloré dans les montagnes d'Argès et surtout à *Rusca Montana* en Banat, où est extraite presque l'entière quantité de marbre produit en Roumanie.

On trouve des carrières importantes de pierre meulière à *Deleni*, dans le district de Botosani, et surtout à *Hàrlàu*, district de Iassy.

Il y a du kaolin à *Murfatlar*, — district de Constantza, et d'importantes carrières de basalte à *Racos* -Tarnava.

D'importantes carrières d'ardoise sont situées autour de *Deva* -Hunedoara et à *Comarnic* -Prahova ; ce sont les plus riches en calcaire argileux servant à la fabrication du ciment.

Enfin les pierres à chaux sont dispersées dans toute la Roumanie et presque partout des carrières sont en exploitation.

La production de toutes ces carrières, pendant ces dernières années, est indiquée dans le tableau suivant :

La Production des Carrières en 1925-1926

N°	MATÉRIEL EXTRAIT	1926		1925	
		VALEUR Lei	QUANTITÉS m³	VALEUR Lei	QUANTITÉS m³
1	Pierre calcaire	71.789.600	688.604	61.562.200	583.738
2	Terre à briques	33.171.300	663.426	17.336.490	577.893
3	Granit	31.266.200	175.966	33.781.350	181.836
4	Basalte	17.695.000	57.655	12.295.200	38.240
5	Marbre	11.052.956	1.430	8.528.771	1.728
6	Sable	10.969.750	219.395	9.264.750	185.295
7	Gravier	6.595.200	109.920	6.249.060	104.151
8	Grès	4.490.100	32.496	4.273.300	29.198
9	Trachyte.........	2.668.000	19.292	5.186.960	46.181
10	Pierre à plâtre......	2.616.960	21.808	3.179.640	26.497
11	Argile	2.058.200	20.582	2.052.192	21.377
12	Marne	1.614.900	16.149	1.486.700	14.867
13	Andésite	1.533.720	12.781	—	—
14	Feldspath	1.416.900	831	95.000	208
15	Cailloux de rivière..	925.500	9.934	1.336.500	13.365
16	Dionit	671.100	6.711	986.100	12.495
17	Talc.............	480.000	240	30.000	60
18	Tuf.............	430.000	4.300	2.105.400	21.054
19	Kaolin	395.760	3.298	642.880	4.592
20	Aragonite	200.000	20	—	—
21	Conglomerate	115.700	1.157	101.800	1.018
22	Dolomite.........	64.400	644	121.480	1.272
23	Terre colorée	49.700	497	39.000	650
24	Quartz...........	19.500	139	—	—
25	Pegmatite........	10.000	20	165.000	330
	Total	202.300.746	2.067.295	170.736.793	1.865.123

QUATRIÈME PARTIE

LA NOUVELLE LÉGISLATION

CHAPITRE PREMIER

LA LOI DE L'ÉNERGIE

Les sources d'énergie. — L'énergie, sous ses différentes formes d'utilisation, constitue la base des
richesses de n'importe quel pays.

Ainsi que tout le monde le sait, l'énergie n'est
pas autre chose qu'un élément qui peut donner
naissance, grâce au génie de l'homme, à une force
suffisante capable d'activer un moteur, une turbine
ou une roue.

Les sources d'énergie sont épuisables ou inépuisables. Les sources d'énergie épuisables sont celles
qui, étant donné leur nature, peuvent disparaître
dans un temps plus ou moins long. Elles ont diverses formes : solide, le charbon ; liquide, le
pétrole, l'alcool, etc... ; gazeuses, le gaz méthane,
le gaz de sonde, etc...

Les sources d'énergie inépuisables, comme les
chutes d'eau, la chaleur solaire, ne peuvent

jamais disparaître, à moins que la nature dans laquelle nous vivons ne se transforme.

Jusqu'aujourd'hui les chutes d'eau, seulement, ont pu être captées et utilisées ; mais on étudie sérieusement la captation d'énergie de la chaleur solaire, des marées, etc...

Ces différentes énergies ont la même qualité et donnent des effets identiques. En d'autres termes, l'énergie, quelle que soit sa source, le charbon comme le pétrole ou la houille blanche, est toujours semblable, ce qui est d'une importance capitale dans l'économie politique d'un pays.

Mais si ces énergies nous donnent les mêmes forces économiques, leur valeur n'est pas égale.

Cette valeur dépend surtout de leur quantité, de leur production, du coût de leur production, c'est-à-dire du capital qu'on doit investir pour leur utilisation et pour les frais de leur transport.

On peut aussi faire encore une distinction et, nous croyons qu'elle n'est pas moins importante :

Depuis combien d'années ces énergies sont connues et utilisées par l'homme.

C'est grâce à cette distinction qu'on se rend compte plus facilement de la prospérité de certains pays, grands fournisseurs d'énergie.

En effet, tant que le pétrole, la houille blanche et le gaz n'ont pas été connus comme source d'énergie, le charbon, qui était utilisé depuis longtemps et pour l'emploi duquel les premières découvertes scientifiques ont été faites, afin de profiter de son utilité, a été le roi du monde industriel et commercial.

Le charbon, source d'énergie, a attiré dans les pays, où il existe en grande quantité, toutes les matières premières du monde entier, pour y être transformées en produits manufacturés, destinés à satisfaire les demandes les plus variées des hommes de plus en plus raffinés.

C'est grâce au charbon que, d'un jour à l'autre, d'immenses plaines stériles et désertes sont devenues de vastes et riches agglomérations d'hommes.

La mine de charbon a été l'animatrice des régions industrielles, qui se sont groupées à l'alentour, donnant ainsi une force nouvelle, la plus certaine et la plus importante, au pays possesseur.

Par exemple, des pays industrialisés depuis des siècles, n'ayant pas la chance de posséder des mines de charbon, ont vu diminuer leur production et, du jour au lendemain, sont tombés sous la dépendance économique des pays charbonifères.

Il en est de même en ce qui concerne le commerce. L'emploi du charbon facilite les transports, surtout sur mer. Le bateau à vapeur remplace le navire à voiles et les voies maritimes deviennent plus importantes que les voies continentales.

Grâce à son charbon, l'Angleterre (1) est devenue

---

(1) Pelle Desforges. *La Géographie du pétrole*, p. 3. L'Angleterre eut cette chance inouie dans l'histoire des nations de trouver dans son sous-sol, au moment même où les premières applications de la vapeur se faisaient, le combustible qui permettait de produire cette vapeur en quantité. La vapeur allait amener une révolution dans l'art de la navigation, et l'Angleterre allait bénéficier d'un avantage qu'une nation continentale n'aurait pu connaître; elle possédait la réserve de la nouvelle énergie, qui allait faire mouvoir les bateaux... L'Angleterre est devenue la grande nation maritime moderne, après avoir tour à tour éclipsé les trois autres rivales : l'Espagne, la France, la Hollande.

et se maintient la reine des mers et, pendant un siècle, elle a été le marché unique de toutes les matières premières comme la laine, le coton, le cuivre, le caoutchouc...

Donc, le commerce comme l'industrie ont dû se plier aux exigences du charbon créateur d'énergie.

Puis le pétrole commence à prendre position.

Il y a soixante-dix ans le pétrole n'avait aucune importance, maintenant les peuples s'en disputent la suprématie.

Le pétrole est devenu, à son tour, un facteur déterminant dans la politique mondiale. N'est-ce pas le regretté Lord Curzon, un des hommes politiques anglais les plus en vue, qui a dit que la victoire, pendant la guerre mondiale, a été gagnée sur des flots de pétrole.

Aujourd'hui, le charbon n'impose pas comme hier sa loi, il doit beaucoup lutter pour se maintenir. Il ne domine plus, il peut tout au plus influencer l'économie mondiale.

Petit à petit, le pétrole, le gaz méthane, la houille blanche lui ôtent de sa valeur.

Aujourd'hui, les pays riches sont ceux qui possèdent des sources d'énergie, en quantité suffisante, pour les besoins de leur industrie et de leur commerce. Les pays dépourvus de sources d'énergie sont forcément tributaires des nations favorisées.

La Roumanie, heureusement, est un des pays les plus riches en sources d'énergie.

On y trouve du charbon, du gaz méthane, de très importantes chutes d'eau, qui ne demandent qu'à être utilisées, et surtout du pétrole.

L'énergie étant de la plus grande importance dans l'économie politique d'un pays, le gouvernement roumain a décidé de jeter les bases légales pour acheminer la question des sources d'énergie sur le terrain national, correspondant aux nouvelles institutions économiques.

Dans la « Constitution » de la grande Roumanie, nouvellement créée pour l'établissement de l'organisation unitaire des provinces roumaines réunies, on trouve les principes politiques qui forment la base de la « loi d'énergie de 1924 » (1).

Ces principes sont les suivants :

1º La nationalisation du sous-sol, donc des gisements de toutes sources d'énergie épuisables, par conséquent des combustibles solides, liquides et gazeux.

2º La déclaration des eaux comme bien public.

En se basant sur ces principes essentiels, la loi d'énergie poursuit les buts (2) suivants :

a) L'utilisation la plus intense et la plus complète des chutes d'eau — source d'énergie inépuisable — afin d'économiser le plus possible les générateurs épuisables, comme le pétrole, le charbon, le bois et le gaz naturel.

b) Utiliser d'une manière rationnelle toute l'énergie électrique qui résultera des forces hydrauliques ou des combustibles, pour arriver à la centralisa-

---

(1) La loi d'énergie a été promulguée le 1er juillet 1924. Voir *Monitorul Oficial*, juillet 1924.

(2) Voir Ingénieur C. RARINCESCO. *Le problème de l'approvisionnement en énergie de la Roumanie*, paru dans la *Correspondance Économique Roumaine*. Bucarest, nº 1, janvier-février 1927.

tion maxima de la production d'énergie et à la décentralisation idéale du courant électrique vers tous les points du pays, conformément à tous les besoins.

c) Arriver, par une application de moyens techniques modernes, à produire, à transporter et à distribuer l'énergie, avec un maximum d'économie générale, fournissant un rendement maximum.

En vue de la réalisation de ces buts, la loi d'énergie établit un programme général pour la production, le transport et la distribution de l'énergie, pourvoyant ainsi aux besoins des différentes régions et surtout aux besoins des services publics.

Elle interdit le gaspillage de ces richesses, avantageant les entreprises qui, étantdonné leur nature et leurs moyens, peuvent mieux exploiter l'énergie dans l'intérêt général.

Elle coordonne les différentes sources d'énergie, en en tirant l'utilisation maxima.

Elle insiste sur « l'utilisation illimitée des chutes d'eau et des charbons d'une force calorique inférieure » qui peuvent être employés sur place « à côté de la mine » (1) cherchant ainsi à réserver, le plus possible, le pétrole, le charbon supérieur et le gaz méthane pour l'industrie.

Elle poursuit enfin l'établissement d'un programme général d'électrification du pays, par l'exploitation maxima de l'énergie hydraulique, « en constituant de grandes usines thermiques de soutien et de réserve qui doivent utiliser le combustible sur la place

---

(1) Ingénieur Ion Fundateano. *Le Problème des sources d'énergie en Roumanie et l'Economie Nationale*, étude publiée dans « *Situation et Organisation Économique de la Roumanie* en 1926, p. 76.

même, établissant en même temps un réseau de distribution qui va relier les différentes régions d'énergie avec un centre d'utilisation de cette énergie » (1).

Comme toutes les sources d'énergie, utilisées ou non encore utilisées, appartiennent à l'Etat, c'est lui qui va accorder des concessions pour les exploiter, pour une période plus ou moins longue (2) et la loi impose aux concessionnaires le respect de certaines obligations parmi lesquelles les plus intéressantes sont :

a) L'obligation de construire gratuitement les installations nécessaires aux réserves du quart, au maximum, de l'énergie totale qui sera produite par l'exploitation des forces hydrauliques données en concession. Ces réserves d'énergie seront distribuées

---

(1) Constantin D. Busila. *La Politique de l'énergie en Roumanie.* Communication présentée à la première conférence mondiale de l'énergie, Londres 1924. Bucarest 1924, p. 21.

(2) Pour la houille blanche : cinquante ans aux installations servant à une seule entreprise industrielle ; soixante-quinze ans à celles dont le but est de distribuer l'énergie sur un réseau public ; quatre-vingt-dix ans à celles qui ont l'Etat comme associé (un district ou une commune) ou à celles qui contribueraient à la régularisation du régime d'un cours d'eau, soit par la création de lacs égalisateurs, soit par l'utilisation rationnelle de tout le cours d'eau ; l'Etat laissant à toutes concessions accordées un quart de l'énergie produite.

Pour faciliter la réalisation de l'utilisation des charbons ayant une capacité calorique inférieure, pour la production de l'énergie électrique, l'Etat accorde des concessions sur trente-cinq ans pour les usines thermiques jusqu'à 500 CV, desservant une seule entreprise industrielle ; quarante-cinq ans à celles destinées à distribuer de l'énergie par un réseau public et soixante ans à celles qui s'établiront auprès de la mine même, utilisant la poussière de charbon, les restes et le charbon ayant une petite capacité calorique (lignite). A part cela, l'Etat accorde à ce genre d'usines une dispense de toute taxe pour les treize premières années de fonctionnement, destinée à faciliter et à réaliser la mise en valeur de grands gisements de lignite de Roumanie.

à l'Etat, aux districts ou communes, pour satisfaire leurs besoins d'après un tarif spécial fixé par l'acte même de concession. Au cas où il serait question d'une réserve plus grande qu'un quart de l'énergie totale, l'Etat, les districts et les communes supporteraient alors le surplus des frais faits pour la construction des installations demandées.

b) L'obligation de payer à l'Etat des taxes spéciales, proportionnelles à la force fournie par toutes espèces d'installations de force hydraulique et aussi par des installations thermiques, quand le courant est vendu.

c) Si le but des installations hydrauliques est de vendre le courant électrique obtenu, les concessionnaires sont obligés de payer une redevance proportionnelle au rendement de l'entreprise, qui ne peut, dans aucun cas, dépasser 8 p. 100 du bénéfice net.

En même temps, l'Etat s'oblige à accorder des subventions, à supporter des frais d'expropriation, à avancer même des capitaux sans intérêt aux concessionnaires, quand il s'agit de construire des étangs régulateurs ayant un intérêt général.

Pour les concessions accordées avant la loi, un délai fixe de sept années est accordé, à partir de la promulgation de la loi, pour avoir un outillage moderne qui augmentera leur rendement, afin d'en tirer le maximum d'avantages pour l'économie nationale.

Quand le délai octroyé pour les concessions est expiré, toutes les installations faites par les concessionnaires restent acquises à l'Etat, excepté : les établissements thermiques construits pour des besoins particuliers (1) et les réseaux de distribution installés au cours des dix dernières années de la concession, qui seront rachetés par l'Etat à leur prix coûtant réel, diminué de la part correspondante aux amortissements et à l'usure.

L'Etat se basant sur cette loi pourra interdire — et cela est très important pour l'économie nationale — le fonctionnement des petites usines isolées qui assurent l'énergie aux industries de faible envergure, fabriquant des produits à un prix de revient trop élevé.

Enfin, en vue d'assurer la continuité dans l'exécution de ce programme général, la loi d'énergie prévoit la création d'une direction spéciale au Ministère de l'industrie et du commerce et la création d'un Conseil supérieur d'énergie.

En même temps, pour donner plus de force à ces dirigeants, on a prévu aussi la création d'un fond spécial, nommé « fond d'énergie », fourni directement par l'Etat, destiné à faciliter l'exécution des études et des projets nécessaires, qui pourra aussi contribuer, dans une certaine mesure, à diverses entreprises d'installation et de transport du courant, d'intérêt général.

Le cadre de cette loi, qui permet l'utilisation la plus rationnelle des sources d'énergie au profit général du pays, ne peut que donner des résultats magnifiques.

C'est la première loi de ce genre qui a été créée. D'autres pays s'en sont inspirés pour l'étude de leurs lois d'énergie.

---

(1) Le propriétaire est tenu de demander tous les dix ans une prolongation du droit de fonctionner.

CHAPITRE II

LA LOI SUR LES MINES

La nouvelle loi sur les mines du 3 juillet 1924 est fondée sur la « Constitution » de la Grande Roumanie, qui a déclaré que tous les gisements miniers, ainsi que les richesses de toute nature du sous-sol, appartiennent à l'Etat. Ce principe ressortait déjà, d'ailleurs, dans une certaine mesure, des anciens règlements miniers, qui limitaient le droit d'exploitation du propriétaire de la surface, droit qui ressemblait plutôt à une tolérance de la part de l'Etat envers le propriétaire du sol, conformément à l'esprit de cette époque.

Cette loi était absolument nécessaire et appelée à combler toutes les lacunes et les erreurs des lois antérieures, qui ont abouti à une spéculation honteuse des terrains et des permis de concession, à une exploitation désastreuse des gisements et surtout à une production insuffisante, très onéreuse et de basse qualité.

En même temps, elle s'imposait pour la création d'un régime minier unique, remplaçant l'amalgame des règlements existants, qui étaient différents d'une région à l'autre et qui, par suite, donnaient naissance à divers régimes de propriété, le plus souvent complètement étrangers à l'esprit du peuple roumain et à l'intérêt général du pays.

Les buts de la nouvelle loi, bien caractéristiques de la politique minière de l'Etat roumain, sont de :

1º *Mettre en valeur les gisements le plus économiquement possible et valorifier au maximum la production minière, d'après les principes techniques les plus modernes ;*

2º *Développer l'industrie minière, tout en satisfaisant les intérêts vitaux et permanents du pays, dans un cadre prescrit par l'Etat, qui représente, en somme, l'intérêt général.*

Pour atteindre ces buts essentiels, la nouvelle loi sur les mines devait :

a) Etablir le nouveau régime de la propriété minière et limiter les anciens droits en temps et en espace.

b) Puis, édicter les mesures nécessaires pour conserver et protéger les gisements miniers.

c) Réglementer, ensuite, une exploitation méthodique et économique de ces gisements et imposer l'industrialisation la p'us moderne des produits miniers.

d) Assurer en même temps la continuité de l'exploitation et des industries connexes, par tous les moyens.

e) Obliger les exploitations à former un personnel roumain suivant les besoins et protéger ce personnel au moyen de mesures imposées par le Code de travail.

f) Définir aussi les droits des propriétaires de la

surface, en assurant l'exercice de ces droits et en empêchant tout conflit possible, par une règlementation adéquate des rapports entre les propriétaires du sol et les exploitants du sous-sol, d'une part ; par une règlementation des rapports de voisinage entre diverses exploitations, d'autre part.

g) Enfin, satisfaire d'abord les demandes d'approvisionnement de l'intérieur et, surtout, de la Défense nationale, en ce qui concerne tous les produits.

Tout cet échafaudage juridique repose sur plusieurs principes, qui ont formé le pivot autour duquel ont été édictées les mesures nécessaires à l'aboutissement de leur mise en valeur.

Nous tâcherons donc, par l'analyse de la loi sur les mines, de dégager tous ces principes, un à un, en soulignant leur véritable signification et en précisant l'interprétation qui leur a été donnée.

1º Le plus important, celui qui s'inspire de l'article 19 de la Constitution de la Grande Roumanie, affirme que l'*Etat, étant le propriétaire exclusif du sous-sol, a seul, par conséquent, le droit de règlementer la destination de la propriété minière et de mettre en valeur les substances minérales.*

Ce droit, il peut l'exercer lui-même, directement ou il peut le transmettre à des particuliers, selon les normes et dans les conditions établies par la loi.

Cette transmission de droit de mise en valeur des gisements miniers s'effectue par des concessions, qui ne peuvent être accordées, uniquement, que dans les régions déclarées au préalable « propriété minière concessible ».

Une propriété minière est déclarée concessible quand les prospections, suivies de travaux d'exploration, ont prouvé incontestablement l'existence d'un gisement exploitable.

Pour obtenir une concession, il faut donc, auparavant, faire des travaux de prospection et de fouilles. La prospection a pour but l'étude générale de la surface d'une région, afin de déterminer les points où l'existence d'un gisement est probable. Pour les recherches nécessaires, le ministère de l'industrie et du commerce est autorisé à donner des permis de prospection, d'une durée d'un an et renouvelables chaque année, à tout ceux qui font preuve d'une capacité technique suffisante. L'Etat peut faire exécuter lui-même ces travaux de prospection par l'Institut géologique.

2º *Pour chaque terrain délimité l'explorateur est choisi par l'Etat*, si l'Etat ne fait pas lui-même les fouilles.

Donc, personne ne peut explorer un terrain s'il n'a pas l'autorisation de l'Etat. Cette autorisation est accordée par décret royal, après qu'une demande, à laquelle ont été annexées les pièces suivantes, a été faite :

a) Un mémoire de prospection sur la région dans laquelle se trouve le périmètre qu'on veut explorer, avec une carte à l'échelle imposée par la loi et un programme des travaux que le solliciteur entend effectuer.

b) Un plan, en six exemplaires, du périmètre sollicité et ses rapports avec les périmètres voisins, ainsi qu'une liste de tous les propriétaires de la surface du périmètre.

c) Les documents nécessaires, d'une part, sur la capacité financière du pétitionnaire, lui permettant de faire face à toutes les dépenses, indemnités et taxes occasionnées par les fouilles et, d'autre part, sur sa capacité technique pour conduire ces fouilles avec succès.

d) Les pièces d'identité justifiant la nationalité du solliciteur ou celle des membres du Conseil et de ses fondés de pouvoirs, s'il s'agit d'une société anonyme.

e) Si le pétitionnaire est une société anonyme on doit ajouter un exemplaire des statuts et la personne qui agit en son nom doit, alors, être munie d'une procuration légale.

3º *Le permis exclusif est indivisible.* — Il n'est pas transmissible, à moins que le Ministère de l'industrie et du commerce en donne l'autorisation, après avis du Conseil supérieur des mines.

Ce permis a une durée de trois ans, mais il peut être renouvelé si l'explorateur a rempli toutes les obligations de travail pendant ce temps sans atteindre le gisement.

Avant de commencer les travaux de fouilles, le titulaire du permis doit dédommager le propriétaire de la surface, conformément à la loi.

Les droits d'exploration par permis exclusif cessent d'eux-mêmes, sans dispositions et formalités particulières, dans les cas suivants :

a) A l'expiration du délai pour lequel le permis a été accordé ;

b) Par renonciation de l'explorateur ;

c) Par retrait du permis exclusif dans les cas prévus par l'article 19 de la loi.

4º L'institution de la concession d'exploitation étant un acte de droit régalien, on a imposé le principe de nationalisation des mines. En effet, par l'article 32 on affirme que *la concession d'exploitation d'un périmètre ne sera accordée qu'aux entreprises constituées comme sociétés anonymes minières roumaines,* qui donneront satisfaction aux dispositions prévues par l'article 33, que nous transcrivons ci-dessous intégralement, vu son importance :

« ART. 33. — Lors de la constitution des sociétés
« anonymes minières roumaines, les statuts devront
« respecter les principes suivants :

« *a)* Les actions seront nominatives et d'une
« valeur nominale maxima de 500 lei. Elles ne
« pourront être transmises qu'avec l'autorisation
« du Conseil d'administration. Entre roumains cette
« autorisation n'est pas nécessaire.

« *b)* Le nombre des votes de chaque actionnaire
« sera limité.

« *c)* Aux augmentations de capital 70 p. 100
« seulement des augmentations seront attribuées
« aux anciens actionnaires ; l'équivalent du salaire
« pour une année, mais pour 10 p. 100 du capi-

« tal, au maximum, sera réservé aux fonctionnaires
« et aux ouvriers de l'entreprise dans les mêmes
« conditions qu'aux anciens actionnaires ; le reste
« sera distribué aux actionnaires nouveaux en don-
« nant la préférence aux souscripteurs de petites
« sommes. Les souscriptions seront publiques.

« d) Le capital détenu par les citoyens roumains
« dans la société doit représenter au moins 60 p. 100
« du capital social. Pour les entreprises existantes
« qui, au cours de dix ans à dater de la promulga-
« tion de la loi, s'obligent à se nationaliser, la pro-
« portion de capital roumain est réduite à 55 p. 100.

« e) Deux tiers des membres du Conseil d'admi-
« nistration, du Comité de direction et des censeurs,
« ainsi que le président du Conseil d'administra-
« tion seront citoyens roumains.

« Les sociétés anonymes actuelles qui ne rem-
« plissent pas ces conditions pourront bénéficier
« des avantages des sociétés anonymes minières
« roumaines si, dans les dix premières années, à
« dater de la promulgation de la présente loi, elles
« se transforment, selon les règles indiquées, et à
« condition que, dès le début, la majorité des membres
« du Conseil d'administration, du Comité de direc-
« tion ainsi que le président soient roumains. En
« cas de non exécution de cette clause par la faute
« de la société, dans ce délai, la concession sera
« retirée ».

La loi vise donc toutes les sociétés dont le capital
est, totalement ou en grande partie, entre les mains

d'étrangers. Ces sociétés ne pourront plus obtenir des concessions que lorsqu'elles se seront conformées à l'article 33, cité plus haut.

5º En même temps, l'Etat ne veut plus accorder des concessions qu'aux sociétés constituées, sauf dans un seul cas et grâce au principe suivant :

L'explorateur a droit à une concession d'un périmètre, formé autour des points explorés par lui, où les résultats ont été favorables.

Si l'explorateur est une personne et non pas une entreprise, l'Etat lui accorde un délai d'une année pour qu'il constitue une société, conforme à la loi, pour l'exploitation des terrains exploités.

Dans le cas où il ne réussirait pas, l'Etat est libre d'accorder la concession à une société choisie par lui, tout en réservant les droits de l'explorateur. Mais l'Etat peut aussi accorder la concession d'exploitation du premier périmètre exploré à l'explorateur sans l'obliger à former une société minière spéciale (art. 180).

La concession minière sera accordée par l'Etat sous une des formes suivantes :

a) Concession sur la base d'une redevance envers l'Etat ;

b) Concession sous la forme d'une association entre l'Etat et l'entreprise concessionnaire ;

c) Concession sous la forme d'une combinaison des deux systèmes ci-dessus.

L'association entre l'Etat et les entreprises concessionnaires peut être faite tant pour l'exploitation que pour les opérations industrielles et commerciales consécutives et annexes à l'exploitation.

6° Indifféremment de la base sur laquelle la concession a été accordée, la loi établit le principe suivant :
Le propriétaire de la surface a le droit de participer au capital de l'entreprise et un droit de redevance sur la production brute lui est acquis.
Ce droit de redevance est accordé seulement pour les gisements qui, selon les lois en vigueur lors de la promulgation de la constitution, étaient laissés à la libre et exclusive disposition des propriétaires de la surface.
Les propriétaires peuvent souscrire jusqu'à 10 p. 100 du capital affecté à l'exploitation du périmètre respectif.
Les droits de l'explorateur sont édictés par l'article 42 où il est reconnu qu'en outre des droits de redevance sur la production, il peut participer au capital affecté à l'exploitation du périmètre envisagé jusqu'à 30 p. 100 et qu'il a droit à un dédommagement, de la part de l'entreprise concessionnaire, pour toutes les dépenses réelles faites pour les travaux d'exploration, qu'il a exécutés dans le périmètre concédé.

7° Un autre principe important édicté par la loi est :
La participation des ouvriers et des fonctionnaires aux bénéfices de l'entreprise.
Par l'article 43, les entreprises minières et les sociétés métallurgiques en étroite liaison avec l'exploitation, sont obligées de prévoir dans leurs sta-

tuts le versement d'une partie — au moins 15 p. 100
— de leurs bénéfices nets réalisés annuellement, dans
le but d'instituer un fonds pour des installations
et des institutions d'intérêt général, ou des participations aux bénéfices en faveur des ouvriers et fonctionnaires de l'entreprise, afin d'améliorer les conditions de l'existence et élever le niveau intellectuel
de l'ouvrier.

8º La loi sur les mines, s'inspirant de la constitution — qui a fixé à un maximum de cinquante ans
la durée de toute concession — affirme que :

*La durée de la concession est limitée à un terme
fixé, d'après la nature du gisement, sans qu'elle puisse
excéder cinquante ans.*

La raison de ce principe réside dans le fait que
les gisements miniers, formant une richesse nationale, ne peuvent être concédés à perpétuité à un
particulier ou à une société.

Un terme n'a pas été fixé d'avance pour toutes
les concessions ; on doit tenir compte à la signature
de tout décret de concession des conditions spéciales
de chaque gisement. Cette licence permet d'assurer
une durée suffisante à l'exploitation pour pouvoir
amortir le capital engagé dans le but de l'ouver-
ture et de l'organisation de la mine.

Le décret de concession indique, en même temps
que la durée, la nature, la situation et la limite de
la mine concédée, ainsi que la forme sous laquelle
elle est accordée. Il fixe, après les droits dus à l'Etat,
la redevance attribuée aux propriétaires de la surface et à l'explorateur.

Dans le cahier des charges, que doivent signer les concessionnaires, sont indiquées également les conditions d'expiration, de renoncement ou de retrait de la concession, ainsi que les clauses relatives à la répartition des bénéfices prévus par la loi.

Le décret et le cahier des charges seront publiés au *Moniteur Officiel.*

9° A partir de la publication du décret de concession dans le *Moniteur Officiel*, la Mine et ses accessoires spécifiés dans la loi, sont considérés comme immeubles distincts de la propriété de la surface. Par conséquent, le droit d'exploiter une mine est un droit réel immobilier. On peut donc constituer sur elle des hypothèques et des privilèges, mais, à moins d'une autorisation de l'Etat, une mine ne peut jamais être divisée et vendue par lots, ni réunie à d'autres mines pour former un bloc entre les mains d'une seule entreprise. Ce qui assure l'unité de la mine et la continuité de l'exploitation après l'expiration de la concession (1).

10° Si, au cours de l'exploitation, le concessionnaire rencontre d'autres substances que celles concédées, mais associées avec elles, *il peut les exploiter avec l'autorisation de l'Etat.* Par exemple, du cuivre combiné au soufre, ou du fer avec du phosphore. Dans les limites du périmètre concédé, le concessionnaire, pour mettre en valeur les gisements, a

----

(1) Voir *Les Forces économiques de la Roumanie* en 1926, p. 41 et suiv.

le droit d'effectuer tous les travaux nécessaires, comme : puits, sondages ou galeries ; d'installer les machines pour l'exploitation, le transport et la mise en valeur des substances minérales, les conduites, les digues, les barrages ; de construire des routes, des ponts, des voies ferrées, des bâtiments, des ateliers et des maisons pour les ouvriers.

Etant donné que, pour tous ces travaux nécessaires à l'exploitation, le concessionnaire doit utiliser les terrains de la surface situés soit à l'extérieur, soit à l'intérieur de son périmètre, la loi indique les formes sous lesquelles l'occupation de ces terrains doit être faite, ainsi que les obligations qui en découlent, en instituant des servitudes qui dureront aussi longtemps que l'exploration ou l'exploitation. Pour des travaux de longue durée, comme pour les chemins de fer ou des installations qui pourront servir éventuellement à d'autres destinations, en cas de cessation de l'exploitation, la loi déclare l'expropriation pour tous les terrains qui seront nécessaires.

Mais l'expropriation, ainsi que toute autre occupation, sous n'importe quelle forme, de la surface, n'enlève pas au propriétaire respectif les droits de redevance et de participation à l'exploitation (art. 69).

11º Pour garantir une bonne et économique exploitation, la loi oblige tout concessionnaire à avoir un directeur technique ou chef d'exploitation autorisé et breveté par le Ministère de l'industrie et du commerce.

Donc, le principe suivant a été imposé : *Aucune exploitation sans un spécialiste technique reconnu.*

Pour être reconnu capable d'être directeur technique ou chef d'exploitation, on doit posséder un diplôme d'une école polytechnique roumaine ou étrangère de même rang, puis avoir fait un stage pratique effectif d'une année dans la spécialité en question. Les lauréats diplômés d'écoles techniques spéciales mais inférieures aux écoles polytechniques ont, après quatre années de pratique, le droit d'être assistants du directeur technique, et, seulement, au bout de dix années de travail pratique, ils peuvent obtenir, après un examen favorable passé au Ministère de l'industrie et du commerce, le brevet de chef d'exploitation.

12° Pour que le principe de la nationalisation des mines soit intégralement appliqué, la loi impose à toute entreprise minière *un personnel composé d'au moins 75 p. 100 de roumains, pour chaque catégorie de fonctions.*

Tout le personnel technique doit connaître les lois et règlements miniers et industriels du pays, ainsi que la langue roumaine, suffisamment pour remplir sa profession.

Le brevet d'autorisation pour pratiquer est accordé après un examen favorable. On peut déroger à ces prescriptions dans les sept premières années de la promulgation de la loi, s'il n'existe pas de personnel qualifié suffisant.

Pour former le personnel roumain nécessaire, la

loi oblige toutes les entreprises minières, industrielles et métallurgiques à prendre, sur demande et contre paiement, les professionnels, anciens élèves des écoles spéciales, même si leur personnel est complet — afin que ces professionnels fassent leurs années de stage pratique pour devenir aptes à être directeurs techniques (art. 80).

Afin d'assurer une protection efficace et salutaire à tout le personnel employé, la loi oblige les entreprises minières à avoir sur le lieu de travail : des appareils de respiration, des instruments et du matériel de sauvetage, des médicaments et des moyens de secours, en quantité suffisante pour le nombre d'ouvriers engagés.

Par mesure de protection du personnel, la loi interdit absolument à toutes entreprises minières, d'employer des jeunes gens de moins de dix-huit ans et des femmes, comme ouvriers dans les travaux miniers souterrains. Cette défense ne s'étend pas aux travaux exécutés à la surface.

13° Pour arriver à une exploitation méthodique des gisements miniers, la loi exige que *dans chaque concession on travaille sans interruption et régulièrement.* Le concessionnaire est donc tenu de commencer ses travaux, en vue de l'exploitation, le plus vite possible. Le maximum de délai accordé est d'un an. La méthode de travail doit être d'abord adoptée par l'autorité minière compétente et, ensuite, suivie régulièrement par le concessionnaire. Il est obligé d'établir et de tenir à jour une carte de la surface avec ses limites et ses points topographiques, des plans en projection horizontale des travaux souterrains et un plan donnant la vue d'ensemble de la mine et indiquant la nature et la composition des substances minières qu'elle contient. Pour le pétrole et les gaz naturels on doit établir, en outre du plan de la surface, des profils relatifs à la nature et à la succession des couches parcourues par les sondages, puits et galeries, en indiquant toutes les données scientifiques et techniques qui résultent des travaux exécutés.

14° La loi des mines dit également *qu'avant tout les besoins du pays doivent être satisfaits.* Les entreprises minières et les sociétés commerciales pour la vente des produits miniers bruts ou transformés sont donc obligés d'assurer l'approvisionnement régulier et normal du pays, dans les limites de leur production.

Le ministère de l'industrie et du commerce peut même les obliger, s'il le croit nécessaire, à créer, pour les besoins de la Défense nationale, une réserve fixée selon le règlement.

Conformément à ce principe et à cause des nécessités de l'Etat, les exploiteurs de platine et d'or sont obligés de livrer à l'Etat, par l'intermédiaire de l'Office spécial d'achat, toute leur production de ces métaux. Par conséquent, personne n'a le droit, sauf cet office spécialement créé, d'acheter ou de s'approprier, de quelque manière que ce soit, ni le platine ni l'or. Le prix d'achat est le prix mondial correspondant à la qualité du métal.

Si cela est nécessaire, une décision ministérielle peut ranger d'autres métaux dans cette catégorie.

15° L'intérêt de toute exploitation rationnelle exige une superficie minima de la mine au-dessous de laquelle l'Etat interdit de commencer une exploitation (art. 113).

Cette superficie minima est fixée par le Conseil supérieur des mines et elle dépend de la catégorie du gisement dont il s'agit.

Donc, pour assurer une meilleure mise en valeur des gisements et surtout une exploitation économique, la loi impose *la réunion de toutes les propriétés de petite étendue dans l'intérêt même de la protection des gisements.*

Dans ce but, sur l'initiative de l'Etat ou à la demande de l'un des intéressés, les petites parcelles minières seront réunies ensemble, formant un périmètre appelé « périmètre de commassage », qui doit avoir la surface minima établie pour la catégorie de gisements. Cette réunion de petites parcelles minières dans un périmètre de commassage, sera imposée par l'Etat lorsque les parties intéressées ne tomberont pas d'accord. La décision de commassage doit être publiée dans le *Moniteur Officiel.* Dès l'instant de la publication, le commassage devient obligatoire pour tous les terrains compris dans le périmètre. Le périmètre commassé constitue, à partir de ce moment, un bien minier distinct et indivisible pour toute la durée de la concession et doit être inscrit dans le registre minier, avec tous les droits et charges y afférant.

Le même souci d'une meilleure mise en valeur de tous les gisements a décidé l'Etat à former des régions minières conformes aux exigences de l'économie nationale. Ces régions, qui forment des unités ayant des limites naturelles, seront placées sous un régime spécial, en vue de la concentration des opérations pour l'exploitation de tous les gisements de la région, ainsi que pour la transformation des produits miniers dans les ateliers, usines ou établissements centraux. Grâce à cette concentration, par la perfection de leurs installations et la possibilité d'appliquer les méthodes les plus modernes de traitement industriel, ainsi que grâce à la compétence et l'expérience acquise du personnel, on assurera le rendement le meilleur et le plus économique.

16° Pour garantir un revenu fiscal, la loi soumet toutes les entreprises minières, de toute nature, aux taxes et impôts suivants :

a) Une taxe fixe annuelle, pour toute la superficie concédée et s'élevant à :

Lei : 60 par hectare pour les concessions pétrolifères ;

Lei : 20 par hectare pour les autres concessions minières.

b) Un impôt proportionné à la production, soit :

1 p. 100 du produit total obtenu pour les charbons et bitumes solides ;

2 p. 100 du produit total obtenu pour le pétrole et les substances associées ;

2 p. 100 du produit brut obtenu pour le gaz méthane ;

0,25 p. 100 du métal pur pour l'or et le platine ;

1 p. 100 sur la somme totale encaissée pour les
bains servis et les ventes effectuées d'eaux minérales, boues et gaz autres que les hydrocarbures
gazeux.

En ce qui concerne le pétrole, le Ministère peut
demander le paiement de l'impôt proportionnel,
soit en espèces, soit en nature. Pour les gaz, l'impôt
sera payé seulement en espèces d'après le prix moyen
de vente au chantier.

Lorsque la concession minière est établie sur la
base d'une redevance envers l'Etat, le Ministère
a le droit de décider si cette redevance sera versée
en nature ou en espèces. Quant l'Etat prend la
redevance en nature, la levée est faite trimestrielle-
ment, en général, à moins que le cahier des charges
ne stipule d'autres modes.

Les entreprises seront groupées d'après leur production. Celles qui ne produiront pas, en moyenne,
10 tonnes par jour et par sonde, formeront le premier groupe et leur redevance sera de 8 p. 100 sur
la production trimestrielle.

Toutes les entreprises qui produiront plus de
10 tonnes en moyenne, par jour et par sonde,
rentrent dans le deuxième groupe. Leur redevance
sera proportionnée à leur production et pourra
atteindre 35 p. 100 quand la production moyenne
d'une entreprise, par jour et par sonde, dépassera
150 tonnes.

La redevance sur les gaz de pétrole sera de 15

p. 100 pour les gaz captés. Dans les usines de dégazolinage, la redevance sera de 5 p. 100 pour les dérivés séparés et de 10 p. 100 pour les gaz dégazolinés.

Mais, il faut ajouter que cette redevance, qui paraît assez élevée, n'est pas entièrement au bénéfice de l'Etat, puisque, conformément à l'article 188, l'Etat est obligé de verser aux propriétaires de la surface, dans les régions où, jusqu'à la promulgation de la Constitution, le pétrole était laissé à la libre et exclusive disposition des propriétaires de la surface, une cote de 20 p. 100 de cette redevance, pour toute la durée de la concession. De même, l'Etat doit verser une cote de 10 p. 100 de sa redevance à l'explorateur du périmètre concédé.

Lorsque la concession est accordée sous forme d'association entre l'Etat et l'entreprise, la cote du propriétaire de la surface n'est que de 1,5 p. 100 et celle de l'explorateur de 1 p. 100.

17° Pour assurer l'application de la nationalisation des mines, l'Etat a cru nécessaire d'encourager, d'aider et de fortifier l'industrie pétrolière roumaine, afin de créer le puissant élément nécessaire sur lequel reposera la transformation radicale de l'industrie minière.

Il ne suffit pas d'élaborer une loi, il faut surtout préparer son application. Et on ne peut pas réaliser une transformation radicale économique, tant qu'on n'a pas envisagé l'organisme sur lequel elle doit s'appuyer pour assurer la production de demain, dans les conditions voulues par la loi.

La nouvelle loi sur les mines impose un organisme national économique pour la mise en valeur de toutes les richesses du sous-sol. Pour satisfaire aux exigences mêmes de la loi, tant pour l'exploitation méthodique et rationnelle que pour la valorification maxima des produits miniers, il fallait un organisme extrêmement puissant. Un organisme national existait déjà avant la création de cette loi, mais il n'était pas assez fort pour supporter, avec ses propres moyens, l'entière responsabilité de la nouvelle organisation économique qui lui était demandée. Il fallait le fortifier et l'Etat se chargea de l'aider à devenir le créateur de demain des forces économiques nationales.

A cet effet, par l'article 183 et les suivants, la loi annonce que le Ministère de l'industrie et du commerce, d'après l'avis du Conseil supérieur des mines, basé sur le rapport de l'Institut géologique de Roumanie, délimitera, dans un délai de huit mois, les surfaces situées dans les régions pétrolifères actuellement en exploitation, d'une étendue totale de 500 hectares, qui seront déclarées propriétés minières concessibles. Cette superficie sera divisée en périmètres d'une étendue de 10 à 30 hectares et, dans chaque région, ces périmètres seront réunis pour former deux groupes qui seront, autant que possible, égaux en tant que superficie.

Tandis que les périmètres du premier groupe ne seront concédés qu'aux entreprises constituées, au moment de l'octroi de la concession, comme sociétés anonymes minières roumaines, les périmètres du deuxième groupe pourront être concédés à n'importe quelle entreprise de pétrole, existant lors de la promulgation de cette loi.

Si l'entreprise n'est pas constituée comme société anonyme minière roumaine, elle est obligée, pour obtenir la concession, de devenir telle dans un délai de dix ans, après l'octroi de la concession.

La durée de la concession dépend de la superficie du périmètre, par exemple :

Vingt ans, pour les périmètres jusqu'à 10 hectares ;

Trente ans, pour ceux qui dépassent 10 hectares.

La loi ajoute que la grandeur des périmètres accordés sera proportionnée à l'importance des sociétés sollicitantes et à la participation ou l'intérêt que l'Etat désire avoir dans ces entreprises. De plus, que les sociétés dont le capital et le personnel sont, pour la plus grande partie roumains, seront préférées.

Etant donné que ces 500 hectares de terrains pétrolifères sont les plus riches parmi ceux déjà connus, il est facile de se rendre compte que l'Etat a voulu, avant tout, encourager et fortifier l'industrie pétrolière roumaine.

18º Un autre principe important, établi par la nouvelle loi, est que *toute la production des sondes pétrolifères doit être valorifiée.* Ceci est, par conséquent, la reconnaissance légale de l'importance considérable que présentent les gaz de pétrole et oblige, pour la première fois, les entreprises à les capter. Il était temps enfin d'appliquer ce principe, étant donné l'incommensurable perte de tous ces gaz de pétrole, jusqu'à présent, sans qu'on pense à tirer avantage pour l'économie nationale de leur puissance calorique.

Par l'application de ce principe, la vieille conception, selon laquelle une sonde pétrolifère ne produit que du pétrole, a fait place à une autre conception plus logique et plus intéressante, qui est la suivante : toute sonde pétrolifère peut produire deux sortes d'hydrocarbures, l'une liquide : le pétrole, l'autre gazéiforme : les gaz de pétrole (1).

L'article 193 dit que la captation des gaz de sonde est obligatoire et même la séparation des dérivés de gaz de pétrole, quand il y a lieu de le faire. Pour faciliter la captation et l'industrialisation des gaz de pétrole, le Ministère de l'industrie et du commerce, soit sur sa propre initiative, soit à la demande des intéressés, formera des syndicats régionaux, qui seront organisés d'après un règlement spécial.

19º Pour mettre fin à la consommation onéreuse qu'on pratiquait du pétrole brut, empêchant par cela même sa valorification rationnelle, la loi vient d'interdire expressément l'emploi du pétrole brut dans les chantiers comme combustible. Donc, *aucune consommation du pétrole avant son raffinage.*

Par l'application de ce principe, on arrive, d'abord, à remplacer la consommation du pétrole dans les

---

(1) Voir Ing. G.-H. DAMASCHIN. *Legislatia minierà si productiunea,* paru dans le *Bulletin de l'Institut Economique Roumain,* sept. 1925, p. 610.

chaudières des raffineries par le gaz et, ensuite, s'il est nécessaire, à cause de l'éloignement des raffineries des chantiers pétrolifères, d'employer quand même des hydrocarbures liquides, mais sous forme de mazout, à la place du pétrole brut.

De ce fait, l'ancienne conception des pétrolistes, qui considéraient le pétrole comme un produit de consommation en même temps qu'une marchandise d'exportation, s'est transformée radicalement en une conception beaucoup plus moderne et plus économique, c'est-à-dire que *le pétrole représente une marchandise qui doit être valorifiée le plus possible pour être mieux vendue.*

La valorification maxima des produits pétrolifères présente encore un autre grand avantage : leurs prix ne subissent que de très légères fluctuations sur tous les marchés du monde. Il en résulte donc une certaine stabilité de prix, condition essentielle pour la vente de certains produits.

20° En s'inspirant du principe primordial, que la richesse minière appartient à la nation et que sa production, son industrialisation et sa consommation sont d'un intérêt général, l'Etat ne peut plus en laisser l'organisation aux soins des particuliers directement intéressés dans la production.

Donc, *la loi réserve à l'Etat la création et l'exploitation des conduites de toutes sortes des produits pétrolifères, liquides ou gazeux, des raffineries aux stations d'exportation, ainsi que tous moyens de transport des produits miniers hors du périmètre concédé jusqu'aux centres de transformation ou de consommation.*

Par cette mesure l'Etat peut toujours contrôler la production et la vente des produits miniers et peut empêcher la formation de trusts ou de cartels.

21° Pour assurer le développement de l'industrie roumaine du raffinage et faire profiter le pays de toute la transformation des produits pétrolifères, la loi a décidé que *toute la production de pétrole doit être traitée dans les raffineries du pays.*

La qualité des produits pétrolifères destinés à la consommation intérieure doit être conforme à un règlement spécialement édicté par le Ministère de l'industrie et du commerce.

Pour empêcher une trop grande concurrence entre les raffineries roumaines et pour assurer toujours leur fonctionnement, la création de nouvelles raffineries ou l'agrandissement de celles déjà existantes, ainsi que des installations connexes, est subordonnée à une autorisation spéciale du Ministère de l'industrie et du commerce, mais seulement après l'avis favorable du Conseil supérieur des mines. Toutefois, l'Etat ne peut pas refuser cette autorisation à une société roumaine productrice de pétrole, n'ayant pas encore sa propre raffinerie.

22° Afin d'assurer la consommation intérieure du pétrole, la loi prévoit une série de mesures relatives à son organisation, obligeant les entreprises minières et industrielles métallurgiques à satisfaire le marché intérieur, pour chaque catégorie de produits. Donc, *avant tout commerce, la consommation intérieure et surtout la Défense nationale prévalent.* Les prix de vente à l'intérieur du pays ne pourront pas dépasser les prix d'exportation aux points d'exportation.

23° Dans la troisième partie, la loi sur les mines, par esprit de justice et pour assurer l'amortissement de tous les capitaux qui ont été investis dans l'industrie pétrolière roumaine, s'occupe de la protection de ces capitaux, en consacrant le principe de *la reconnaissance des droits acquis, pourvu que ces droits :*

a) Aient été acquis en respect des lois, des décrets-lois, des règlements, qui étaient en vigueur à la date de leur acquisition et avant la publication de la Constitution de la Grande Roumanie du 28 mars 1923 ;

b) Ne portent pas préjudice aux droits conférés à l'Etat par la loi de la liquidation des biens des ex-ennemis ou par des actes internationaux.

c) Correspondent à la mise en valeur des richesses du sous-sol.

Ces droits acquis doivent être reconnus et validés. Tous ceux qui ont acquis de pareils droits sont obligés de demander, dans un délai d'un an à partir de la promulgation de cette loi, la reconnaissance et la validation de leurs droits. Les droits qui ne seront pas validés restent supprimés.

La déclaration de validité doit être également demandée pour tous contrats ou concessions, concernant les droits acquis de l'Etat ou des particuliers, relativement à l'utilisation des produits miniers bruts ou manufacturés et des produits secondaires, ainsi que ceux qui se rapportent au transport, à la vente ou à la mise en valeur des produits miniers.

La reconnaissance et la validité des droits miniers seront faites devant les tribunaux, près desquels il sera institué une commission spéciale appelée « commission de reconnaissance ».

Les demandes de validation seront publiées dans le *Moniteur Officiel* et affichées — quinze jours francs, au moins, avant le premier terme de jugement — à la mairie de la commune où sont situés les terrains, les entreprises et les établissements industriels et dans la salle du tribunal.

Les droits validés devront être inscrits dans les registres miniers spéciaux, tenus par l'autorité minière régionale et par le tribunal.

En ce qui concerne les permis accordés avant la loi pour l'exploration des substances minérales, dans les limites d'un périmètre réservé, ils pourront être reconnus et validés seulement en vue de la durée pour laquelle ils ont été accordés sans renouvellement.

Les concessions minières d'exploitation seront reconnues et validées dans les conditions et en vue de la durée pour laquelle elles ont été accordées, mais sans pouvoir dépasser cinquante ans depuis la promulgation de la constitution.

Pour les concessions minières, sauf celles relatives aux bitumes qui, jusqu'à la date de la promulgation de cette loi, n'ont pas été mises en exploitation, un délai de cinq années est accordé pour la mise en exploitation normale de la mine.

Un délai de deux ans a été fixé pour la remise en exploitation normale d'une concession, dont l'exploitation était arrêtée à la promulgation de cette loi.

Toutes les associations d'exploitation minière, où les associés ont droit aux parts et qui ont demandé la reconnaissance de leurs droits acquis, sont obligées, pour obtenir cette reconnaissance et la validation de leurs droits, de se transformer, dans un délai de trois ans à partir de la promulgation de cette loi, en sociétés anonymes minières roumaines.

A l'expiration du délai pour lequel les droits acquis ont été validés, tous les terrains, y compris leurs installations, libres de toutes charges, rentrent dans le patrimoine de l'Etat.

Nous avons passé ainsi en revue les principes les plus intéressants de cette loi importante, qui est appelée à ouvrir une nouvelle ère dans la vie économique roumaine.

Mais pour que tous ces principes se réalisent, il faut que la loi sur les mines arrive, d'elle-même, à stimuler l'initiative roumaine, à mettre en valeur les énergies roumaines sur l'immense champ d'action qu'elle leur fournit, à favoriser l'esprit d'épargne nécessaire à la création des capitaux roumains indispensables.

En ce qui concerne les deux premières conditions, on peut affirmer, dès aujourd'hui, que la loi a pleinement réussi, mais pour la troisième, qui est d'ailleurs la condition *sine qua non* de l'application intégrale de cette loi, on ne peut rien dire encore. Il faut au moins une expérience d'une dizaine d'années pour enregistrer un résultat appréciable. Donc, pour le moment, c'est encore un problème que le temps seul se chargera de résoudre.

Cependant, nous croyons fermement, en nous basant sur tant d'exemples fournis par l'histoire de la formation des capitaux et surtout sur les qualités exceptionnelles de la nation roumaine, que la troisième condition se réalisera et, de ce fait, que la nouvelle loi sur les mines aura la répercussion voulue et pour laquelle elle a été créée.

CONCLUSIONS

La Grande Roumànie étant un des pays les plus favorisés en richesses minières, on est en droit de s'étonner que, jusqu'à ce jour, elle soit restée à l'ancienne forme d'économie agricole et qu'elle ne soit pas encore arrivée à créer une puissante industrie capable de satisfaire tous les besoins du pays.

On s'en étonne d'autant plus qu'elle possède de suffisantes sources d'énergie de toutes formes, qui sont — comme on le sait — la première condition d'une activité industrielle, donnant la possibilité de transformer et de valorifier toutes ces richesses naturelles.

Comme on doit s'y attendre, cet étonnement se transforme en critiques faciles qui condamnent, sans discernement, les dirigeants du pays et leur programme économique, les lois et les institutions, ainsi que l'incurie administrative, qui ont — dit-on — créé ce manque de confiance et cette instabilité financière, causes primordiales de toute stagnation et régression économiques d'un pays quelconque.

La conclusion de ces critiques est que la Roumanie ne sait ou ne peut pas mettre en valeur ses richesses naturelles et qu'elle est condamnée d'avance à subir, pendant longtemps encore, cette atmosphère pernicieuse à tout développement économique.

Mais dans toutes ces critiques, il n'est fait aucune allusion, ni à la destruction quasi-complète de l'organisme économique, ni à la désorganisation de l'ordre social que la guerre mondiale a provoqués ;

Non plus à l'état de guerre que la Roumanie a dû subir, pendant deux ans encore, en plus des autres pays, après la conclusion de l'armistice, état de guerre qui, non seulement a empêché toute réorganisation, mais a complété l'œuvre de destruction et de désorganisation du pays.

Non plus à tous les problèmes essentiels que la Roumanie devait, avant toute autre pensée de reconstruction, résoudre, parce qu'avant tout problème économique un pays doit s'occuper de sa consolidation. Avant le bien-être, c'est la vie qui est en jeu.

Aucune allusion, non plus, au fait que la Roumanie, étant appelée à une vie indépendante depuis une soixantaine d'années seulement, se trouvait dans l'impossibilité matérielle d'avoir une expérience économique, de créer tous les éléments nécessaires à la production, d'accumuler les réserves de capital nécessaires ;

Non plus qu'à d'autres choses que les détracteurs oublient facilement, du moins par mégarde.

Mais si ces critiques faites à tort et à travers ne peuvent pas être prises au sérieux par ceux qui se donnent la peine d'étudier, même très peu, les problèmes économiques et sociaux de la Roumanie, il faut, cependant, affirmer que tout n'est pas parfait.

Il y a de multiples raisons à cet état de choses, mais nous n'avons pas qualité pour en faire ici un exposé même succinct. Nous pouvons seulement dire que la plupart des obstacles qui ont retardé le développement économique de la Roumanie ont disparu.

Espérons que ceux qui existent encore vont, à leur tour, disparaître le plus tôt possible, et qu'enfin le pays entier va bénéficier des richesses considérables que le sous-sol roumain renferme.

Nous voyons ce jour très proche.

Comment y arrivera-t-on le plus vite ? Nous répondons avec certitude : par l'électrification générale du pays. Par cette énergie organisée, on transformera dans les meilleures conditions toutes les matières premières que la Roumanie possède, produisant ainsi tous les articles nécessaires aux besoins de la consommation intérieure, ainsi que — dans une assez grande mesure — à ceux des pays voisins.

Mais, pour électrifier le pays, il faut des capitaux — comme, d'ailleurs, ils sont nécessaires pour toute transformation d'une chose donnée par la nature en une « utilité ». C'est ici la difficulté du problème.

En effet, on sait que toute formation de richesse exige trois facteurs : la nature, le travail et le capital.

La nature, comme nous l'avons vu au cours de cet ouvrage, a été assez généreuse pour la Roumanie. Elle lui a donné toutes les richesses naturelles en abondance. Le premier facteur existe donc.

Le travail, proprement dit, c'est l'homme. Nous savons que la Roumanie est un des pays les plus prolifiques du monde. Puis, comme le savent tous ceux qui l'ont approché, le Roumain est un rude travailleur et un artisan assez adroit. De plus, après la réforme agraire, les grands propriétaires ont dû modifier leurs occupations et leurs descendants se sont dirigés et se dirigent fatalement vers les carrières techniques et l'industrie, la terre ne leur offrant plus aucune perspective d'avenir. L'homme existe, il est bon travailleur, le technicien se forme ; par conséquent, nous avons aussi le deuxième facteur.

Ayant les deux premiers facteurs dans de si bonnes conditions, nous pouvons aussi avoir le troisième : le capital.

Nous pouvons l'avoir de deux façons : soit grâce à l'intérêt que peut avoir l'étranger à placer ses capitaux en Roumanie ; soit en le créant nous-mêmes.

Nous croyons que l'un sans l'autre ne suffit pas. Il faut la contribuation des deux : le capital étranger et le capital national, pour arriver plus vite et mieux.

En ce qui concerne les capitaux étrangers, nous sommes convaincus qu'ils ne vont pas tarder à s'intéresser à la production et à la mise en valeur des richesses roumaines et que, surtout, dans peu de temps, la stabilisation du « leu » sera une réalité. C'était un des derniers obstacles au progrès économique et comme toutes les circonstances sont maintenant plus que favorables, le capital étranger va fatalement affluer dans les affaires roumaines, où il peut trouver, plus qu'ailleurs, un grand bénéfice et un vaste champ d'activité.

Mais c'est insuffisant, il faut aussi avoir un capital national, afin qu'un pays soit à l'abri de toute surprise funeste dans les crises générales ou de spéculation à outrance de la finance internationale. Et surtout, il faut augmenter ce capital national pour créer le bien-être de la population entière du pays.

Comment peut-on créer et développer ce capital national ?

Très facilement :

Par une exploitation intensive du pétrole et sa valorification maxima à l'exportation, tant que le pétrole du Mossul ne sera pas un concurrent réel et sérieux.

Par une consommation intensive des gaz naturels pour économiser le charbon supérieur et le pétrole qui peuvent être exportés.

Par une exploitation et une consommation intensive du lignite, pour diminuer ainsi l'importation du charbon supérieur.

Par une dégrévation du tarif douanier sur les outils et les machines nécessaires à l'agriculture rationnelle, qui donnera une meilleure production et par conséquent un sensible surplus d'exportation.

Enfin, par une meilleure organisation et standardisation de toute la production des richesses, pour arriver ainsi à produire à meilleur marché et exporter à meilleur prix.

Tous ces éléments vont logiquement conduire à un afflux d'argent dans le pays et à la constitution du capital national par l'épargne.

BIBLIOGRAPHIE

OUVRAGES CITÉS OU CONSULTÉS

Ouvrages en français.

AFTALION (A.). — *Les crises périodiques de surproduction.* Paris, 1914, 2 vol.

ANCEL (Jacques). — *Peuples et Nations des Balkans.* Paris, A. Colin, 1926.

ANGELESCU (Dʳ I.-N.). — *Histoire Economique des Roumains.* Genève. Atar, 1920.
— *L'accroissement de la production.* Bucarest, 1924.

BAICOIANU (G.-I.). — *Le Danube. Aperçu historique, économique et politique.* Paris, R. Sirey, 1917.

BARBU GRIGORIE. — *Les relations économiques.* Paris, 1911.

BART (Jean). — *La question du Danube et sa solution.* Galatz, 1920.

BASILESCO (Nicolas). — *La Roumanie dans la guerre et dans la paix.* 2 vol. Paris, F. Alcan.

BERINDEY (M.-A.). — *La situation économique et financière de la Roumanie sous l'occupation allemande.* Paris, 1921. Thèse.

BLANK (Aristide). — *La crise économique en Roumanie.* Bucarest. Cultura Nationalà 1922.

BLANKENBERG (Ing.). — *Le gaz méthane en Transylvanie,* paru dans la *Correspondance Economique Roumaine,* 1924.

BUSILA (Const. D.). — *La politique de l'Energie en Roumanie.* Bucarest. Cultura Nationalà, 1924.

CARRAS (Jean-Louis). — *Histoire de la Moldavie et de la Valachie.* Neufchatel, 1781.

CHICOS (Dr Stefan). — *Groupement territorial de quelques industries en Roumanie,* paru dans les *Annales Economiques et Statistiques.* Bucarest, 1926.

COLSON (F.). — *De l'état présent et l'avenir des Principautés de Moldavie et de Valachie.* Paris, 1839.

COSMA (Aurel). — *La Petite Entente.* Paris, Jouve 1926. Thèse.

DAMASCHIN (G.). — *Le problème du combustible et la politique d'Etat,* paru dans la *Correspondance Economique Roumaine,* 1926.

DAMOUGEOT PERRON. — *La Standard Oil.* Paris. J. Budry, 1925.

DELAISI (Francis). — *Le Pétrole.* Paris. Payot et Cie, 1921.

DESFORGES PELLE. — *La géographie du pétrole.* Paris.

DIMA (Ing. I.). — *La richesse minière de la Roumanie,* paru dans la *Correspondance Economique Roumaine.* Bucarest, 1924.

DJUVARA. — *La guerre roumaine.* Paris, 1919.

DUDESCO. — *L'Evolution économique contemporaine des peuples balkaniques*. Paris, 1917.

EDELEANU (Ing.). — *Etude du pétrole roumain*. Bucarest, 1903.

EGLOFF (Dr G. et Dr V. Henny). — *Le craking du pétrole et des produits du pétrole*, paru dans la revue : *Moniteur du pétrole roumain*, 1927.

EMILIAN (A.-St.). — *L'Industrie en Roumanie*. Bucarest. Socec, 1919.

FUNDATEANU (Ing. Ion.). — *Le problème des sources d'Energie en Roumanie et l'Economie Nationale*. Bucarest, 1926.

GANE (A.). — *La question de la nationalisation du sous-sol en Roumanie*. Paris. Jouve, 1924. Thèse.

GANE (G.). — *Le rôle de la chimie dans le perfectionnement des procédés de fabrication*, paru dans la revue : *Moniteur du Pétrole Roumain*, 1927.

GEMÄHLING (Paul). — *Statistiques choisies et annotées*. Paris. R. Sirey, 1926.

GHEORGHIAN (Demetre I.). — *Aperçus sur la situation économique et financière mondiale*. Paris. Alcan 1919.

GIDE (Charles). — *Principes d'économie politique*. Paris.

GILLARD (Marcel). — *La Roumanie Nouvelle*. Paris. F. Alcan, 1922.

GUYOT (Yves). — *Les facteurs des prévisions économiques*. Rapport présenté à la séance de l'Institut de Statistique de Vienne, 1913.

HALLUNGA (Alexandre). — *L'Evolution et la révision récente du tarif douanier en Roumanie*. Dalloz 1928. Thèse.

HAUSER (Henri). — *Les méthodes allemandes d'expansion économique*. Paris, A. Colin.

IANULESCO (L.-A.). — *L'Industrie du pétrole de Roumanie*, paru dans le *Moniteur du Pétrole Roumain*, 1927.

IORGA (N.). — *Histoire des Roumains et de leur civilisation*. Paris. N. Paulin 1920.
— *Influences étrangères sur la Nation Roumaine*.
— *Histoire des Roumains de Transylvanie et de Hongrie*. Bucarest. Göbl. 1916.

— *Points de vue sur l'Histoire du Commerce de l'Orient à l'époque moderne*. Paris. Gamber, 1925.

LAVISSE E. et A. RAMBAUD. — *Histoire Générale*. Paris.

LEBON (André). — *Problèmes économiques nés de la guerre*. Paris. Librairie Peugeot, 1918.

LEFÈVRE THIBAULT. — *Etudes diplomatiques et économiques sur la Valachie*. Paris, 1856.

LE PAGE (Louis). — *L'impérialisme du pétrole*. Paris. Nouvelle librairie nationale, 1924.

LETSö (Ing. Dr Vasile). — *Le champ de gaz naturel de Sarmasel*. Bucarest, Gutemberg, 1922.

LOZÉ. — *Les Charbons britanniques et leur épuisement*. 2 vol. Paris 1900.

MARKOVITCH, BOGDANE. — *Le Balkan Economique*. Paris, 1919.

Martonne (Emmanuel de). — *La Roumanie,* paru dans le *Bull. de la Soc. de Géographie.* Lille 1920.
— *La Valachie.* Paris. A. Colin, 1902.

Masse (René). — *La production des richesses.* Paris. Girad, 1924.

Mauris (Ed.). — *L'Annuaire du pétrole.* Paris, 1927.

Moruzi (N.-I.). — *Le régime juridique du sous-sol minier en Roumanie.* Paris. Jouve 1925. Thèse.

Mrazec (Dr L.). — *L'industrie du pétrole en Roumanie.* Gotha 1917.
— *Formation des gisements du pétrole roumain.*

Muzet (A.). — *La Roumanie Nouvelle.* Paris. P. Roger 1920.

Murgoci (Dr G.). — *Les ambres roumains,* paru dans la *Correspondance Economique roumaine,* 1924.

Nicorescu (Paul). — *La Roumanie Nouvelle.* Bucarest 1924.

Olivier (M.). — *La politique du charbon.* Paris. F. Alcan 1922.

Ottetelisanu (Ing. P.). — *De l'occlusion des eaux aux sondages du pétrole.* Bucarest 1926.

Peysonel (Charles de). — *Commerce de la Mer Noire.* Paris 1787. 2 vol.

Pittard (E.). — *La Roumanie : Valachie, Moldavie, Dobroudja.* Paris. Bossard 1917.

Popesco (G.). — *Le relèvement économique de la Roumanie.* Paris. Alcan 1922.

Puscariu et Motas. — *Les gisements de bauxite dans les montagnes de Bihor*, paru dans la revue *Les Annales des Mines*. Bucarest, 1920.

Radulesco, Savel. — *La politique financière de la Roumanie*. Paris 1923. Thèse, 2 vol.

Radulesco Dan et Victor Georgescu. — *Sur la teneur en iode du sel roumain*, paru dans la revue *Les Annales des Mines*, 1927.

Rarincesco (Ing. C.). — *Le problème de l'approvisionnement en Energie de la Roumanie*, paru dans la *Correspondance Economique Roumaine*. Bucarest, 1927.

Rommenhoeller (C.-R.). — *La Grande Roumanie*. La Haye. M. Nighoff 1926.

Roussiers (Paul de). — *L'industrie houillère, l'industrie hydro-électrique*. Paris. A. Colin, 1926.

Serdaru (Virgiliu Stef.). — *Le pétrole roumain*. Paris. Jouve 1921. Thèse.

Stamatin. — *Le Commerce extérieur de la Roumanie*. Paris 1914.

Tataranu (C.). — *Les nouvelles tendances économiques de la Roumanie d'après la littérature économique et les discussions parlementaires*. Thèse. Jouve. Paris, 1922.

Thouvenel (Ed.). — *La Valachie en 1839*. Paris 1839.

Tillmann (Henry). — *Contributions générales à l'étude du pétrole*. Bucarest. Cartea de Aur, 1924.

Torociano (Ing. Virgil). — *Considérations générales sur les conduites de pétrole de l'Etat*, paru dans le *Moniteur du pétrole roumain*, 1925.

Tranco-Iassy et Stroe (Georges). — *La Roumanie au travail*. Bucarest. Luceafarul, 1927.

Trameyre (Pierre l'Espagnol de la). — *La lutte mondiale pour le pétrole*. Paris, 1923.

Ubicini. — *Les provinces d'origine roumaine*. Paris 1856.

Vaillant (J.). — *La Roumanie en 1844*. Paris 3 vol.

Valois (Georges). — *L'Economie Nouvelle*. Paris. Nouvelle librairie nationale, 1919.

Vidrasco (I.-G.). — *La voie navigable maritime du Danube* — Bucarest, 1924.

Voiteshti (I.-P.). — *Eléments de géologie générale*.

Xenopol (N.). — *La Richesse de la Roumanie*. Bucarest. Socec, 1916.

Xenopol (A.-D.). — *Une Enigme historique. — Les Roumains au moyen âge*. Paris. Leroux, 1885.

———

Ouvrages en Allemand.

Brackel (Dr Freiherr von). — *Rumäniens Staatkredit in Deutscher Beleunchtung*. Munich, 1902.

Capitani (Stahel de, H.). — *Rumänien*. Zurich, 1925.

Engler-Hofer-*Das Erdol*. Leipzig, 1913.

Haase (Frederich). — *Die Erdolinteressen der Deutscher Bank und der Direction des Disconto Gesellschaft in Rumänien.* Berlin, 1922.

Handbuch für die Internationale Petroleum-Industrie, 1927. Berlin. Finanz Verlag, 1927.

———

Ouvrages en Roumain.

Alimanestianu (C.). — *Zece ani în petrol.* Bucuresti, Göbl. 1906.

Angelescu (Dr I.-N.). — *Cunoasterea si conducerea pietei economice.* Bucuresti, Flacara, 1915.
— *Politica economică a României fată de politica imperialistă.* Bucuresti, 1923.

Antipa (Dr Gr.). — *Paralizia generală progresivă a economiei nationale si remedierea ei.* Bucuresti, Cult. Nation. 1923.

Bratianu (Vintila, I. C.). — *Petrolul si politica de Stat.* Bucuresti, 1919.
— *Politica de Stat a Petroleului în urma nouiei Constitutii si a legei minelor,* paru dans *Buletinul Institulului Economic Românesc,* 1927.

Brosteanu (Const.). — *Salinele Noastre. Exploatarea salinelor si monopolul Sàrei la Romani si Români-* Bucuresti, 1901.

Cioriceanu (Dr G.). — *Exploatarea metalelor pretioase în România,* paru dans *Buletinul Institulului Economic Românesc,* 1924.

CANTEMIR (Demetrius, prince). — *Descriptio Moldaviae*, 1716.

CHICOS (Dr Stefan). — *Bogàtiile miniere ale României.* Bucuresti, 1925.

CUSIN (Alex. C.). — *Cercetàri Economice.* Bucuresti, Lupta, 1926.

CUZA (A.-C.). — *Despre « Poporatie »* Iasi 1899.

DAMASCHIN (Ing. G.-H.). — *Legislatia minierà si productiunea,* paru dans *Buletinul Institutului Economic Românesc,* 1925.

DINULESCU (Ing. I.). — *Instalatia de ars gaze a centralei termoelectrice « Floresti ».* Bucuresti, 1927.

FILIPESCU. — *Contributiuni la studiul zàcàmintelor de petrol din România, Regiunea Bustenari.* Bucuresti, Branisteanu, 1925.

FLORU DIANU. — *Salinele Române.* Bucuresti.

GIGURTU (Ing. I.). — *Industria metalico-metalurgicà.* Craiova, 1915.

GIURGEA (Gabriel). — *Situatia României de dupâ râsboiu.* Bucuresti, 1926.

GRIGORIU (Ing. D.). — *Industrializarea chilimbarului,* paru dans la revue *Miniera,* 1927.

ISCU (Ing. Vasile). — *Inchiderea apelor la sonde în terenuri petrolifere.* Bucuresti, Göbl. 1926.

IORGA (Neculae). — *Istoria Comertului Românesc.*
— *Negotul si mestesugurile în trecutul românesc.* Bucuresti, 1906.

LEON (Dr G.-N.). — *Politica minieră în diferite state si raporturile ei în politica minieră din România.* Bucuresti, 1915.

MANOILESCU (Mihail). — *Politica Statului în chestiunea refacerei industriale.* Bucuresti, Reforma Socială, 1920.

— *Politica producției nationale.* Bucuresti.Cultura Natională, 1923.

— *Refacerea economică prin exploatarea intensivă a petroleului*, paru dans *Arhiva pentru Stiinta si Reforma Socială.* Bucuresti, 1923.

METIANU (Traian I.). — *Consideratiuni generale asupra regimului minier. în România.* Bucuresti, Lupta, 1926.

MOLDOVAN (Silvestru). — *Tara noastră.* Sibiu, 1892.

MOTAS (Ing. C.-I.). — *Problemele Industriale din Transilvania* paru dans *Analele Statistice si Economice*, 1919.

PARVAN (Vasile). — *Inceputurile vietei romăne la gurile Dunărei.* Bucuresti 1923.

POPESCU-AGRIPA. — *Exploatarea Monopolurilor Statului.* Bucuresti, 1927.

POPOVICI (Andrei). — *Politica noastra economică.* Bucuresti, 2 vol.

— *Din Economia noastră Natională.* Bucuresti, 1904.

— *Băncile Nationale si Crizele Economice.* Bucuresti. Göbl. 1916.

POPP (A.-N.). — *Studii asupra Industriilor încurajate de Stat-* Bucuresti, A. Bauer, 1926.

SAABNER-TUDURI (D^r). — *Apele Minerale si Staliunile Climaterice ale României*. Bucuresti 1900.

STEFANESCU (Dr Tiberiu). — *Consideraliuni asupra consumului produselor de petrol în România*, paru dans *Buletinul Institulului Economic Românesc*, 1927.

TANASESCU (Ing. I.) si Ing. V. TACIT. — *Exploatarea petroleului în România*. Bucuresti, 1907.

TASCA (Prof. G.). — *Problemele Economice si Financiare*. Bucuresti, 1927.

TASLAUANU (Octavian, G.). — *Productia. Un program economic*. Cluj, 1924.

TOPLICEANU (A.). — *Capitalul strein si datoriile Statului fală de industrie* paru dans *Buletinul Institulului Economic Românesc*, 1924.

TRANCU-IASI (Gr.). — *Colaborarea capitalului strein*. Bucuresti, Princ. Carol, 1923.

TOCILESCU (Gr.-G.). — *Industria Sărei în România*. Bucuresti.

VASILIU (Em. D.-B.). — *Situatia Demografică a României*. Cluj, Cartea Românească, 1923.

ZUBER (Dr Stanislav). — *Geologia aplicată în industria petrolului*. Bucuresti, 1927.

Documents, Revues et Journaux consultés.

Analele Economice si Statistice. Bucuresti (1919, 1920, 1926, 1927).

Annales des Mines de Roumanie. Bucarest (1924, 1925, 1926).

Annuaire statistique de la Roumanie (1922, 1923, 1924, 1925 et 1926).

Arhiva pentru Stiinta si Reforma Socială. Bucuresti (1924).

Argus. Bucuresti (1927).

Buletinul Institutului Economic Românesc. Bucuresti (1925, 1926, 1927).

Buletinul Statistic al Romăniei (1927).

Correspondance Economique Roumaine. Bucarest (1924, 1925, 1926 et 1927).

Economia Nationalà. Bucuresti (1925 et 1926).

Economiste Roumain. Bucarest (1926, 1927).

Independenta Economicà. Bucuresti (1926 et 1927).

La Revue Pétrolifère. Paris (1923, 1925, 1926, 1927 et janvier 1928).

Le Moniteur du Pétrole Roumain. Bucarest (1926, 1927 et janvier 1928).

La Roumanie Economique. Bucarest, 1921 ; ouvrage préparé par les soins de M. Marcel Al. Nitzesco (D^r).

Les Forces Economiques de la Roumanie en 1920 ;

Les Forces Economiques de la Roumanie en 1926. Bucarest. Cultura Natională ; (ouvrages faites par le Bureau d'Etudes de la Banque Marmorosch, Blank et Cie).

Statistique Minière de la Roumanie. Bucarest (1923, 1924, 1925 et 1926).

TABLE DES MATIÈRES

PREMIÈRE PARTIE

LA NOUVELLE ROUMANIE

CHAPITRE PREMIER

La situation actuelle de la Roumanie. — Sa frontière idéale.
— Division géographique du territoire. — Les Carpathes. —
Les collines et les plaines.

Les Régions Historiques

La Moldavie et ses subdivisions ; — La Bessarabie et la Buco‾
vine ; — La Valachie et l'Oltenie ; — La Transylvanie et le
Banat ; — La Dobroudgea.

CHAPITRE II

Le Climat

Hydrographie. — Le Danube : Son importance économique
à travers les siècles ; ce qu'il représente aujourd'hui. — Les
autres cours d'eau navigables : le Pruth, le Sireth, l'Olt et le
Muresh. — Les lacs et les lagunes.

La vie végétale et la vie animale

La fertilité merveilleuse de la terre roumaine.

CHAPITRE III

Aperçu Historique

Formation du peuple roumain. — La conquête de la Dacie et
ses conséquences. — La situation géographique cause des invasions. — Les invasions cause de l'instabilité. — L'impossibilité

DEUXIÈME PARTIE

LE PÉTROLE

CHAPITRE PREMIER

L'historique de sa découverte en Roumanie

CHAPITRE V

Les Sociétés Roumaines

CHAPITRE VI

Le Raffinage du Pétrole

CHAPITRE VII

La consommation intérieure des produits pétrolifères

CHAPITRE VIII

CHAPITRE IX

LA POLITIQUE D'ETAT DU PÉTROLE AVANT LA LOI DES MINES

TROISIÈME PARTIE

LE CHARBON

CHAPITRE PREMIER

CHAPITRE II

LE CAPITAL.

CHAPITRE III

LES GAZ NATURELS

CHAPITRE IV

LES MINERAIS

CHAPITRE V

LE FER

QUATRIÈME PARTIE

LA NOUVELLE LÉGISLATION

CHAPITRE PREMIER

Les Sources d'Energie

Introduction.

La Loi de l'Energie

Son importance. — Les buts poursuivis. — La politique d'Etat en matière de sources d'Energie. — L'intérêt général sauvegardé.

CHAPITRE II

La Loi sur les Mines

Les lois antérieures. — Les buts essentiels de la nouvelle loi. — Les principes sur lesquels elle repose. — Leur analyse. — L'ensemble de la Loi. — L'importance considérable qu'elle aura en Roumanie. — *La Loi sur les Mines* roumaine est la première loi de ce genre. — L'exemple suivi par les autres pays.

CONCLUSIONS

BIBLIOGRAPHIE

ERRATUM

Page 24, *au lieu de chapitre II*, lire chapitre III.

Page 172, *au lieu de chapitre X*, lire chapitre IX.

ÉVREUX. — IMPRIMERIE HENRI DÉVÉ. — 5-5-28